信息与通信工程专业核心教材

通信工程专业导论

（第 2 版）

樊昌信　编著

电子工业出版社.

Publishing House of Electronics Industry

北京·BEIJING

内 容 简 介

本书主要为刚进入通信工程专业学习的大学一年级学生介绍通信工程技术的全貌，使之对今后将要学习的专业建立初步的认识。本书从通信的范畴开始，讲述通信的发展过程，通信工程的基本概念，通信工程的主要技术，以及各种通信网的技术原理。特别对当前发展迅猛的移动通信网、互联网和物联网等给予着重阐述。本书还对通信工程专业本科所学的各门课程内容给予了简要介绍。为了适合刚入学的新生阅读，本书的叙述避免使用高等数学做定量分析，尽量做到深入浅出。本书也可作为中等和高等专科学校学生的教材、非通信工程专业的学生选修课程的教材或参考书，以及作为对通信工程技术有兴趣的各界人士的业余读物。

图书在版编目（CIP）数据

通信工程专业导论 / 樊昌信编著. —2 版. —北京：电子工业出版社，2022.4
ISBN 978-7-121-42909-5

Ⅰ. ①通…　Ⅱ. ①樊…　Ⅲ. ①通信工程－高等学校－教材　Ⅳ. ①TN91

中国版本图书馆 CIP 数据核字（2022）第 024717 号

责任编辑：韩同平
印　　刷：三河市鑫金马印装有限公司
装　　订：三河市鑫金马印装有限公司
出版发行：电子工业出版社
　　　　　北京市海淀区万寿路 173 信箱　邮编：100036
开　　本：787×1 092　1/16　印张：12.75　字数：350 千字
版　　次：2018 年 7 月第 1 版
　　　　　2022 年 4 月第 2 版
印　　次：2023 年 6 月 第 3 次印刷
定　　价：49.90 元

凡所购买电子工业出版社图书有缺损问题，请向购买书店调换。若书店售缺，请与本社发行部联系，联系及邮购电话：（010）88254888，88258888。

质量投诉请发邮件至 zlts@phei.com.cn，盗版侵权举报请发邮件至 dbqq@phei.com.cn。

本书咨询联系方式：（010）88254525，hantp@phei.com.cn。

再 版 说 明

　　本书自 2018 年 7 月出版发行以来，被国内数十所不同层次大学的有关院系选为教材，受到广泛欢迎，并得到读者不少反馈的意见和建议。这次再版，吸取了各校的教学经验，对全书内容进行了全面修订。

　　这次再版所做的修订达百余处，使论述更为严谨和易于阅读，和第 1 版相比没有体系和章节上的变化，除了对少量错误和不当叙述之处做了更正和内容更新，着重对一些较难理解的概念，补充给予详尽解释，增加了具体实例，特别是数字实例和图解，使广大的自学读者更容易独立学习和理解。另外，为便于广大读者查阅，增加了英文缩略词英汉对照表作为附录 A，以便于读者查阅，并兼有手册功能。

编著者

于西安电子科技大学

chxfan@xidian.edu.cn

前　言

人们通常认为世界是由物质、能量和信息组成的。人类社会的构成必须依赖人们之间的信息交流。在原始社会中，人们之间依靠声音、手势（肢体语言）和表情等进行信息交流，是直接的信息交流。在进入文明社会后，随着人们活动范围的逐渐扩大，出现了利用工具间接交流信息，例如烽火，这就是通信的起源。通信是人们利用工具间接传递信息。早期的通信简单地利用光、声传递信息，或者直接用人力、畜力传送信息。直至19世纪人类发现了电磁现象后，才研发了电通信（即电信），包括有线电报通信、无线电报通信、有线电话通信、无线电话通信，直至今日的蜂窝网移动通信、光纤通信、卫星通信和互联网等。

随着电信技术和应用的迅速发展，为了培养电信工程技术方面的高等人才，在世界各国的高等学校中，于20世纪初逐步设立了有关的专业；当年培养电信工程技术方面人才的专业是设置在电机（气）工程学系（Electrical Engineering Department）中，并且还不是称为专业。例如，我国清华大学于1934年起在电机工程学系中设置了电力组和电讯组。电力是指利用电能去做功，例如用电动机去带动机床，因此通常称其为"强电"；电讯则是指利用电信号传输信息，电只是信息的载体，不需要用其能量，故通常称其为"弱电"。在我国各高等学校中设立"电机工程学系电讯组"的体制一直持续到1952年。此后，随着技术的发展，电机工程学系中电力和电讯领域内的技术内容日益增多，电机工程学系随之逐渐发展分裂成为多个系，系中又分设若干专业，通信工程专业就是其中之一。

通信工程专业关注的是通信过程中的信息传输和信号处理的原理及其应用。通信工程专业讲授通信技术、通信系统和通信网等方面的基础理论和专业知识，培养从事通信理论、通信设备、通信工程及通信网的研究、设计、制造、运营和管理的高级人才。

本书主要为刚进入通信工程专业学习的大学一年级学生介绍通信工程技术的全貌，使之对今后将要学习的专业建立初步的认识。本书从通信的范畴开始，讲述通信的发展过程，通信工程的基本概念，通信工程的主要技术，以及各种通信网的技术原理。特别对当前发展迅猛的移动通信网、互联网和物联网等给予着重阐述。本书还对通信工程专业本科所学的各门课程内容给予了简要介绍。为了适合刚入学的新生阅读，本书的叙述避免使用高等数学做定量分析，尽量做到深入浅出。本书也可作为中等和高等专科学校学生的教材、非通信工程专业学生选修课程的教材或参考书，以及作为对通信工程技术有兴趣的各界（具有高中数学水平以上的）人士的业余读物。

本书的第1章和第2章主要介绍通信技术的发展历史。第3章和第4章讲解通信工程的基本概念和主要技术；这两章是为初学者介绍通信和通信技术入门知识，使初学者建立通信工程的基本概念，是需要重点学习的内容。第5章至第14章讲述各种通信网的组成和工作原理。第15章对通信工程专业开设的各门课程做简要介绍，使读者对其预先有概括的了解。书中将注释和参考资料用二维码标注，读者可以扫二维码获得有关内容。

　　本书各章之间基本上没有密切关联，便于有选择地学习和阅读。例如第 1 章和第 2 章可以自学或跳过；第 9 章、第 10 章和第 11 章的内容都是关于互联网的，但是可以只学第 9 章，而略去第 10 章和第 11 章不学。关于各种通信网的其他章节，也可以根据不同学校和不同专业的特点，选学其中部分章节。

　　本书由樊昌信编著，参加本书编写的还有陆心如教授、周战琴女士。本书的编写自始至终得到电子工业出版社及韩同平编审的大力支持和鼓励，并得到西安电子科技大学的支持，在此一并表示感谢。书中存在的不当和错误之处，敬请读者批评指出，不胜感谢。欢迎将来信发到：chxfan@xidian.edu.cn（来信请务必注明真实姓名、单位、职务和地址，在校学生请注明所在院系和年级；否则不予回复。）

编著者

于西安电子科技大学

目　录

第1章　绪　论

人类进入文明社会，有了语言和文字，并且有了交流语言和文字的需求。语言和文字是靠听觉和视觉感知的。或者说，两者分别是声和光信号。声、光信号可以在发送者和接收者之间直接传递，也可以通过某种媒介传送。通过信件，或者用产生声、光信号的工具传送消息，都属于通信范畴。

1.1　早期的运动通信

信件最早用人力、驿马、信鸽等传送，这称为运动通信。中国是世界上最早建立组织机构传递信息的国家之一，邮驿历史长达 3000 多年。在春秋时期，人们把传递文书的机构叫作"邮"。邮距为 25 千米，是一个成年人当天能步行往返的距离。设立专供传递文书人员中途暂息和住宿的地方，后来称为驿站（图 1.1.1）。驿站这一场所在秦汉时已经完善。秦始皇统一中国后设置的"十里一亭"是行政架构，但是在交通干线上它还兼有传送公文的通信功能，被称为"邮亭"，是以步行传送信件的通信机构。汉初改人力步行递送为骑马快递，并规定"三十里一驿"，传递区间由春秋时的 25 千米扩大为 150 千米。唐代诗人杜牧的诗句"一骑红尘妃子笑，无人知是荔枝来。"，讽刺唐玄宗为了爱吃鲜荔枝的杨贵妃，动用国家驿站和驿马，从南方运送荔枝到长安。证明这时已经用驿马代替步行送信了。到了宋朝，按照沈括在《梦溪笔谈》里的说法，邮驿传递主要有三种形式：一是步递，二是马递，三是"急脚递"。步递用于一般文书的传递，是接力步行传递，这种传递速度较慢。马递用于传送紧急文书，速度较快。急脚递最快，每天可行四百里，只在军队有战事时才使用。在宋神宗熙宁年间，又有金字牌急脚递。这种急脚递用红漆黄金字的木牌，随驿马飞驰有如闪电，每天能行五百里。

图 1.1.1　驿站和驿马

现在信件的传送主要靠现代交通工具，例如飞机、火车和汽车等，驿站已经被"邮局"（图 1.1.2）取代，但是在偏远地区，例如中国西藏的一些山区，信件传递到收信人的最后一段距离，有时还是要靠步行或马匹。

(a) 2008年北京国际新闻中心邮局

(b) 珠峰邮局

(c) 柬埔寨邮局

(d) 阿拉斯加北极邮局

图 1.1.2　世界各地的邮局

信鸽是因为鸽子有天生的归巢本能，进而培育发展其这种能力，利用它来传递信息。古代罗马人奥维德（Ovid，公元前 43 年至公元 17 年，图 1.1.3）曾记述了一个叫陶罗斯瑟内斯的人，把一只鸽子染成紫色后放飞，让它回到家中向父亲报信，告知他自己在奥林匹克运动会上赢得了胜利。古代中东地区，统治者诺雷丁（Nour-Eddin）苏丹，于公元 1167 年在巴格达和叙利亚之间建立起一个信鸽通信网。古代埃及的渔民，每次出海捕鱼时多带有鸽子，以便传递求救信号和渔汛消息。

图 1.1.3　奥维德

相传我国西汉初年（公元前 206 年至公元前 202 年）楚汉相争时，被项羽追击而藏身废井中的刘邦（图 1.1.4），放出一只鸽子求援而获救。五代后周王仁裕（公元 880−956 年）在《开元天宝遗事》中辟有"传书鸽"章节，书中称："张九龄少年时，家养群鸽，每与亲知书信往来，只以书系鸽足上，依所教之处，飞往投之，九龄目为飞奴，时人无不爱讶。"可见我国唐代已利用鸽子传递书信。另外，张骞、班超出使西域时，也利用鸽子来传递信息。至 19 世纪初叶，人类对信鸽的利用更为广泛，著名的滑铁卢战役的结果就是由信鸽传递到罗瑟希尔德斯的。信

图 1.1.4　刘邦

鸽的飞行距离可达 1500 千米，甚至 2000 千米。现代信鸽的主要用途是比赛。

1.2　早期的光通信

　　中国古代的烽火台用光信号传送消息，周幽王（公元前 781 年至公元前 771 年在位）烽火戏诸侯的故事是为大家所熟知的。在《史记》中记载的这个故事，虽然其真伪仍存争议，但是它无疑是古代应用烽火作为光通信的见证，证明中国远在 2800 多年以前就在军事上采用了光通信，而且是世界上接力通信的起源，它利用一系列烽火台（图 1.2.1）的烽火接力传递"敌情"。这种非常原始的光通信只能传递有、无敌情这两种消息，所以它也是现在广泛应用的二元（二进制）通信的始祖。

　　古代希腊将军、政治家、历史学家波利比奥斯（Polybius）（图 1.2.2）曾经在公元前 3 世纪时描述过一种希腊人在公元前 4 世纪发明的水力信号系统（图 1.2.3）的设计，这种系统曾经在第一次迦太基战争时的西西里岛和迦太基城之间用于传递消息。

　　图 1.2.1　烽火台

　图 1.2.2　波利比奥斯

　图 1.2.3　水力信号系统

　　这种信号设施包括分别放在两个山头上的相同的水桶。两个水桶灌满了水，但不相连接，桶内各漂浮着一根直立的木棍，棍上在不同高度刻有一些规定的代号（编码），例如第一个刻度表示"骑兵来了"，第二个刻度表示"重装备步兵来了"，第三个表示"轻装备步兵来了"，第四个表示"船来了"，等等。在开始发送消息时，发送方先用火炬通知另一山头上的接收方，使双方同时打开在水桶底部的水龙头，当桶中水位下降到木棍上露出所需的刻度时，发送方降下火炬，双方即同时关闭水龙头。于是能看到发送方火炬的时间长度就知道了和预定的编码相关的消息。

　　这种系统也属于利用光信号传输信息的系统，其通信距离也受视线距离的限制，并受气候的影响，传递消息的速度也较慢，但是能传递的消息数量比烽火台系统多一些。

　　波利比奥斯还描述过一种能传递全部希腊字母的信号传输系统。在每个通信站上平行地建立两面墙。每面墙大约 2.1 米长、1.8 米高，两墙相距约 1 米。在每面墙顶上放置 5 个火炬。用一个矩形矩阵规定一种编码，如表 1.2.1 所

表 1.2.1　波利比奥斯用的希腊字母编码表

右墙	左墙				
	1	2	3	4	5
1	A	B	Γ	Δ	E
2	Z	H	Θ	I	K
3	Λ	M	N	Ξ	O
4	Π	P	Σ	T	r
5	Φ	X	Ψ	Ω	

示，例如当需要发送字母"A"时，分别点燃两面墙上的1个火炬。在图1.2.4中，字母"B"用在右墙上点燃1个火炬及在左墙上点燃2个火炬表示。在对面的通信站上观察员看到这两面墙上点燃的火炬就可以得知传输的字母是"B"。

左墙　　　　　　　　　　　　　　　　　右墙

图1.2.4　用火炬表示字母"B"示意图

　　这种编码方法后来在法国人克劳德·查普（Claude Chappe）（图1.2.5）发明的臂板信号系统（Semaphore）中得到了发展。1792年克劳德·查普在一所学校中建造了第一个臂板信号装置模型，用以和在1英里之外的另一所学校中的兄弟通信。这种装置改进以后于1794年被法国政府采用，在巴黎和里尔间230千米的距离上设置许多中继站以传递军事消息。这种方法比用驿马远距离送信快得多，而且一旦建立后长期运作的费用也便宜得多。因此，采用这种信号系统在法国曾经建立了一个含有556个站的覆盖全国的信号网络，总距离达4800千米，用于军事和民事通信。然而，这种系统需要熟练的工作人员和每隔10到30千米建立一个昂贵的信号塔，它竞争不过后来出现的电信号通信，至1880年最后一条民用臂板信号线路就被放弃了。

　　图1.2.6示出了改进后的这种臂板信号装置。它用一根4.6米长的横臂放在一根立杆上，在横臂的两端各有一根2米长的短臂。横臂和短臂都可以用绳子和滑轮以45°间隔调整其角度，这样就能用不同的角度位置表示196（7×7×4）种不同的字母、数字和其他符号。例如，┗┛表示字母"A"，╲╲表示字母"B"。这种通信装置后来在俄罗斯、法国和德国也得到应用。俄罗斯用220个信号塔，间距10至16千米，从普鲁士边境经华沙到圣彼得堡，建立了1900千米的臂板信号线路，雇用了1300名工作人员。德国在1832年建立了从柏林经波茨坦、马格德堡、科隆和科布伦茨到特里尔的臂板信号线路，花费了170 000（德国银）元。在法国，从巴黎到土伦建立了一条有120个站的760千米长的臂板信号线路。其传输速率为每分钟一个信号，从巴黎到土伦的传输时间为10到12分钟。

　　1795年英国海军部采用了一种由乔治·墨瑞勋爵（Lord George Murray）发明的6窗光信号系统，如图1.2.7所示。此图中示出一个矩形框架上装有6块带水平轴的镶板，每块镶板高1.5米。它们可以翻转并停留在水平和垂直两个位置上。每块镶板可以独立翻转，所以可以代表64种符号。例如，在图1.2.7中有5块镶板在垂直位置和1块镶板在水平位置，它可以表示字母"A"。英国海军部于1795年9月采用了这种系统，在伦敦和迪尔之间建立了15个站。从伦敦到迪尔传输消息需要60秒。至1808年在下列线路上建立了使用这种系统的56

个站：伦敦－迪尔和希尔内斯，伦敦－大雅茅斯，伦敦－朴茨茅斯和普利茅斯。至 1816 年 3 月它被海军部关闭，改用性能更好的改进型臂板信号系统。

图 1.2.5　克劳德·查普

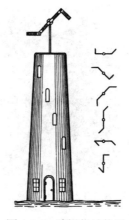
图 1.2.6　臂板信号装置

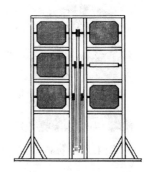
图 1.2.7　6 窗光信号系统

　　臂板信号系统也被其他一些国家采用过，例如葡萄牙、加拿大、丹麦、瑞典和美国。这种系统的主要缺点之一是在夜晚不能使用，中国更古老的烽火台虽然只能传递一个简单的信号，但是却能够昼夜工作，白天用"狼烟"，黑夜用火光。

　　以上介绍的是历史上出现过的主要几种利用光信号作为媒介的原始通信工具。它们传输消息慢、传输距离短、受天气影响大、不可靠且传递的消息有限。此外，旗语（图 1.2.8）、灯塔（图 1.2.9）、日光反射信号机（Heliograph）（图 1.2.10）等都是利用光信号传送消息的手段。

图 1.2.8　旗语

图 1.2.9　灯塔

图 1.2.10　日光反射信号机

1.3　早期的声通信

　　除了光信号通信，还有声信号通信。中国古代用声信号在战场上传送消息的记载最早见荀卿（约公元前 313 年－公元前 238 年）（图 1.3.1）的著作《荀子·议兵》："闻鼓声而进，闻金声而退。""闻鼓声"中的"鼓"指战鼓（图 1.3.2），"闻金声"中的"金"指军队中用的乐器"钲"（图 1.3.3）。这些都是原始的声通信。在中国古代战场上，击鼓前进，鸣金收兵是主要的指挥手段之一。所以在战国末期的荀卿年代，中国已经将声信号通信用于战场。它和烽火类似，也只能传递两种消息："进"和"退"。此外，号角、哨声等也是人们常用的声信号。

图 1.3.1　荀卿

图 1.3.2　古代战鼓

图 1.3.3　战国虎纹铜钲

1.4　通信的范畴

人们之间面对面地直接交流消息，不属于我们这里讨论的通信范畴。"通信"一词翻译成英文是"Communication"，但是 Communication 的含义不仅是中文的"通信"，它还包括人和人之间的直接消息交流。在国外，有不少大学设有 Communication 系或专业，它是属于社会科学的专业，专门研究人们之间的各种语言通信和非语言通信。非语言通信除了书写通信，还包括触觉（图 1.4.1）、手势（图 1.4.2）、表情（图 1.4.3）、眼神交流（图 1.4.4），等等。这就是说，中文"通信"和英文"Communication"不是一一对应的关系。但是"通信工程"和"Communication Engineering"是一一对应的。

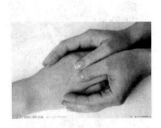
图 1.4.1　触觉

图 1.4.2　手势

图 1.4.3　表情

图 1.4.4　眼神交流

自从发明电的应用以来，应用电技术进行通信的手段得到迅速的发展。电话和电报通信已经有一百多年的历史，但是用纸张作为媒介的邮件至今还是必需的通信手段。我国目前仍然存在邮政局，它负责用非电方法传送邮件，并且今日的邮件包括函件和包裹两类。传送函件的目的是传送信息，而传送包裹的目的是传递物质。所以目前邮件的内涵已经超出了通信的范畴，传送包裹也不在我们今后将要讨论的通信范畴之内。

1.5　通信工程与通信工程教育

上述烽火台是古代的通信工程，现代通信工程基本上是应用电技术解决通信问题的工程，并且在高等学校中出现了"通信工程"这一专业。

在清末民初时，中国向西方学习开始设立高等学校。校中的院系也主要参照西方的经验设置。例如，清华大学于 1932 年秋成立电机工程学系，在该系内于 1934 年秋成立电力和电讯两组。这时课程设置和教材都采用美国麻省理工学院（MIT）电机工程学系的模式。顺便说明："电机工程学系"翻译自英文"Department of Electrical Engineering"，简称"电机系"。1952 年全国院系调整后，全面向苏联学习，院系设立和教材皆参照苏联模式和从俄文翻译而来。经过 10 年的中断高考招生，至 1976 年恢复高考后，我国高校的体制和教材又逐步转至向英美学习。在中国高校中，经过 24 年的中断应用英文后，英文的"Department of Electrical Engineering"被翻译成为"电气工程系"了。

电力和电讯两个领域又分别称为"强电"和"弱电"。强电主要是利用电的能量代替人力去做功，弱电则主要是利用电的传导迅速的特点去传输和处理信息。到 1950 年代以后，电的应用，无论是在强电还是弱电方面，都有着惊人的迅猛发展。特别是在弱电方面，由于半导体、计算机和激光等新兴技术的发明和应用，弱电的应用不仅是在通信方面，而且在一些新兴的领域不断产生，例如雷达、导航、遥控、遥测、计算和声呐，等等。在通信方面，需要传输的内容不仅是文字和声音了。传统的电报和电话业务，远远不能满足人们的需求，出现了传真、电视、数据传输等领域。由于弱电领域的内容迅速扩张，以及 1952 年后学习苏联的学校体制，在高校中弱电逐渐从电机系中的电讯组蜕变成许多系或专业，例如无线电系、计算机系、半导体专业、通信工程专业、雷达专业，等等；电力组和电讯组的名称从此就消失了。

通信工程专业属于电子信息类，它涵盖信息的传输、处理和存储的全部理论和技术。在高等学校中设置的通信工程专业本科，培养学生能从事通信理论、通信系统、通信设备以及信息系统类的研究、设计、开发、制造、运营和管理的高级工程技术人才。

通信工程专业以数理、外语和通信基本理论为基础，主要学习的课程一般有：电路分析基础、信号与系统、模拟电子线路、数字逻辑及设计、高频电子线路、计算机语言与程序设计、软件技术基础、微机原理与系统设计、数字信号处理、随机信号分析、信息论与编码理论基础、信息网络理论基础、通信原理、电磁场与电波传播、微波技术与天线、无线通信系统、光通信技术、卫星通信和现代通信系统与技术等；不同学校开设的课程或有增减、或有所侧重。要求学生掌握通信工程专业坚实的基础理论、相关的专业基础、专业知识和专业技能。

1.6　小　　结

- 在人类进入文明社会后，有了语言和文字，通过某种媒介传送语言和文字消息，都属于通信的范畴。
- 早期出现的通信方式包括运动通信、光通信和声通信。
- 应用电技术解决通信问题后，人类社会进入了现代通信工程时代，直至 20 世纪 30 年代，在各国高等学校设置了有关通信工程的专业，以满足培养通信工程技术人才的需要。
- 本书从原始的通信技术开始，概述了通信技术的发展历程，直至目前的各种新颖通信网络。书中对于通信工程的基本概念和主要技术给予了通俗的讲解，将初学者领入通信工程技术的大门。

习题

1.1　试述通信的范畴。

1.2　何谓运动通信？

1.3　何谓驿站？它有何功能？

第2章 早期电通信

"通信"有不同的定义。在这里，通信是指人和人之间，或人和物之间及物和物之间，通过某种媒介传递消息。通信一定有发送方和接收方。发送方将消息发送给接收方。发送方或接收方可以是一个人或一群人，也可以是一个或多个物，例如计算机、机器人等。消息是指声音、文字、图片、图像、数据等资料。通信中的消息传递是通过某种媒介完成的。在这里，通信的定义中不包括面对面的谈话；利用人力和动物传递消息，例如驿马、信鸽等，也不在我们讨论的范畴之内。本章仅限于讨论早期利用电信号传递消息的发展过程。

2.1 静 电 电 报

2.1.1 静电的发现和检测

电作为自然现象，在公元前 2750 年的埃及古籍中已经有电鱼会发出电击波的记载。电被人类利用是从人会产生和检测静电开始的。早在公元前 585 年，古希腊哲学家泰勒斯（Thales，公元前 640 年至公元前 546 年）发现，用毛皮去摩擦一块琥珀，这块琥珀就能吸引一些像绒毛、麦秆等轻的东西。这是发现静电及其效应的开始。

直到近代，才有人对静电的检测及电的传导进行研究。1747 年英国物理学家沃森（William Watson）（图 2.1.1）在伦敦演示了电沿导线传输了 3.7 千米。这导致一位署名 C. M.（可能是苏格兰伦弗鲁的 Charles Marshall 或格里诺克的 Charles Morrison）的作者于 1753 年 2 月 17 日在苏格兰杂志（Scots' Magazine）上建议可以设计用一些（像海绵一样轻的）木髓球做成信号系统，系统有许多电线，用每一根电线表示一个字母。在接收端，在每根电线的端点附近用一根丝线悬挂一个木髓球。当把发送端的摩擦发电机产生的电荷加在某根电线上时，在接收端对应的木髓球发生偏移就表示发送的是对应的字母。这是一种静电信号通信系统的原型（图 2.1.2，图中传输的是字母 "C"），不过它没有得到实际应用。

图 2.1.1　沃森

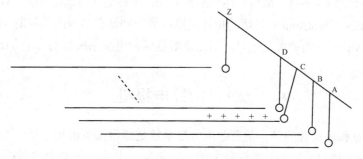

图 2.1.2　静电信号通信系统的原型

2.1.2　静电电报系统

第一个实用的静电电报系统于 1816 年由英国气象学家罗纳尔兹（Francis Ronalds）发明。他建造了 12.8 千米的架空电报线路，线路两端分别有同步转动的钟表机构，其面板上刻有字母，同步转动时两端显示出相同的字母。在发送端发出一个持续时间很短的电压（称为"电脉冲"）时，接收端产生火花，此时接收端钟表面板上显示的字母和发送端的相同，即发送的字母。他把这个发明推荐给英国海军部，得到的答复是"完全不需要"。但是他的设计在后来被用于商业电报超过 20 年。

2.2　电磁电报的肇始

1800 年意大利物理学家伏特（Alessandro Volta）（图 2.2.1）发明了伏打电池后，人们才开始能够获得持续的电能（电流）。从此利用电能传递消息的研究进入了一个新阶段。1820 年丹麦著名科学家奥斯特（H.C. Ørsted）发现了电流的磁效应，即电流产生磁场，此磁场能使指南针偏转。同年，德国物理学家施温格（Johann Schweigger）发明了由线圈和指南针构成的检流计，它能灵敏地检测电流。1821 年法国物理学家安培（A.M.Ampère）（图 2.2.2）提出用每根导线接一个检流计来表示一个字母的办法进行通信，并成功地做了实验。这是电磁电报通信的肇始。但是，这种系统的通信距离只能达到 61 米，因此不能实用。

图 2.2.1　伏特　　　　　　　　　　图 2.2.2　安培

1828 年美国科学家亨利（Joseph Henry）首先用有绝缘外皮的导线绕在铁心上制出吸力强的电磁铁，后来利用它演示了"磁力电报"，使 1.6 千米长导线另一端的铃响。此后利用电磁效应设计的电报系统达 60 多种，最后有两种最为成功：一种是在英国由库克（William F. Cooke）和惠斯登（Charles Wheatstone）发明的指针电报；另一种是在美国由莫尔斯（Samuel Morse）和韦尔（Alfred Vail）发明的电磁电报。下面将对这两种电报系统分别给予介绍。

2.3　指针电报机

1838 年库克和惠斯登的第一条商业用电报系统是建设在英国帕丁顿（Paddington）到西德雷顿（West Drayton）的 21 千米铁路上的，它是世界上第一条商业电报线路。它是一种 5

针电报系统（图 2.3.1 和图 2.3.2），5 根指针安装在一个字母板上，分别由 5 条导线中的电流控制，电流的两个流向使指针可以向两个方向偏转。例如，图 2.3.2 中的第 1 根指针和第 4 根指针的指向延长交叉处决定了发送的字母是"V"。这种 5 针电报系统可以传输 20 个字母，省略了英文字母表中的 C、J、Q、U、X 和 Z。早期的电报主要用于传递简单的信号，缺几个字母是可以容忍的。这种指针电报系统不一定必须用 5 根指针，也可以用 4 根，甚至 1 根指针。当使用 1 根指针时，1 根指针只有两个偏转位置，例如这两个偏转位置可以分别表示"0"和"1"。这种系统要求用由若干个"0"和"1"组成的编码表示发送的字母，不能采用简单的方法直接读取字母。1 针电报系统只需要使用 1 条导线（大地作为另一条导线）传送电流，而 5 针电报系统需要 5 条导线。因此，1 针电报系统在英国铁路系统上应用非常成功，建立了 15000 个电报站，直至 19 世纪末仍在使用，有一些电报站到 1930 年代仍在使用。

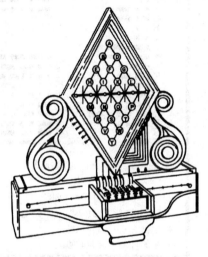

图 2.3.1　5 针电报机外形

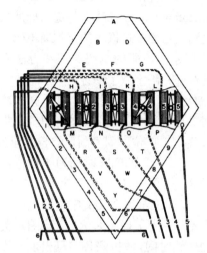

图 2.3.2　5 针电报机线路

2.4　莫尔斯电报机和莫尔斯电码

2.4.1　莫尔斯电报机

下面介绍在美国由莫尔斯（图 2.4.1）和韦尔于 1837 年发明的电磁电报机。莫尔斯电报机后来比指针电报机应用更为广泛。莫尔斯的原始电报机由放在一个电磁铁支架上的铅笔和被此铅笔压住的移动纸条组成。当电磁铁的线圈中没有电流时，铅笔在纸上画出一条直线。当电磁铁线圈中短时间加上电流时，铅笔偏离直线并很快回来，画出一个"V"形记号。莫尔斯用一个 V 表示"1"，用两个 V 表示"2"，等等。用不同的数字组表示可能使用的字符。莫尔斯用了几个月的时间编写出一本这种数字字符字典。在发送端使用从电池加到电磁铁线圈中的电流，产生锯齿形的通断来发送"V"形消息。1838 年 1 月 11 日莫尔斯在美国新泽西州莫里斯敦

图 2.4.1　莫尔斯

（Morristown）附近沿 3 千米线路发送了第一封电报。

上述莫尔斯的设备并不实用，但是后来具有发明天资的韦尔帮助莫尔斯做了很大改进，做出了实用的系统，从而取得成功。韦尔把移动式铅笔换成"钢"笔，当有电流时，钢笔在纸上造成压痕，并用"点"和"画"直接对字符编码，代替莫尔斯的"V"形记号，并且改进了莫尔斯原来用的由数字表示字母的编码方法，它就是后来被广泛应用的莫尔斯电码。

2.4.2 莫尔斯电码的国际标准

在莫尔斯电码中直接用"点"和"画"的组合表示字母和数字。表 2.4.1 中给出了在 1865 年后不久已经被国际电信联盟（International Telecommunication Union，ITU）制定为标准的国际莫尔斯电码，它是经过修改的莫尔斯电码，但是与原始的莫尔斯电码的编码原理和方法完全相同，只是对部分码字做了修订。

无论原始的莫尔斯电码还是国际莫尔斯电码，都是用"点"和"画"组成的。以"点"的持续时间长度为 1 单位，则"画"的长度应为 3 单位，"点"和"画"的间隔时间为 1 单位，字符的间隔时间为 3 单位，字的间隔时间为 7 单位。由表 2.4.1 可见，表示每个英文字母的电码的持续时间长短不一，为了提高通信效率，缩短英文字母的平均传输时间，故按照各字母出现的概率设计电码。如表 2.4.2 所示，英文字母中"E"的出现概率最大，所以莫尔斯电码只用一个"点"表示它。

表 2.4.1　ITU 规定的国际莫尔斯电码

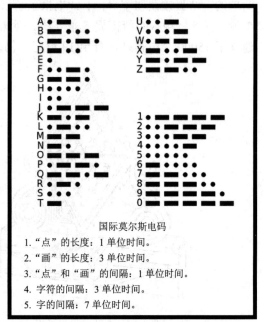

国际莫尔斯电码

1. "点"的长度：1 单位时间。
2. "画"的长度：3 单位时间。
3. "点"和"画"的间隔：1 单位时间。
4. 字符的间隔：3 单位时间。
5. 字的间隔：7 单位时间。

表 2.4.2　英文中各字母出现的概率

字母	A	B	C	D	E	F	G	H	I	J
出现概率	8.167%	1.492%	2.782%	4.253%	12.702%	2.228%	2.015%	6.094%	6.966%	0.153%
字母	K	L	M	N	O	P	Q	R	S	T
出现概率	0.722%	4.025%	2.406%	6.749%	7.507%	1.929%	0.095%	5.987%	6.327%	9.056%
字母	U	V	W	X	Y	Z				
出现概率	2.758%	0.978%	2.360%	0.150%	1.974%	0.074%				

2.4.3 用莫尔斯电码发送汉字

在我国传统电报通信中，用莫尔斯电码发送汉字时，采用 4 位十进制数字表示一个汉字。例如，"中"字用"0022"表示，"国"字用"0948"表示。这样，4 位十进制数字最多可以表示 10^4 个汉字。在用这种方法对汉字编码时，需按照《标准电码本》（见图 2.4.2）将每个汉字用 4 位阿拉伯数字编码，接收方收到这 4 位数字后，按照电码本找到对应的一个汉字。上述这些数字组合称为**码组**或**代码**（Code）。

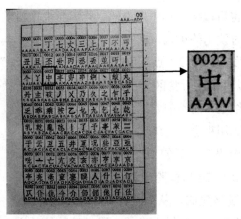

图 2.4.2　标准电码本

在过去由邮局人工发送电报的年代，电报费用非常昂贵，是按照字数收费的。例如，在清朝开通电报之初，从天津发到通州的电报，每个汉字收费银元 1 角（相当于 30 个鸡蛋的价钱）。因此，发送电报的字数要尽量节省，为此设计了一些汉字代码（代字）。例如，在电报中常用到的日期，就把月和日缩写为代字。月份用"地支（子、丑、寅、卯、辰、巳、午、未、申、酉、戌、亥）"代替，日期则用"韵目"代替，见表 2.4.3。（韵书把同韵的字归为一部，每韵用一个字标目，按次序排列，叫作韵目。）例如，1935 年 9 月 6 日，张伯苓致电南京教育部部长王世杰，电报全文："为小站学田事，鱼抵京，虞晨晋谒"。电文中"鱼"表示"6 日"，"虞"表示"7 日"。

随着计算机在我国的广泛应用，上述用人工发报的莫尔斯电码我国电信公司等部门已经不再使用。

表 2.4.3　汉字电报中使用的日期代字

1 日	2 日	3 日	4 日	5 日	6 日	7 日	8 日
东	冬	江	支	歌	鱼	虞	齐
9 日	10 日	11 日	12 日	13 日	14 日	15 日	16 日
佳	灰	真	文	元	寒	删	铣
17 日	18 日	19 日	20 日	21 日	22 日	23 日	24 日
筱	巧	皓	号	马	养	漾	敬
25 日	26 日	27 日	28 日	29 日	30 日	31 日	
有	宥	感	俭	艳	卅	世	

2.4.4　莫尔斯电码的应用

在 1844 年莫尔斯第一次成功地在巴尔的摩和华盛顿之间 64 千米的实验线路上演示了这种电报通信。图 2.4.3 示出在巴尔的摩和华盛顿之间实验线路用的莫尔斯电报机。图 2.4.4 示出发报时用的莫尔斯电键。

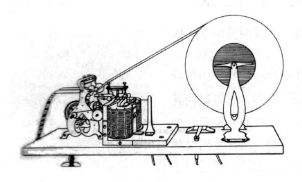

图 2.4.3　莫尔斯电报机

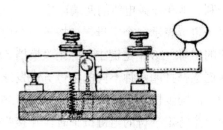

图 2.4.4　莫尔斯电键

用听觉也可以接收莫尔斯电码。莫尔斯电报机的机构在接收时发出的声音，起初被电报员当成噪声，慢慢地他们发现，接收"点"和"画"时发出的"滴""答"声可以直接用听觉区分出来，并将其直接转换为字符写在纸上，而不需要纸带了；甚至用听觉接收莫尔斯电码比用视觉（看纸带）更快。

莫尔斯电报在随后的 20 年很快得到广泛采用，在 1861 年 10 月 24 日横跨美洲大陆连接西海岸和东海岸的电报线路建成，从而终结了驿马快信制度。表 2.4.4 中给出了在电报出现前，用邮政从伦敦送一封信到世界各地所需的天数。

莫尔斯电报设备在 1851 年被官方采用作为欧洲电报标准。只有大不列颠及其遍布各地的海外领土仍然使用惠斯通和库克发明的指针电报。

莫尔斯电码目前因为采用先进的电信技术而逐步被淘汰，但是在业余无线电等领域仍然在使用。此外，莫尔斯电码还可以用在光信号通信中。美国海军在 2005 年仍在使用莫尔斯电码发送光信号（图 2.4.5）。这时利用视觉接收光莫尔斯电码。除了利用专门的设备发送莫尔斯电码光信号，在某些特殊情况下，用眼睛也可以借助莫尔斯电码发送消息。在业余无线电杂志 QST 上报道过一个实例（见二维码 2.1）：船上一位老电报员突然发生中风，不能说话也不能写字，他用莫尔斯电码眨眼睛和他的医生（业余无线电爱好者）交谈。2015 年 1 月，遭到恐怖组织"伊斯兰国"绑架的日本人质后藤健二被斩首。当年 2 月 1 日在新华网上流传着一段由日本网友解读的影片，影片中后藤健二频繁眨眼，是在用眼睛发莫尔斯电码，被解读出的信息是"不要救我"。

表 2.4.4　电报出现前，用邮政从伦敦送一封信到世界各地所需的天数

天　　数	到　达　地
12	美国纽约
13	埃及亚历山大省
19	土耳其康士坦丁堡
33	印度孟买
44	印度加尔各答
45	新加坡
57	中国上海
73	澳大利亚悉尼

图 2.4.5　美国海军在 2005 年仍在使用莫尔斯电码发送光信号

二维码 2.1

2.5　印　字　电　报

1846 年豪斯（Royal Earl House）获得了他发明的印字电报专利。他在一条电线的两端连接上一个具有 28 个电键的键盘，每个电键表示一个字母。当按下一个电键时在接收端就印出对应的字母。28 个电键中有一个"换挡（Shift）"键，它可以使其他键选择打印两种不同的字母。在发送端和接收端分别有一个同样的同步转动的字形轮，它上面有 56 个字符。当在发送端对应一个特定字符的电键按下时，在接收端的字形轮上的同一个字符就移动到打印位置，类似后来发明的菊花字轮（图 2.5.1）

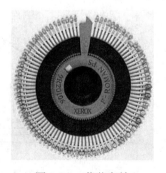

图 2.5.1　菊花字轮

打印机。豪斯的设备大约每分钟能发送 40 个字，但是它很难批量制造。这一发明于 1844 年首次在纽约展出。

2.6　波多电报机

2.6.1　波多电报机的原理

电报通信得到广泛应用后，人们发现它存在一些值得改进之处。首先，用手工发送莫尔斯电码，需要许多熟练的电报员；其次，发报速度还嫌太慢，当用莫尔斯电码手工发报时，速度可能在每分钟 5 至 20 个字之间，因人而异。

图 2.6.1　波多

1874 年法国工程师波多（Émile Baudot）（图 2.6.1）发明的波多码和波多电报机能够把信号自动翻译成印刷字符。（"波多"译自 Baudot，又译为博得、博多、鲍多。）波多电报机主要包括 3 部分：键盘、分配器和纸带。

图 2.6.2 示出波多电报机结构示意图，图中右侧为通信站 Y 的发报机结构，左侧为通信站 X 的收报机结构。每个通信站最多可以容纳 4 个电报员同时工作。电报机的分配器有 4 个扇区，每个扇区占四分之一圈，分别分配给 4 个电报员用。在此图中仅画出了两个扇区，线路两端的收发电报员都工作在圆圈第一象限的扇区。波多发报机键盘（图 2.6.3）上有 5 个键，类似于钢琴上的键，分别由左手两个手指和右手 3 个手指操作。一旦有键被按下，它们就被锁定，使旋转电刷依次读取键上的电平。直到触点再次经过连接到该键盘的扇区，这时键盘解锁以准备输入下一个字符，并由一个咔哒声提醒电报员。电报员必须保持稳定的节奏，通常发报速度可达每分钟 30 个字（见二维码 2.2）。

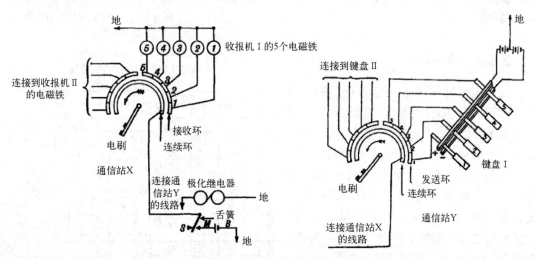

图 2.6.2　波多电报机结构示意图

收报机（图 2.6.2 左图）的电刷连接到极化继电器的舌簧上，接收从电报线来的信号，并将其暂时存储在 5 个电磁铁上进行解码，并将对应的字母打印到纸带上。

这个电报系统的准确运行完全决定于发报机的分配器和收报机的分配器保持同步，以及发报员只在触点经过分配给他的扇区时才发送字符。

二维码 2.2

图 2.6.3　波多发报机键盘（1884 年）

2.6.2　波多电报机的改进和推广

在 1897 年，波多电报机改进为使用凿孔纸带（图 2.6.4）代替人工键盘。纸带上每排用 5 个洞的位置编码来表示一个字符，中间另有一个小洞用来使纸带前进。5 个洞的位置可以有两种状态：有洞或无洞，因此 5 个洞能够组合得到 $2^5 = 32$ 种码字，可以满足表示英文字母的需求。由分配器控制的一个纸带阅读器代替人工键盘发送波多码。这样做可以使发报速度提高到每分钟 70 个字。

波多电报系统一开始在法国使用，后来推广到其他国家，包括意大利、荷兰、瑞士、奥地利、巴西、英国、德国、俄国、西班牙、比利时、阿根廷、英属西印度和罗马尼亚等国。

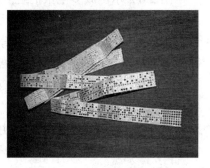

图 2.6.4　用波多码的凿孔纸带

2.6.3　波多码

波多电报机只有 5 个键，最多能表示 32 种符号。实际应用需要的符号数目，对于英文来说，为 26 个英文字母和 10 个数字，以及若干符号，显然 5 个键不够。因此，波多码用两个字符集，一个字母（Letters）字符集和一个数字（Figures）字符集，前者主要包含字母，后者主要包含数字和符号。两个字符集之间用切换字符（Shift）进行转换。在表 2.6.1 中给出了波多英文字符集。

从这个字符集中可以看出，5 个元音字母 A E I O U 和半元音字母 Y 的编码在发报机键盘上都用右侧 3 个键即可输入，因而可以为发报员减轻左手负担。

表 2.6.1　波多英文字符集

Letters	Figures	V	IV	I	II	III	Letters	Figures	V	IV	I	II	III
A	1			●			P	+	●	●	●	●	●
B	8	●			●	●	Q	/	●	●	●		●
C	9	●	●		●	●	R	-	●	●		●	
D	0	●		●	●	●	S	?	●			●	
E	2	●		●			T	*					●
F	ⅎ	●		●	●		U	4	●	●	●		
G	7		●		●	●	V	'	●	●	●	●	
H	†		●	●		●	W	?	●		●	●	
I	⅔		●	●			X	⑨	●		●	●	●
J	6	●	●		●		Y	3	●				●
K	(	●	●	●	●		Z	:	●			●	●
L	=	●	●	●		●	–	–	●				●
M	)		●	●	●	●	✗	✗			Erasure		
N	£				●	●		Figure shift & space				●	
O	5	●			●			Letter shift & space	●			●	
/	⅝			●	●								

2.7　电传打字机

电传打字机（Teleprinter）是继波多电报机之后又一个里程碑式的发明。它的主要优点之一是，在一条通信线路的两端，不需要经过培训的两个电报员，只需要一个经过培训的打字员，就能在一个方向上发送和接收消息。此外，发送电报的速度更快；可以通过各种通信线路从一个地点向多个地点发报；还可以利用凿孔纸带保存发送或接收的报文，或把已经凿孔的纸带上保存的报文打印出来或发送出去。以前，它还可以和大型计算机和小型计算机连接交换信息。

电传打字机的发明是经过许多工程师多年的逐渐改进而研发成功的。直到 1906 年，才由克鲁姆（Howard Krum）开发出可以实用的电传打字机。1910 年摩可拉姆公司（Morkrum Company）设计制造出第一个商用电传打字机系统，并安装在波士顿和纽约市之间的邮政电报公司的线路上。图 2.7.1 示出第二次世界大战时美军用的电传打字机，图 2.7.2 示出 20 世纪七八十年代用的 33 型电传打字机（带凿孔纸带阅读器和凿孔器，并可用作计算机终端）。

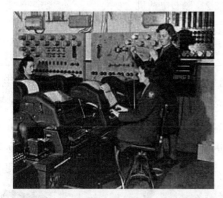 

图 2.7.1　第二次世界大战时美军用的电传打字机　　　图 2.7.2　33 型电传打字机

1926 年在德国开始研发称为 Telex（Telegraph Exchange）的用户直通电传打字机网络，它可以使一个用户通过拨号直接向另一个用户发送电报，它大约每分钟可以发送 66 个英文字。1958 年西联公司（Western Union）开始在美国建立 Telex 网络。这种网络作为商业通信一直使用到 20 世纪后期。随着传真机、个人计算机、喷墨打印机等的出现，用户直通电传打字机由于需要占用一对线路，与这些新型设备会产生矛盾，而逐渐被淘汰。

2.8　电话通信的发明

2.8.1　电话机的发明

1876 年 3 月 7 日，来自苏格兰的移民、美国人贝尔（Alexander Graham Bell）（图 2.8.1）申请的电话装置发明专利获得批准。这一装置可以把人的说话声音清晰地复制出来，在历史上第一次使人可以同另一地的他人直接交谈。此后，电话通信迅速获得应用，并且许多人对其进行了改进。

电话通信出现的初期，在用户双方间直接架设电话线路。每部电话机包括一个发送语音的话筒和一个收听声音的耳机；话筒把声音变换成电信号，此电信号经过电话线传输到接收端电话机，接收端电话机的耳机将此信号转换成声音。在电话机中，还有呼叫对方的手摇铃流发生器和接收方接收呼叫的电铃。这种电话机称作磁石电话机（Magneto Telephone）或手摇磁石电话机（图 2.8.2）。图 2.8.2（a）示出壁挂式磁石电话机的内部结构，其中上部是手摇铃流发生器，下部是两个干电池（用于给话筒供电）。

图 2.8.1　贝尔

(a) 壁挂式磁石电话机内部结构

(b) 台式磁石电话机

图 2.8.2　磁石电话机

2.8.2　电话交换机的发明

当有许多用户希望互相通话时，需要架设的线路数量急剧上升。例如，当有 100 个电话用户要求在任意两个用户间可以通话时，需要架设的线路数量将达到（100×99/2=）4950 条。为了减少需要架设的线路数量，不在用户之间直接架设通信线路，而是建立一个交换站，在所有用户和交换站之间架设线路。当两个用户需要通话时，交换站中的交换机（Switch）将这两个用户的线路连接起来；通完话后，将其断开。若仍有 100 个电话用户，这时只需要架设 100 条通向交换站的线路就够了。节省架设大量线路的代价是需要建立一个交换站。这样一来，一个电话交换网就形成了。这时，要求发话的用户向交换机振铃，由交换站内的话务员将发话用户的线路和收话用户的线路进行人工连接；当通完话后，即由话务员拆线。这种交换机称为人工电话交换机（图 2.8.3）。

图 2.8.3　人工电话交换机

在有了交换机之后，用户的电话机可以由交换机供电，因而去掉了笨重的手摇磁石发电机和干电池。于是，磁石电话机改进成为共电式电话机（Common Battery Telephone Apparatus）。

2.9　有线电话通信的发展

美国人史端乔（Almon Brown Strowger）（见二维码 2.3）于 1889 年发明了世界上第一台自动电话交换机，它被称为步进制自动电话交换机（图 2.9.1），可以代替人工接转电话线路。自动电话交换机连接通话双方的线路是靠机械机构来执行的，从而节省了大量人工，并且加快了连接线路的速度。这时在共电式电话机中，增加了一个呼叫对方时用于输入对方电

二维码 2.3

话号码的拨号盘（图 2.9.2）。拨号盘按照每位电话号码发出相应数目的电脉冲，交换机收到这些电脉冲就得知需要接通的收话用户，并将收发用户双方的线路接通。直至 1970 年代，大多数电话机仍旧使用拨号盘输入电话号码。

随着电话网的发展，用户的电话号码位数不断增加，拨号盘需要发送的电脉冲数目也不断增加，因而拨号费时太长，另外这种方法易受干扰而出错，所以后来逐渐被双音多频（Dual-Tone Multi-Frequency，DTMF）按键键盘（图 2.9.3）所取代。这种键盘用不同频率的两个正弦波脉冲代表一位数字（详情请参看 5.2.3 节），发送一位数字仅需 0.08 秒的时间，速度较快。

图 2.9.1 步进制自动电话交换机　　　　　图 2.9.2 拨号盘电话机

随着通信网的建设和发展，后来又逐步设计出多种性能更好的自动电话交换机，例如纵横制交换机等。但是自动电话交换机有机械结构复杂、易出故障，且噪声大的缺点。在 1970 年代后期，数字计算机应用普及后，逐渐由数字计算机的程序控制进行交换，代替了机械动作；这种计算机就称为程（序）控（制）电话交换机（图 2.9.4）。程控电话交换机体积小、可靠性高，并且运行安静，是目前广泛应用的电话交换机。

图 2.9.3 按键键盘电话机　　　　　图 2.9.4 程控电话交换机

2.10　有线通信线路

通信系统除了在发送方和接收方需要有发送设备和接收设备，还必须有连接发送方和接收方的通信线路。早期的有线电报线路由一对铜线组成，并且只能向一个方向发报，不能同时双向发报，这种线路称为"单工（Simplex）"线路。为了双向发报，需要架设两对线路，在两个方向上同时发报。为了提高线路的利用率，可以由开关控制，在同一对线路上，在不同时间，向不同方向发报，这种线路称为"半双工（Half-duplex）"线路。不久后设计出了能在一对铜线上同时双向独立传输信号的线路，它称为"双工（Duplex）"线路，或称"全双工"线路。

电话通信需要通话双方对讲，所以需要使用双工线路。最初的连接用户的电话线路是沿街道架设的架空明线线路。架空明线是架设在电线杆上的裸铜线。在发明电话仅 4 年后，于 1880 年在美国纽约市某条街道上的架空明线线路已经达到 350 条（图 2.10.1）。为了满足架设日益增长的线路需求，将许多对绝缘电线聚合在一起制成电话电缆，见图 2.10.2。一根电缆中可以有几十或几百对电线，这种电缆可以架设在电线杆上，也可以埋入地下。电话电缆最大的甚至有 1800 对电线（图 2.10.3）。

图 2.10.2　电话电缆

图 2.10.1　1880 年时纽约街貌

图 2.10.3　1800 对线的电话电缆的截面

2.11　无线电报通信

1895 年意大利人马可尼（Guglielmo Marconi）（图 2.11.1）成功地进行了无线电报通信试验。他使用简单的火花发生器、金属薄片天线和电键做成发射机。在图 2.11.2 中，上方示出的是金属薄片天线，左边是火花发生器，中间是供给火花发生器电压的电感线圈，右侧是电键。

图 2.11.1　马可尼

马可尼改进了法国物理学家布朗利（Edouard Branly）发明的金属粉末检波器，并用它作为接收装置。这种检波器有一个细玻璃管，其中装入金属粉末，两端各有一个电极。当有电磁波通过此玻璃管时，两电极上产生感应电势，管中金属粉末会互相吸引而彼此粘连起来，于是两电极间导电，使收报电路有电流流过。在电磁波消失后，金属粉末往往仍然保持粘连状态，因此要用一个敲击装置振动此玻璃管使管内金属粉末分开。图 2.11.3 是这个收报机的原理示意图。

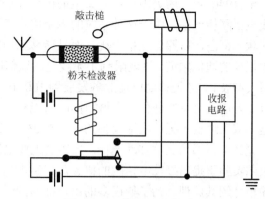

图 2.11.2 马可尼的第一部发射机及单极天线   图 2.11.3 收报机原理示意图

马可尼通过改进他的这种发报装置和天线，使通信距离可以达到 3.2 千米后，他认为若能得到资助进一步改进，将在民用和军事上都很有价值，于是他向意大利邮电部申请资助，但是遭到拒绝，并认为他有精神病。这证明那时的人们认为不用导线传递电信号是不可能的，是异想天开。

在遭到意大利邮电部拒绝后，马可尼于 1896 年初去英国寻求资助，马上得到英国邮电部总工程师普里斯（William Preece）的支持。马可尼的无线电报设备在英国试用成功并不断得到改进，于是逐渐得到意大利、法国和美国等国家的关注和使用。

2.12 无线电话通信

早期的无线电话通信可以追溯到 1918 年，德国的铁路系统就曾在柏林和左森（Zossen）之间的军用列车上试验过无线电话通信。到 1924 年，在柏林和汉堡间的列车之间开始试验民用电话通信。1925 年楚格电话公司（Zugtelephonie A.G.）成立，为火车供应电话设备。美国于 1921 年开始在警车上安装调度用的无线电话设备。这些设备都比较沉重，并且耗电量大。

可以由个人携带的无线电话通信设备，最早是为军事应用研发的。1940 年摩托罗拉公司研制出了 SCR-300 型背负式步话机（Walkie-talkie）（图 2.12.1）。不久后，在第二次世界大战中，摩托罗拉公司研制出了 SCR-536 型手持式步话机（图 2.12.2）。这些步话机都是半双工的，即需要用开关人工控制步话机在发话和收听两种状态之间转换。

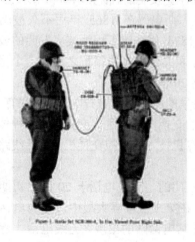

图 2.12.1 背负式步话机   图 2.12.2 手持式步话机

至 1946 年，用美国贝尔实验室的工程师们研发的系统，使无线电话系统开始能和公共有线电话网相连接。由于这种系统的每个用户通话都要占用一段频率，各个用户必须占用不同的频率范围，以避免互相干扰，而且能够工作的频率范围有限，故在一定地域范围内只能提供很少的通信频道，这就限制了无线电话通信应用的发展。例如，至 1948 年美国电话电报公司（AT&T）才把移动电话业务发展到 100 个城市和公路附近；用户只有 5000 个，每周大约有 3 万次通话。在任何一个城市同时只能有三对无线电话用户通话。通话需要人工转接并且是半双工通话。无线电话设备的质量约 36 千克。

无线电话通信又称移动通信。上述的无线电话通信可以称为第 0 代移动通信。1968 年美国贝尔实验室提出蜂窝电话网的概念。蜂窝电话网工作的关键原理就是重复使用频率，下面就简单介绍其原理。为了使很多的用户能够同时进行无线电话通信，无线电话网就需要占用很宽的频率范围，并且在此频率范围内的无线电波传播的距离只有几千米至几十千米，因此可以在此距离以外重复使用同一频率同时通话而没有互相干扰。这样就能大大增加同时通话的用户数量。为此，把地面划分成蜂窝状结构，如图 2.12.3 所示。例如，某一用户在一个正六边形小区中使用频率 f_a 通话时，在距离较远（相隔一个小区）的小区中，可以同时使用频率 f_a 通话。在实际情况中，一个用户的发射电波不会恰好局限在一个正六边形范围内。蜂窝状结构只是一个理论模型。正因为如此，需要相隔较远的小区才可以使用同一频率同时通话。由于可以重复使用频率，使蜂窝网能够容纳大量的用户同时通话。至 1981 年，瑞典爱立信公司在北欧国家建立了第一个民用蜂窝电话网，才实际解决了频道数量限制无线电话广泛使用的问题。这种蜂窝网电话系统称为第 1 代移动通信系统。此后，蜂窝网电话系统快速发展，出现了第 2 代、第 3 代、第 4 代等，目前已经进入第 5 代（5G）。

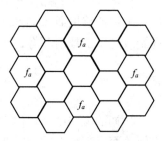

图 2.12.3　正六边形蜂窝状结构

2.13　小　结

- 第一个实用的静电电报系统是于 1816 年由英国人罗纳尔兹发明的。世界上第一条商业用 5 针电报系统是 1838 年由惠斯登和库克发明的。由莫尔斯和韦尔于 1837 年发明的莫尔斯电报系统的应用更为广泛。莫尔斯电码在 1865 年后不久被国际电信联盟（ITU）制定为标准的国际莫尔斯电码。1874 年法国工程师波多发明的波多电报机能够把信号自动翻译成印刷字符。电传打字机是继波多电报机之后又一个里程碑式的发明。Telex 网络作为商业通信一直使用到 20 世纪后期。

- 电话是 1876 年由美国人贝尔发明的。最早的电话机是磁石电话机，在有了交换机后，电话机就改进为共电式电话机了。最早的交换机是步进式交换机，这种体制的交换机经过逐步改进后，最终成为今日采用计算机技术的程控交换机。电话线路从最初的架空明线很快改为架空或地下电缆。

- 无线电报是 1895 年由意大利人马可尼发明的。无线电话于 20 世纪初期在德国和美国开始试用，但是没有得到广泛推广。在第二次世界大战中，无线电话曾经在军队中较多地采用。直到 1980 年代，随着蜂窝电话网的出现，无线电话才逐渐得到广泛应用。

习题

2.1 试述静电电报的工作原理。

2.2 若将 5 针电报系统改成 4 针电报系统，则该系统能传输多少个不同字母？

2.3 若用国际莫尔斯电码发送"LOVE"，需要多少单位时间？

2.4 试问莫尔斯电码是等长编码吗？波多码是等长编码吗？

2.5 试问用户直通电传打字机被逐渐淘汰的主要原因是什么？

2.6 试问磁石电话机中的手摇发电机和干电池分别有何用途？

2.7 试问早期的无线电话为什么不能推广应用？

2.8 试问蜂窝电话网能够广泛应用的主要原因是什么？

第3章 通信工程的基本概念

3.1 消息和信息的概念

从第 2 章的叙述可见，通信工程的发展是从实践或试验开始的，然后才提高到理论分析和研究，并在理论的指导下逐步提高。通信理论的研究，首先研究通信的目的。人们通信的目的是传输信息，那么什么是信息呢？

3.1.1 信息

客观世界是复杂多样的，但是一般认为客观世界是由三类基本要素构成的：物质、能量和信息。信息不是物质也不是能量，信息不具有质量也不含能量。那么，什么是信息？这要从什么是消息说起。消息是物质状态或精神状态的一种反映，在不同时间、不同内容的消息具有不同的表现形式。例如：语音、文字、音乐、数据、（静止）图片或活动（视频）图像等都是消息（Message）。人们发送和接收消息，关心的是消息中所包含的有效内容，即信息（Information）。通信则是将消息进行时空转移，即把消息从一方传送到另一方。基于这种认识，"通信"也就是"信息传输"或"消息传输"。用电传输消息的方法很多，如电报、电话、广播、电视、遥控、遥测等，这些都是用电传输消息的方式和交流信息的手段。

如上所述，通信的最终目的是传递消息中所包含的信息，即接收消息的人所希望知道的东西。信息可以用不同的消息形式传输。例如，若天气预报的内容只有 4 种：晴、阴、云、雨（图 3.1.1），则它可以用语音传输，也可以用文字传输（可以用中文，也可以用英文或其他文字），又可以用图形传输，但是接收者所需要知道的只是这四种天气中的哪一种，也就是消息中包含的内容。

晴	clear	
云	cloud	
阴	overcast	
雨	rain	

图 3.1.1 四种天气消息

3.1.2 信息量

信息量的多少如何衡量呢？用运输货物做比喻，汽车、火车、飞机、马车等都可以运输货物，接收货物的人主要关心的是货物，而不是运输货物的工具。运输的货物量多少常用质量去衡量。信息可以与货物做类比。美国数学家香农（C. E. Shannon）（图 3.1.2）在其 1948 年发表的一篇里程碑性的、为通信理论奠基的论文《通信的数学理论（A Mathematical Theory of Communication）》中，用概率论作为数学工具，以消息的不确定性定义信息量，以此来度量消息中信息的多少。

图 3.1.2 香农

仍以天气预报为例，若只用晴和雨两种状态预报天气，接收者得到的是比较粗略的信息；若用晴、阴、云、雨 4 种状态预报天气，接收者得到的是比较清楚的信息，换句话说得到了比较多的信息；若用晴、阴、云、雨、雾、雪、霜、霾 8 种状态预报天气，接收者就得到了更详细的信息，即得到了更多的信息。因此，若把天气预报作为一个事件，则一次天气预报的各种可能性越多，即每种天气出现的可能性（概率）越小，接收者得到的信息量就越大。对于确定的事件，例如"太阳从东方升起"，其出现的概率为 1（最大），接收者得到的信息量为 0。也就是说，这种消息没有必要传输，因为对方（接收者）从中得不到什么新信息。

按照上述思路，香农把一个消息（事件）包含的信息量用其出现的概率定义为：

$$I = \log_2 \frac{1}{P(x)} \quad \text{比特（b）} \tag{3.1.1}$$

式中，I 为信息量；$P(x)$ 为事件 x 出现的概率。

在上面天气预报的例子中，若只用晴和雨两种状态预报天气，并且假设这两种状态出现的概率相等，即 $P(x) = 1/2$，则每种状态消息的信息量等于：

$$I = \log_2 \frac{1}{1/2} = 1 \, \text{b} \tag{3.1.2}$$

若用晴、阴、云、雨 4 种状态预报天气，并且假设这 4 种状态出现的概率相等，即 $P(x) = 1/4$，则每种状态消息的信息量等于：

$$I = \log_2 \frac{1}{1/4} = 2 \, \text{b} \tag{3.1.3}$$

同理，若用晴、阴、云、雨、雾、雪、霜、霾 8 种状态预报天气，并且假设这 8 种状态出现的概率相等，即 $P(x) = 1/8$，则每种状态消息的信息量等于：

$$I = \log_2 \frac{1}{1/8} = 3 \, \text{b} \tag{3.1.4}$$

香农用数学方法给出了信息量的定义，从而开辟了把数学引入通信工程的一个崭新领域，为提高通信系统的传输效率和可靠性研究开辟了一条康庄大道。香农创立的信息论是通信工程的最重要的理论基础之一。

3.2　信号的概念

信号是用于传递消息的。信号有多种，可以分为非电信号和电信号两大类。例如旗语、哨声是非电信号，电话、电报是电信号。电信号是随时间变化的电压或电流，它反映消息的变化。在数学上它可以表示为时间的函数，按照此时间函数画出的曲线称为信号波形。在本书中和通信工程中，只讨论电信号，故后面提到信号时都是指电信号。

3.2.1　模拟信号

用电信号传输消息时，首先要把消息转换成电信号。例如，人的语音是一种声音或称声波，它由人的声带振动，扰动空气，形成声波，传递入耳，听之为声。所以语音是一种空气振动波。在用电信号传输语音时，首先要用传感器（话筒）把声波转换成电信号。在图 3.2.1 中给出了一段语音信号电压随时间变化的曲线，其横坐标是时间，纵坐标是电压。

静止图像，例如一张照片，在用电信号传输时可以把照片上的图像看成是由非常多的称为"像素"的"点"构成的。传输时要把每"点"图像的亮度转换成电压再传输，若是彩色图像还要把色彩转换成电压传输。为此，通常沿水平方向逐行扫描（图 3.2.2），把每行逐个"点"上的图像亮度（和色彩）转换成电信号。当行数很大时（数百行至 1000 多行），因为人眼的分辨率有限（一般人眼的分辨率在 3～5 角分之间[①]），所以看到的是一个完整的画面。对于活动图像，则先把图像按照时间分解成一帧一帧的静止图像，再用上述传输静止图像的方法逐帧传输。由于人眼的视觉暂留时间是 0.05 秒，因此，当逐帧传输的图像超过每秒 24 帧的时候，人眼便无法分辨每幅单独的静态图像，因而看上去是平滑连续的活动图像。

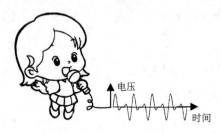

图 3.2.1　声波变成电信号

图 3.2.2　图像的扫描

　　上述语音和图像信号的电压都是可以连续取值的，即电压值可以是任何实数。这种信号称为**模拟信号**。

3.2.2　数字信号

　　不同于模拟信号的另一类信号称为**数字信号**。数字信号又称**离散信号，其可能的取值是不连续的**。例如，计算机键盘输出的信号是数字信号，其电压仅取 2 个值，可以用"1"和"0"表示（图 3.2.3），但是不能用任意实数值表示。若用"1"表示高电平，"0"表示低电平，则表示键盘上的 26 个大写英文字母的电平可以用表 3.2.1 中的数字 1 和 0 表示。

0 1 0 1 1 0 1 0 0 0 1 0 1 0 0 1 1 1 0 1

图 3.2.3　计算机键盘输出的数字信号

表 3.2.1　大写英文字母的编码

A	1000001	H	0001001	O	1111001	V	0110101
B	0100001	I	1001001	P	0000101	W	1110101
C	1100001	J	0101001	Q	1000101	X	0001101
D	0010001	K	1101001	R	0100101	Y	1001101
E	1010001	L	0011001	S	1100101	Z	0101101
F	0110001	M	1011001	T	0010101		
G	1110001	N	0111001	U	1010101		

---

① 百度百科：角分，又称弧分，是量度角度的单位。

这里需要注意的是，区分模拟信号和数字信号的准则，是看其表示信息的取值是连续的还是离散的，而不是看信号在时间上是连续的还是离散的。数字信号在时间上可以是连续的，模拟信号在时间上也可能是离散的。用最简单的波形表示的情况下，代表数字信号一个取值的波形称为一个**码元**，见图 3.2.4。

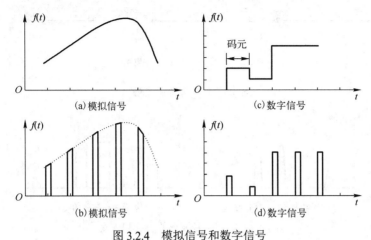

图 3.2.4　模拟信号和数字信号

3.2.3　信号传输速率

数字信号的传输速率是按照每秒传输多少个码元计算的，因而又称为码元速率；码元速率的单位是波特（Baud），即

$$波特 = 码元数/秒 \tag{3.2.1}$$

每个码元含有的信息量则和可能出现的不同码元的数量有关。仍以上述天气预报为例，假设用晴、阴、云、雨、雾、雪、霜、霾 8 种状态预报天气，并且假设这 8 种状态中每一种状态的出现概率相等，若各种状态用不同的码元表示，则每个码元含有 3 比特的信息量[见式（3.1.4）]。当每秒钟传输 100 个码元，即信号传输速率是 100 波特时，信息传输速率等于 300 比特/秒。不过，在通信工程和技术中，常常不严格区分信号速率和信息速率，而是常说信号传输速率是 100 波特（Baud）或 300 比特/秒（b/s）。

和上述信号的分类方法相对应，通信可以分为数字通信和模拟通信，通信系统也可以分为数字通信系统和模拟通信系统。这两类通信（通信系统）的特性迥然不同，所以通常对它们分别进行研究讨论。

3.3　模拟通信和数字通信

用电信号传递消息，最早是从传递文字开始的，然后传递语音。这就是说，电信最早传输的是数字信号，即最早的电信是数字通信，然后才是模拟通信。信源产生的是原始的数字信号和模拟信号。由于传输信道中的噪声干扰和信道性能不良，接收信号波形可能产生变形，或者说会产生失真，而且这种失真通常很难完全消除，故对传输的模拟信号的接收质量造成较大影响。对于数字信号则不然，当数字信号的传输失真不是很大时，由于数字信号的可能取值数目有限，可能不影响接收端的正确接收（判决）。此外，在有多次转发的线路（见图 3.3.1）中，每个中继站都可以对有失真的接收信号加以整形，消除沿途线路中波形误差的积累，从而使得经过远距离传输后，在接收端仍能得到高质量的接收信号。在图 3.3.2 中给出了失真的数字信号和经过整形后恢复的数字信号波形示意图。

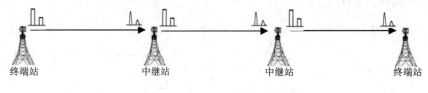

图 3.3.1　多次转发线路

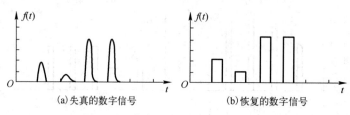

(a)失真的数字信号　　　　　　(b)恢复的数字信号

图 3.3.2　数字信号波形的失真和恢复

数字通信还有一些优点。例如，在数字通信系统中，可以采用纠错编码等差错控制技术，减少或消除错误接收的码元，从而大大提高系统的抗干扰性；可以采用保密性极高的数字加密技术，从而大大提高系统的保密度；可以用信源编码方法（见 4.7 节）压缩数字信号，以减小冗余度，提高信道利用率。

由于数字通信具有上述许多优点，因此若把信源产生的模拟信号转化成数字信号再传输，就可以获得数字通信的这些优越性能。这种转化就叫作模拟信号的数字化。目前，电话、电视等模拟信号几乎无例外地数字化后采用数字传输技术进行远距离传输。仅在有线电话从电话局接至用户终端的一段电路中以及无线电广播和电视广播等少数领域有些还在使用模拟传输技术；但是即使在这些领域，数字化也在逐步发展和取代过程中。模拟信号数字化后，还可以和信源输入的数字信号综合起来，在数字通信系统中传输。因此，数字通信是当前通信技术的主流发展方向。

3.4　信号频谱的概念

"**频谱**"（Frequency Spectrum，简称 Spectrum）一词最早用于光学。日光通过三棱镜或雨滴后分解成彩虹，彩虹是不同颜色的光（从红光到紫光）构成的光谱。光波也是电磁波，在光谱中红光的频率最低，紫光的频率最高，所以光谱就是不同频率电磁波的频谱（见二维码 3.1）。

由严谨的数学分析（傅里叶分析）可证明，一个信号的波形可以分解成许多不同频率的正弦波形，或者说信号可以看成是由许多不同频率的正弦波组成的。这些正弦波的频率与其幅度和相位的（函数）关系就是**频谱**的定义。例如，在用图 3.4.1 中的信号波形粗略地说明频谱的概念时，图中粗的波形包含频率为 50Hz、150Hz 和 250Hz 的三个正弦波；而图 3.4.2 中的矩形波包含许多（无穷多）个不同频率的正弦波（见二维码 3.2）。

二维码 3.1　　　　　二维码 3.2

若信号是周期性的，则其频谱是离散的，在频谱图上表现出离散的谱线。周期性信号 $f(t)$ 的定义是它必须满足下列条件：

$$f(t) = f(t + T), \quad -\infty \leq t \leq \infty$$

式中，T 为周期。必须注意在上式中 t 的条件是从负无穷大到正无穷大，即必须从 $-\infty$ 到 ∞ 上式都成立时才能称其为周期性函数。

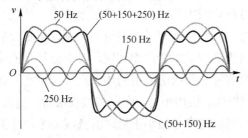

图 3.4.1　三个正弦波的合成波

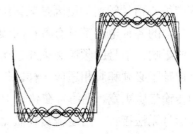

图 3.4.2　矩形波的合成

在图 3.4.3 中给出的周期性矩形脉冲波形（注意：周期性的波形是在时间上从负无穷大延续到正无穷大的，在此图中只画出了 3 个波形）的离散频谱示于图 3.4.4 中（图中只画出了频谱的幅度，没有画出其相位）。若信号是非周期性的，则其频谱是连续的。在图 3.4.5 和图 3.4.6 中给出了一段声音波形及其连续频谱（图中只画出了频谱的幅度，没有画出其相位）。

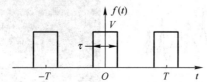

图 3.4.3　周期性矩形脉冲波形，横轴是时间

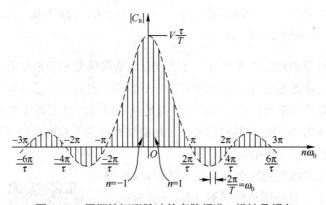

图 3.4.4　周期性矩形脉冲的离散频谱，横轴是频率

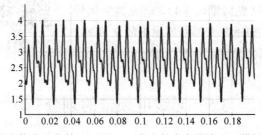

图 3.4.5　低音吉他空弦音符 A（55Hz）发出的声音的波形，横轴是时间（秒）

上述离散频谱和连续频谱是有本质区别的。在离散频谱的每根谱线的频率上都存在确定值的电压，所以其纵坐标表示的是电压值；而在连续频谱中，只有在一个频率区间上才有确定的信号电压值，其纵坐标是电压密度，即每单位频率范围内的电压值；其纵坐标值乘以频率区间的宽度才是在这一频率范围内的信号电压值。上述结论是数学分析的结果，在今后的有关课程中将专门深入地讨论，现在只需知道这一结论就够了。

我们关心信号频谱的原因是频谱给出信号在频域中的性质。在通信系统中，传输线路和通信设备中的各种电路都具有各自的频率特性，频率特性表示电路对不同频率正弦波的振幅和相位的影响；信号的频谱必须和它所传输的线路的频率特性相适应，否则信号可能受到损害，好像鞋子必须和脚相适应一样。例如，若信号的频谱所占用的频带宽度（带宽）比传输线路的传输带宽更宽，则信号在传输中会受到损伤。损伤小时，会影响接收质量；损伤大时，可能使信号无法接收。用运输货物做比喻，车辆的宽度必须小于道路的宽度，车辆才能通过（图 3.4.7）。

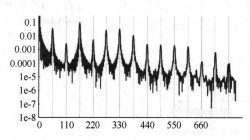

图 3.4.6　低音吉他空弦音符 A（55Hz）发出的声音的连续频谱，横轴是频率（Hz）

图 3.4.7　道路宽度必须大于车辆宽度

信号按其频谱占用的频带位置不同，可以区分为**基带信号**和带通信号。基带信号是来自信源的原始信号，又称**低通信号**，其频谱可以（不必须）自直流分量（即零频率）开始，例如声音信号、图像信号和图形信号。带通信号则是基带信号经过调制（调制的概念见4.1节，这里可以简单地理解为"变换"）后的信号，其频谱被搬移到了较高的频率范围，并且频谱的结构和占据频率范围宽度也可能有所改变。

研究模拟信号频谱特性的数学工具是傅里叶分析：分析周期性信号的数学工具是**傅里叶级数**（Fourier Series）（见二维码 3.3）；分析非周期性信号的数学工具是**傅里叶变换**（Fourier Transform）（见二维码 3.4）。研究数字信号频谱特性的数学工具是从傅里叶变换发展出来的 Z 变换。因此，学习通信工程必须先学好这些数学基础。

二维码 3.3　　　　二维码 3.4

3.5　无线电频带的划分

无线电波频谱是电磁波频谱的一部分，从 3Hz 到 3000GHz（3THz）。在此范围内的电磁波称为无线电波（图 3.5.1），它非常广泛地应用于各种现代技术中，特别是在电信技术中。为了防止不同用户之间互相干扰，各国都制定了法律对无线电波的产生和传播进行严格的规定，并由国际电信联盟（ITU）进行协调。

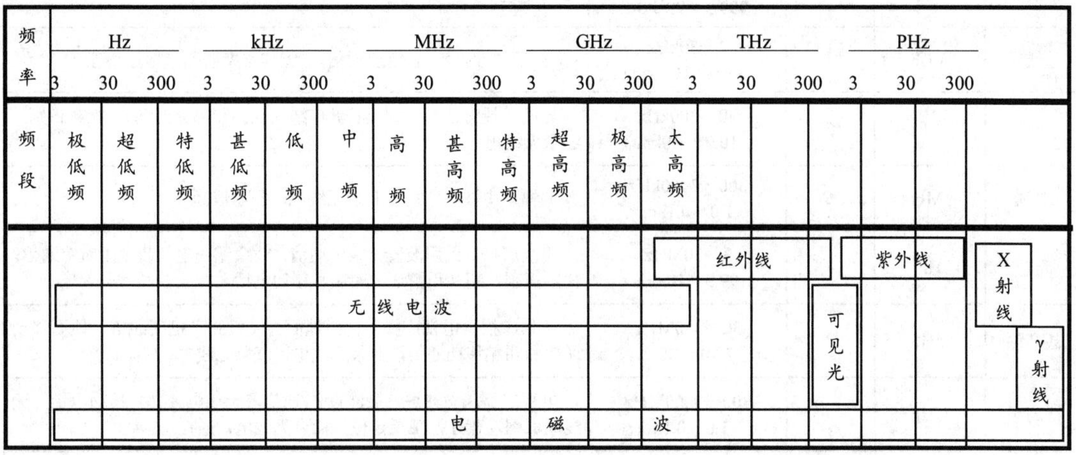

频率	Hz			kHz			MHz			GHz			THz			PHz		
	3	30	300	3	30	300	3	30	300	3	30	300	3	30	300	3	30	300
频段	极低频	超低频	特低频	甚低频	低频	中频	高频	甚高频	特高频	超高频	极高频	太高频						

无线电波　　　　　　　　　　　红外线　　　紫外线　　　X射线

可见光　　　　γ射线

电　　磁　　波

（注：Hz—赫兹　kHz—千赫兹　MHz—兆赫兹　GHz—吉赫兹　THz—太赫兹　PHz—拍赫兹）

图 3.5.1　电磁波谱

ITU 对无线电波频谱的各部分规定了不同的传输技术和不同的应用，在 ITU 的无线电规则（Radio Regulation，RR）中规定了大约 40 种无线电通信业务。在某些情况下，部分无线电波频谱出售或出租给各种无线电业务公司（例如，蜂窝网电话公司或广播电视台）。因为无线电波频谱是一种自然有限资源，对其需求与日俱增，变得越来越拥挤。

频带是无线电通信频谱的一小段，它通常分配给用于某些用途的信道，或者留作他用。300GHz 以上的电磁辐射被地球的大气层大量吸收，以致不能穿透,直到近红外(Near-infrared)和部分光波频率范围才又变得透明。为了防止干扰和更有效地使用无线电波频谱，将不同类型的业务分配到不同的频带上。例如，广播、移动通信，或者导航业务，分配在不重叠的频带上。每一个频带有其基本的配置规划，规定其专用于何处，以及如何共享，以避免干扰，并为发射机和接收机的兼容制定协议。

为了方便，ITU 把无线电波频谱划分为 12 个频带，每个频带从波长（米）为 10 的 n 次幂（10^n）起，相当于频率为 $3 \times 10^{8-n}$Hz 起，覆盖 10 倍的频率或波长范围。每个频带有一个惯用的名称。例如，高频（High Frequency，HF）是指波长范围从 100 米至 10 米，相当于频率范围从 3MHz 至 30MHz（表 3.5.1）。

表 3.5.1　ITU 无线电频谱划分表

频带名	缩略词	ITU 频带号	频率和波长范围	应用举例
极低频	ELF	1	3～30Hz 99930.8～9993.1km	潜艇通信
超低频	SLF	2	30～300Hz 9993.1～999.3km	潜艇通信

频带名	缩略词	ITU 频带号	频率和波长范围	应 用 举 例
特低频	ULF	3	300～3000Hz 999.3～99.9km	潜艇通信，矿井内通信
甚低频	VLF	4	3～30kHz 99.9～10.0km	导航，授时信号，潜艇通信，无线心率监测，地球物理
低频	LF	5	30～300kHz 10.0～1.0km	导航，授时信号，调幅长波广播（欧洲和部分亚洲），视频识别，业余无线电
中频	MF	6	300～3000kHz 1.0～0.1km	调幅（中波）广播，业余无线电，雪崩信标
高频	HF	7	3～30MHz 99.9～10.0m	短波广播，民用波段无线电通信，业余无线电和超视距航空通信，视频识别，超视距雷达，船舶和移动电话
甚高频	VHF	8	30～300MHz 10.0～1.0m	调频广播，电视广播，视距地面与飞机和飞机间通信，地面移动通信和船舶移动通信，业余无线电，气象无线电
特高频	UHF	9	300～3000MHz 1.0～0.1m	电视广播，微波炉，微波设备/通信，无线电天文，移动电话，无线局域网，蓝牙，卫星定位，业余无线电，遥控
超高频	SHF	10	3～30GHz 99.9～10.0mm	无线电天文，微波设备/通信，无线局域网，专用短程通信，雷达，通信卫星，电缆和卫星电视广播，卫星直播，业余无线电
极高频	EHF	11	30～300GHz 10.0～1.0mm	无线电天文，无线电中继，微波遥感，业余无线电，定向能武器，毫米波扫描器
太高频	THF	12	300～3000GHz 1.0～0.1mm	代替 X 射线的实验医疗成像，超快速分子动力学，凝聚态物理，至高频时域光谱仪，至高频计算/通信，遥感，业余无线电

表 3.5.1 中，为每个频带分配一个"ITU 频带号"。这个频带号表示其上限频率和下限频率（以 Hz 计）的近似几何平均值的对数。例如，频带 7 的近似几何平均值[①]为 10MHz，即 10^7Hz。

3.6 信道的概念

通信系统由三大部分组成，即**发送设备、接收设备**和**信道**（图 3.6.1）。信道是信号从发送设备传输到接收设备的通道。送入发送设备的信号来自信源，接收设备收到的信号送入信宿。信源是产生信息的实体，例如人的发声器官就是语音信号的信源。信宿是相对于信源而言的，是传输信号的最终接收者，例如人或人耳可以是传输语音信号的信宿。

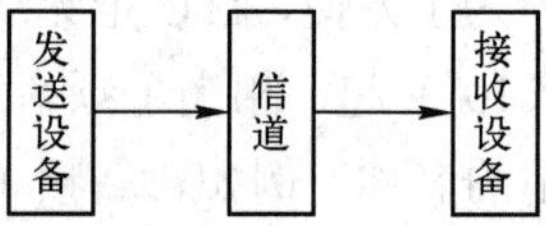

信道分为两大类：**有线信道**和**无线信道**。

图 3.6.1 通信系统的组成

3.6.1 有线信道

有线信道可以是传输电信号的导线，包括架空明线（图 3.6.2）、对称电缆（图 3.6.3）和同轴电缆（图 3.6.4）；也可以是由传输光信号的光纤组成的光缆（图 3.6.5）。早期的有线电话信道是架设在电线杆上的裸铜线，故称为架空明线。一对线只能传输一路电话信号，当电话

[①] 几何平均值是 n 个变量值连乘积的 n 次方根。

用户大量增加时，电线杆上已经不能架设那么多对线路了，因此发明了对称电缆。对称电缆中采用带绝缘包皮的双绞线传输信号，因此可以在一根电缆中容纳成百上千对线路，解决了大量线路架设的难题。

同轴电缆的传输频带很宽，适合传输视频图像和多路音频信号。光缆中可以包含多根光纤，其中每根光纤都可以传输带宽极宽的光信号。

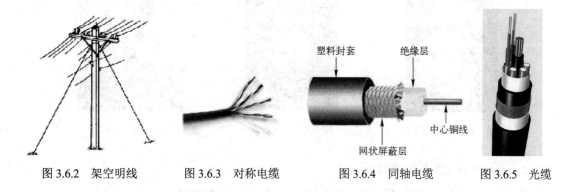

图 3.6.2　架空明线　　　图 3.6.3　对称电缆　　　图 3.6.4　同轴电缆　　　图 3.6.5　光缆

3.6.2　无线信道

1. 电磁波

无线信道是利用电磁波在空间传播来传输电信号的，为此在发送设备和接收设备中分别需要安装发送天线和接收天线来发射和接收无线电信号。当无线电信号的频率不太高（大约 1GHz 以下）时，所用的天线多是由线状金属导体组成的，统称为线天线（图 3.6.6）；当无线电信号的频率很高时，多用由馈源和反射面组成的面天线（图 3.6.7）。利用电磁波在空间传播来传输电信号时，在发送设备和接收设备之间不需要敷设线路，因此无线信道对于长距离传输非常有益。另外，无线信道在收发设备间没有导线连接，所以适合在移动中通信；在近距离传输信号时，它可以代替连接电线，例如计算机主机和鼠标之间的连线，解除连线的束缚。这是目前无线通信迅速发展的主要原因。

无线信道的发送天线发射电磁波，接收天线则接收电磁波（见二维码 3.5）。电磁波在收、发天线之间的传播有几种不同的方式，它和电磁波的频率或波长有关。

图 3.6.6　线天线　　　　　图 3.6.7　面天线　　　　　　二维码 3.5

在无线信道中收、发天线之间的信号传输是利用**电磁波**在空间传播来实现的。电磁波是英国数学家麦克斯韦（J. C. Maxwell）（图 3.6.8）于 1864 年根据法拉第（M. Faraday）（图 3.6.9）的电磁感应实验在理论上做出预言的。后来，德国物理学家赫兹（H.Hertz）（图 3.6.10）在 1886 至 1888 年间用实验证明了麦克斯韦的预言。此后，电磁波在空间的传播被广泛地用作通信的手段。原则上，任何频率的电磁波都可以产生。但是，电磁波的发射和接收是用天线进行的。为了有效地发射或接收电磁波，要求天线的尺寸至少不小于电磁波波长的1/10。因此，频率过低，波长过长，则天线难以实现。例如，若电磁波的频率等于1000Hz，则其波长等于300km。这时，要求天线的尺寸大于30km！所以，通常用于通信的电磁波频率都比较高。

图3.6.8　麦克斯韦

图3.6.9　法拉第

图3.6.10　赫兹

2. 电磁波在地面的基本传播方式

除了在外层空间两个飞船之间的电磁波基本上是在**自由空间**（Free Space）传播的，电磁波的传播总是受到地面和（或）大气层等的影响。根据通信距离、频率和位置的不同，电磁波的传播可以分为直射波、地波和天波（或称电离层反射波）3种。频率较低（大约2MHz以下）的电磁波趋于沿弯曲的地球表面传播，有一定的绕射能力。这种传播方式称为地波传播，300kHz以下的地波能够传播的距离超过数百甚至数千千米（见二维码3.6）。

二维码3.6

频率较高（大约[①]在2～30MHz之间）的电磁波能够被电离层反射。电离层位于地面上约60～400km之间。它是因太阳的紫外线和宇宙射线辐射使大气电离的结果。根据地球半径和电离层的高度不难估算出，电磁波经过电离层的一次反射最大可以达到约4000km的距离。但是，经过反射的电磁波到达地面后可以被地面再次反射，并再次由电离层反射。这样经过多次反射，电磁波可以传播10000km以上。利用电离层反射的传播方式称为**天波传播**（图3.6.11）。

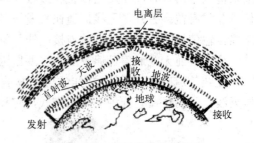
图3.6.11　几种电波传播方式

频率高于30MHz的电磁波将穿透电离层，不能被反射回来。此外，它沿地面绕射的能力也很小。所以，它只能类似光波那样做视线传播，称为**直射波**。为了能增大其在地面上的传播距离，最简单的办法就是提升天线架设的高度，从而增大视线距离，因此我们常看到有架设得很高的天线（图3.6.12）。

3. 卫星信道

在距地面35800km的赤道平面上，卫星围绕地球转动一周的时间和地球自转周期相等，从地面上看卫星好像静止不动；这种卫星称作静止卫星。利用3颗这样的静止卫星作为转发站就能覆盖全球，保证全球通信（图3.6.13）。这就是目前国际国内远程通信中广泛应用的一

---

① 这里"大约"的意思是指这个频率范围是不严格的，大致在此范围内，因地点、时间、季节和年份的不同而不同。

种卫星通信。当卫星与地面的距离较小时，卫星转动周期小于地球自转周期，这时需要多颗卫星，使至少有一颗作为转发站的卫星，能够和收发双方同时保持在视距内，这样才能保证地面两点间的不间断通信。

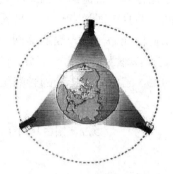

图 3.6.12　高架天线　　　　　　　　　　图 3.6.13　静止卫星

此外，在高空的飞行器之间的电磁波传播，以及太空中人造卫星或宇宙飞船之间的电磁波传播，都是符合视线传播的规律的。只是其传播不受或少受大气层的影响而已。

4．散射信道

除了上述 3 种传播方式，电磁波还可以经过散射方式传播。散射传播分为**电离层散射**、**对流层散射**和**流星余迹散射**三类。电离层散射和上述电离层反射不同。电离层反射类似光的镜面反射，而电离层散射则是由于电离层的不均匀性产生的乱散射电磁波现象。故接收点的散射信号的强度比反射信号的强度要小得多。电离层散射现象发生在 30～60MHz 间的电磁波上。对流层散射则是由于对流层中的大气不均匀性产生的。对流层是指从地面至高约 10km 间的大气层。在对流层中的大气存在强烈的上下对流现象，使大气中形成不均匀的湍流。电磁波由于对流层中的这种大气不均匀性可以产生散射现象，使电磁波散射到接收点，称为对流层散射（图 3.6.14）。流星余迹散射（图 3.6.15）则是流星经过大气层时在大气中产生的很强的电离余迹，使电磁波散射的现象。一条流星余迹的存留时间在十分之几秒到几分钟之间，但是空中随时都有大量的人们肉眼看不见的流星余迹存在，能够随时保证信号断续的传输。所以，流星余迹散射通信只能用低速存储、高速突发的断续方式传输数据。

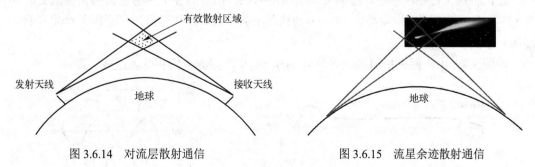

图 3.6.14　对流层散射通信　　　　　　图 3.6.15　流星余迹散射通信

目前在民用无线电通信中，应用最广的是**蜂窝网**和**卫星通信**。蜂窝网的手机和基站间使用地波或直射波传播。而卫星通信则只能利用直射波传播方式，这时在地面和卫星之间的电磁波传播要穿过电离层。

5．链路

上面提到，信道是信号从发送设备传输到接收设备的通道。通常在发送设备和接收设备之间可能需要经过多段有线或无线传输通道的连接，可能还要经过交换设备的转接。这时，每一段传输通道称为一条链路（Link）。链路是定义在一定的频域和空域的，它占用给定的频带和物理空间，并且中间没有任何交换设备。

除了专用通信线路，在一般通信网中发送和接收设备之间还有交换设备（在 2.9 节中已经提到过），它可以作为信道的一部分。在讨论通信系统的性能时通常认为交换设备仅仅提供一个信号的通路，它对信号传输的影响可以忽略不计。

3.7　信道特性对信号传输的影响

3.7.1　恒参信道

各种有线信道和部分无线信道，包括卫星链路和某些视距传输链路，因为它们的特性变化很小、很慢，可以认为其参量恒定，它们是参量恒定的信道，通常称为恒参信道。因此可以把恒参信道当作一个不随时间变化的线性网络来分析。只要知道这个网络的传输特性，就可以利用信号通过线性系统的分析方法，研究信号通过恒参信道时受到的影响。恒参信道的主要传输特性通常可以用其振幅特性和相位特性来描述。

1．振幅特性

振幅特性又称幅频特性，它表示因受到信道的影响，信号各个频率分量的振幅 $A(\omega)$ 变化（增益或衰减）和频率的关系，在图 3.7.1 中给出了幅频特性 $[A(\omega)\text{-}f]$ 曲线实例。若在信号频谱范围内幅频特性保持平直，即信号各个频率分量通过此信道时受到相同的增益或衰减，则信号波形不会因此而改变。这就是说，无失真传输要求信道的振幅特性在信号频谱范围内与频率无关，即其振幅-频率曲线是一条水平直线，如图 3.7.1 中虚线所示。

2．相位特性

相位特性又称相频特性，即因受到信道的影响，信号的各个频率分量的相位改变 θ 和频率 f 的关系。若信道的相频特性（$\theta\text{-}f$）曲线是一条直线，则信号波形不会因此产生失真。下面用一个简单例子说明这一点。

在图 3.7.2 中，假设信道的输入信号 $s_\mathrm{i}(t)$ 由两个不同频率的正弦波组成，即：

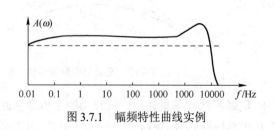

图 3.7.1　幅频特性曲线实例

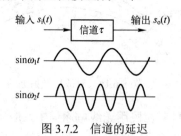

图 3.7.2　信道的延迟

$$s_i(t) = \sin\omega_1 t + \sin\omega_2 t$$

若经过信道传输，这两个不同频率的正弦波受到相同的 τ 秒延迟，则信道输出波形没有失真，因为这两个正弦波的相对"位置"保持不变。这时，信道输出信号为：

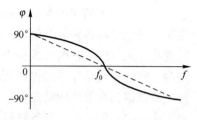

$$
\begin{aligned}
s_o(t) &= \sin\omega_1(t-\tau) + \sin\omega_2(t-\tau) \\
&= \sin(\omega_1 t - \omega_1\tau) + \sin(\omega_2 t - \omega_2\tau) \\
&= \sin(\omega_1 t - \theta_1) + \sin(\omega_2 t - \theta_2)
\end{aligned}
$$

式中　　　　$\theta_1 = \omega_1\tau,\ \tau = \theta_1/\omega_1;\ \theta_2 = \omega_2\tau,\ \tau = \theta_2/\omega_2$
于是得到：　　　　　　$\theta_1/\omega_1 = \theta_2/\omega_2$
上式表示，要求相位的变化 θ 和频率 $f(=\omega/2\pi)$ 成正比，即要求 $\theta\text{-}f$ 曲线成直线关系。图 3.7.3 中给出相频特性曲线实例，图中的虚直线是理想的无相位失真的特性曲线。

图 3.7.3　相频特性曲线实例

3. 码间串扰

若信道的振幅特性不理想，即信道使信号中不同频率分量的振幅受到不同的增益或衰减，则信号发生的失真称为频率失真，该失真会使信号的波形产生畸变。在传输数字信号时，波形畸变通常引起相邻码元波形之间发生部分重叠，造成**码间串扰**（InterSymbol Interference，ISI）。码间串扰是指一个码元经过信道传输，因其波形畸变而导致其宽度扩展，与相邻的码元重叠，如图 3.7.4 所示。信道的相位特性不理想将使信号产生相位失真。在模拟话音信道（简称模拟话路）中，相位失真对通话的影响不大，因为人耳对于声音波形的相位失真不敏感。但是，相位失真对于数字信号则影响很大，因为它同样会引起数字波形失真造成的码间串扰，使误码率增大。

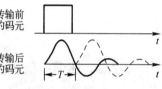

图 3.7.4　码间串扰

4. 非线性失真、频率偏移和相位抖动

除了振幅特性和相位特性，恒参信道中还可能存在其他一些使信号产生失真的因素，例如非线性失真、频率偏移和相位抖动等。

非线性失真是指信道输入信号和输出信号的振幅关系不是直线关系，如图 3.7.5 所示。非线性特性将使信号产生新的谐波分量，造成所谓的**谐波失真**。现在用一个简单的例子说明之。设信道输入信号与输出信号之间有如下平方关系：

$$s_o(t) = [s_i(t)]^2$$

则当信道输入信号 $s_i(t) = \sin\omega t$ 时，信道输出信号 $s_o(t) = \sin^2\omega t = \frac{1}{2}(1 - \cos 2\omega t)$，它表示输出信号的频率是输入信号频率的两倍，并且增加了直流分量。这就是谐波失真。这种失真主要是由信道中的元器件特性不理想造成的。

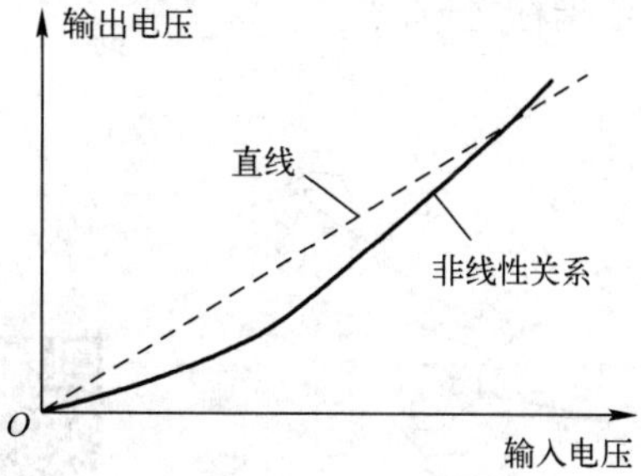

频率偏移是指信道输入信号的频谱经过信道传输后产生了平移。这主要是由发送端和接收端中用于调制、解调或频率变换的振荡器的频率误差引起的。相位抖动也是由这些振荡器的频率不稳定产生的。

图 3.7.5　非线性特性曲线

相位抖动是指数字信号的相位瞬时值相对于其当时的理想值的动态偏离。相位抖动的结果是对信号产生附加调制。

上述这些因素产生的信号失真一旦出现，很难消除。

3.7.2 变参信道

许多无线电信道的参量是随时间而变的，例如依靠天波和地波传播的无线电信道、某些视距传输信道和各种散射信道。电离层的高度和离子浓度随时间、日夜、季节和年份而在不断变化。大气层也在随气候和天气在变化着。此外，在移动通信中，由于移动台在运动，收发两点间的传输路径自然也在变化，使得信道参量在不断变化。这类信道称为**变参信道**。各种变参信道具有的共同特性是：（1）信号的传输衰减随时间而变；（2）信号的传输时延随时间而变；（3）信号经过几条路径到达接收端，而且每条路径的长度（时延）和衰减都随时间而变，即存在**多径传播**现象。

当一个单一频率 f_c 的正弦波经过变参信道传输后，接收信号波形的包络有了起伏，频率也有了扩展，如图 3.7.6 所示。这种接收信号包络因传播而有了起伏的现象称为衰落。

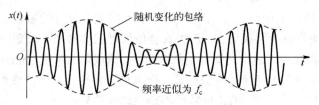

图 3.7.6 经过变参信道传输的正弦波

3.7.3 信道中的干扰

在信道中，特别是无线电信道中，会有干扰电信号引入，例如雷电等天然干扰和电气设备产生火花的人为干扰。这些干扰通常称为电噪声或简称噪声。噪声进入信道是非常有害的，它影响接收信号的质量。在通信设备中的电阻性元件会因电子的随机热运动（布朗运动，见图 3.7.7 和二维码 3.7）产生热噪声，热噪声随元件温度升高而增大，并且分布在极宽的频率范围内，它同样是有害的。图 3.7.8 示出随机热噪声波形。在接收设备中，有用信号功率和噪声功率之比称为信号噪声功率比，简称**信噪比**，它是衡量接收信号质量的主要指标之一。

图 3.7.7 布朗运动   二维码 3.7

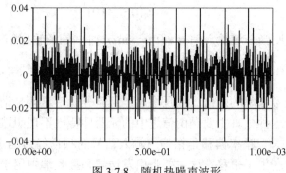

图 3.7.8 随机热噪声波形

3.8 通信系统的质量指标

在模拟通信系统中，信号中携带消息的是其取值连续变化的某个参量，例如话筒输出的声音电压瞬时值。模拟通信系统要求在接收端能以高保真度来复现发送的模拟波形。对于此类系统，传输质量的度量准则主要是输出信号噪声比，简称信噪比。信噪比是代表系统输入波形与输出波形之间误差的主要指标之一。因此，在理论上，模拟通信系统中的基本问题是连续波形的参量估值问题。

在数字通信系统中，传输的消息包含在信号的某个离散值中。因此，要求在接收端能正确判决（或检测）发送的是哪一个离散值。至于接收波形的失真，只要它还不足以影响接收端的正确判决，就没有什么关系。这种通信系统的传输质量的度量准则主要是产生错误判决的概率。因此，研究数字通信系统的理论基础主要是统计判决理论。

影响接收信号质量的主要原因，除了设备电路性能不良对信号产生的确定影响，同样重要的是设备内外引入的各种不希望有的干扰电压。这些干扰电压是随机的，即它是不确定的，并且是不能预测的。例如，在图 3.8.1 中举例给出随机噪声波形。在图 3.8.2 中示出随机噪声对数字信号波形传输的影响，其中图（a）是发送信号的波形，图（b）是接收信号的波形。当噪声太大时，可能使接收端错误判断发送信号的电平。

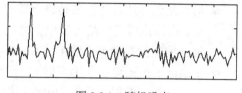

图 3.8.1 随机噪声

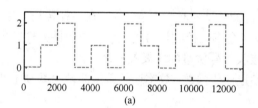 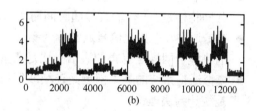

图 3.8.2 噪声的影响

这种随机干扰只能用概率理论和随机过程理论去分析解决。因此，概率论和随机过程是学习好通信工程本科专业的重要数学基础之一。

3.9 小   结

- 消息中所包含的有效内容即信息。信息可以用不同的消息形式传输。
- 信息量以消息的不确定性来度量。消息的不确定性越大，其信息量越大。信息量的单位是比特（b）。
- 电信号是随时间变化的电压或电流，它反映消息的变化。按照信号的时间函数画出的曲线称为信号波形。
- 区分模拟信号和数字信号的准则，是看其表示信息的取值是连续的还是离散的，而不是看信号在时间上是连续的还是离散的。
- 数字信号的码元传输速率的单位是波特。数字信号的信息传输速率的单位是比特/秒。

必须弄清楚比特和波特的区别。

● 信道中的噪声干扰和信道特性不良，会对模拟信号的接收质量造成较大影响。但是当数字信号的失真不是很大时，可能不影响接收端的正确接收。因此若把模拟信号转化成数字信号再传输就可以获得数字通信的优越性能。这种转化就叫模拟信号的数字化。

● 信号的波形可以分解成许多不同频率的正弦波，这些正弦波的频率与其幅度和相位的（函数）关系就是频谱。若信号是周期性的，则其频谱是离散的；若信号是非周期性的，则其频谱是连续的。在离散频谱的每根谱线的频率上都存在确定值的电压；而在连续频谱中，在每一频率点上的频谱的单位是电压密度，即连续频谱值乘以频率区间的宽度才是在这一频率范围内的信号电压值。这是一个非常重要的必须牢记在心的概念。

● 信号按其频谱占用的频带位置不同，可以区分为基带信号和带通信号。带通信号是基带信号经过调制后的信号，其频谱被搬移到了较高的频率范围。

● 无线电波频谱是电磁波频谱的一部分，从 3Hz 到 3THz 的电磁波称为无线电波。ITU 把无线电波频谱划分为 12 个频带。

● 信道是信号从发送设备传输到接收设备的通道。信道分为两大类：有线信道和无线信道。有线信道可以是传输电信号的金属导线或传输光信号的光纤。无线信道利用电磁波在空间的传播来传输电信号。

● 电磁波的传播可以分为直射波、地波和天波 3 种方式。此外，电磁波还可以经过散射方式传播。散射传播分为电离层散射、对流层散射和流星余迹散射三类。

● 恒参信道的主要传输特性通常可以用其振幅特性和相位特性来描述。变参信道具有的共同特性是：①传输衰减随时间而变；②传输时延随时间而变；③存在多径传播现象。

● 在信道中，干扰电信号通常称为噪声。噪声会影响接收信号的质量。电阻性元件产生的热噪声同样是有害的。信噪比是衡量接收信号质量的主要指标之一。

● 模拟通信系统的基本问题是连续波形的参量估值问题。数字通信系统的理论基础主要是统计判决理论。

习题

3.1 试述消息和信息的关系。

3.2 试述信息量的定义。

3.3 信息量的单位是什么？

3.4 设以等概率发送的消息是从 0 至 9 的 10 个阿拉伯数字中的 1 个，试求出 1 个阿拉伯数字的信息量等于多少比特。

3.5 逐帧传输活动图像时，最少每秒应该传输多少帧？

3.6 什么是模拟信号？什么是数字信号？

3.7 区分模拟信号和数字信号的准则是什么？

3.8 试述码元速率和信息速率的关系，以及两者的单位。

3.9 试述数字通信的优点。

3.10 试述周期性信号和非周期性信号频谱的区别，以及两者的单位。

3.11 何谓基带信号？何谓带通信号？

3.12 试写出不能穿透地球大气层的电磁波的频率范围。

3.13 试述信源、信宿和信道的定义。

3.14 试问有线信道包括哪几种线路？

3.15 何谓线天线？何谓面天线？

3.16 试问天线尺寸和电磁波频率有什么关系？

3.17 试问电离层的高度是多少？

3.18 试问能够被电离层反射的电磁波的频率范围是多少？

3.19 何谓地波？何谓天波？何谓直射波？

3.20 试问有哪几种散射传播方式？

3.21 试述链路的定义。

3.22 何谓恒参信道？何谓变参信道？

3.23 试述恒参信道的主要传输特性。

3.24 试问为了无失真传输，对信道的相位特性有何要求？

3.25 试问热噪声是由何处产生的？

3.26 试问度量数字通信系统传输质量的主要准则是什么？

第 4 章　通信工程的主要技术

4.1　调制与解调

调制（Modulation）是处理通信信号的最重要的手段之一。调制的主要功能之一是搬移和变换信号的频谱，以满足或适应通信系统对信号频谱的要求。

在无线通信信道中，为了提高信源信号的频率，以便能够利用天线高效率地发射和接收电磁波，通常都利用调制技术把来自信源的基带信号的频谱搬移到更高的频率范围。这是调制的第一个目的。在图 4.1.1 中给出一个振幅调制的例子。其中，图（a）是信源送出的一个待发送的基带信号波形，称为**调制信号**（Modulating Signal）；图（b）是一个频率很高的称为**载波**（Carrier）的正弦波波形；图（c）是已调（制）信号（Modulated Signal）波形，其振幅与图（a）中的调制信号大小成比例地变化。由于已调信号的频谱位于很高的频率范围，因此易于高效率地被天线发射和接收。此时，已调信号的振幅中已经携带有调制信号的信息。拿货物运输做比喻，信源信号好比货物，载波好比车辆，已调信号好比装载有货物的车辆。货物只有装在车辆上才能在道路上运输；基带信号只有被调制后才能在无线信道中传输。在接收端收到已调信号后，需

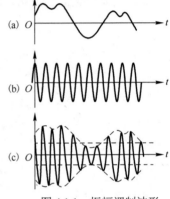

图 4.1.1　振幅调制波形

要将其恢复成原调制信号，此恢复过程称为**解调**（Demodulation），如同货车把货物运输到目的地后需要把货物卸载一样。

无线通信中被调制的载波通常都是如图 4.1.1（b）所示的正弦波。一个正弦波有 3 个参量，即振幅、频率和相位，这 3 个参量就完全决定了正弦波的波形。信源信号不仅可以载荷在载波的振幅上，也可以载荷在载波的频率或相位上，从而形成 3 种不同类型的已调信号。这就是说，可以有不同的调制类型，即振幅调制（Amplitude Modulation，AM）、频率调制（Frequency Modulation，FM）（见二维码 4.1）和相位调制（Phase Modulation，PM）。在用基带数字信号调制时，这些调制又分别称为振幅键控（Amplitude Shift Keying，ASK）、频率键控（Frequency Shift Keying，FSK）和相位键控（Phase Shift Keying，PSK），如图 4.1.2 所示。这三种调制是基本的调制，在此基础上又发展出多种更复杂的调制方

二维码 4.1

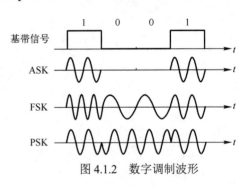

图 4.1.2　数字调制波形

法，在后续章节中将给予介绍。

调制的第二个目的是提高信道的传输能力。以电话通信为例，用一对导线长距离地传输一路电话信号是比较昂贵和浪费带宽的。因为通常传输一路语音信号只需要占用 300Hz 至 3400Hz 的频带宽度就够了。而一对导线能够传输的信号的频带宽度非常宽，至少达到几百千赫兹以上。若把信源的语音信号利用调制的方法将其频谱搬移到不同的高频段上，则一对导线就能传输多路语音信号，如图 4.1.3 所示。此图中只示出了 4 路电话信号在一对导线上传输，实际上可以做到传输 600 路甚至更多路的电话信号。

上面提到，调制有多种类型。不同的调制具有不同的抗干扰能力，因此选用适合的调制类型以达到提高信号传输的抗干扰能力也是调制的目的之一，并且为了提高信号传输的抗干扰能力，人们不断地研发出各种新的调制。仍用运输货物做比喻，道路的路面有多种，例如柏油路、土路、碎石路、石块路等（参看二维码 4.2），路面的凸凹不平对车辆的影响类似通信线路中的干扰对信号的影响。为了适应不同路面，需要不同类型的车辆或不同的轮胎，例如越野车、履带车、载重轮胎、矿山用轮胎。与此相似，不同的无线信道需要采用不同的调制，以达到预期的抗干扰效果。

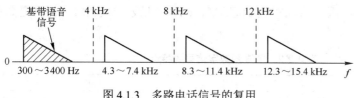

图 4.1.3　多路电话信号的复用

二维码 4.2

4.2　模拟信号数字化

在 3.4 节中指出，由于数字通信具有许多优点，因此常把信源产生的模拟信号转化成数字信号再传输，这样就可以获得数字通信的优越性能。这种转化就叫作模拟信号的数字化。下面首先介绍什么是数字信号，然后再说明模拟信号需要经过哪些步骤才能转化成数字信号。

4.2.1　什么是数字信号

最常用的**数字信号**（Digital Signal）是二进制数字信号。我们知道，十进制数字有 10 个符号，即 0, 1, 2, 3, 4, 5, 6, 7, 8, 9。而二进制数字只有 2 个符号，即 0 和 1。十进制数字逢"十"进位，把"十"写为"10"；二进制数字逢"二"进位，把"二"写为"10"。同理，在八进制数字中把"八"写为"10"。在表 4.2.1 中给出这 3 种进制数字的比较。由此可见，若写出"11"，在十进制中它表示"十一"，在八进制中它表示"九"，在二进制中它表示"三"。表示这些数字的信号都是数字信号。

表 4.2.1　3 种进制数字的比较

十进制	0	1	2	3	4	5	6	7	8	9
二进制	0000	0001	0010	0011	0100	0101	0110	0111	1000	1001
八进制	00	01	02	03	04	05	06	07	10	11

在用数字信号的幅度表示数字时，二进制信号需要有 2 种不同的电平；八进制信号需要有 8 种不同的电平，如图 4.2.1 所示。在数字通信中，使用最多的是二进制信号；在用电平表示时，就是二电平信号。当然，数字信号不是必须用不同幅度表示，也可以用不同频率表示；例如，用 2 种不同频率表示二进制信号（图 4.2.2），这就是上面提到的 FSK 信号。

(a)二电平信号波形　(b)八电平信号波形

图 4.2.1　用不同电平表示数字信号示例　　图 4.2.2　用不同频率表示二进制信号的波形

在表 4.2.2 中示出一些多进制数字信号的特点。多进制信号的好处是一个码元含有多个比特的信息量。例如，一个四进制码元含有 2 比特，一个八进制码元含有 3 比特。为了提高码元中比特含量，除了上面提到过的 3 种基本的数字键控信号，还有复合调制技术，常用的有正交振幅调制（Quadrature Amplitude Modulation，QAM）技术，它同时利用振幅和相位的不同表示一个码元，因此可以实现 16QAM、64QAM 及 256QAM，甚至更高进制的调制。

表 4.2.2　多进制数字信号的特点

ASK		FSK		PSK		QAM
波　形	振　幅	波　形	频　率	波　形	相　位	振幅和相位
二进制						
四进制						
八进制						
16进制						
64进制						

4.2.2　模拟信号数字化过程

将模拟输入信号变为数字信号的过程包括三个步骤：**抽样**（sampling）、**量化**（quantization）和**编码**（coding），示于图 4.2.3 中。输入模拟信号通常在时间上都是连续的，在取值上也是连续的，如图 4.2.3（a）所示；而数字信号代表一系列离散数字，所以数字化过程的第一步是抽样，即抽取模拟信号的样值，如图 4.2.3（b）所示。通常抽样是按照等时间间隔进行的，虽然在理论上并不是必须如此。模拟信号被抽样后，成为抽样信号（Sampled Signal），它在时间上是离散的，但是其取值仍然是连续的，所以是离散模拟信号。在理论上可以严格证明，当抽样频率足够高时，从抽样信号可以无失真地恢复出原模拟信号。第二步是量化。量化的结果使抽样信号变成量化信号（Quantized Signal），其取值是离散的。在图 4.2.3（c）中，用 4 条虚线把模拟信号 $s(t)$ 的取值范围划分成 5 个区间。当模拟信号在量化时，将抽样时刻的幅值量化为最接近的那条虚线的值。在这个例子中，是对抽样值的小数点后面的数做"四舍五入"处理了。这时的量化信号已经离散化为数字信号了，它是多进制的数字脉冲信号。因为通常在通信中传输的是二进制信号，所以需要把这种多进制的数字信号变成二进制信号，这一变换过程称为编码，又称为脉冲编码调制（Pulse Code Modulation, PCM）。这是数字化过程的最后一步，它将量化后的信号变成二进制码元。在图 4.2.3（d）中示出编码后的二进制信号波形，在这个例子里，用 3 位二进制数字就可以表示一个抽样值了（见二维码 4.3）。

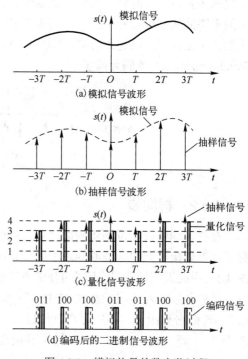

图 4.2.3　模拟信号的数字化过程

二维码 4.3

　　以电话信号的数字化为例，信源输出的电话信号是模拟信号，在数字化前先将其频带宽度用滤波器限制在 300～3400Hz 内，然后用重复频率为 8000Hz 的脉冲抽样，再对每个抽样脉冲量化并编码成 8 比特一组的二进制码元。这样数字化的结果，就把模拟电话信号变成了数字信号，其码元速率等于 $8000 \times 8 = 64\text{kb/s}$。

　　上面提到，当抽样频率足够高时，从抽样信号可以无失真地恢复出原模拟信号。这就是说，若把抽样当作一种变换，则这种变换是无失真。但是数字化的第二步"量化"则是有失真的变换了。量化把连续量变成离散量，产生了误差。在量化时划分的量化区间越多，编码时使用的二进制码元数越多，产生的误差越小，但是误差总是存在的。若量化误差足够小，不影响信号的应用，则这样的数字化是合理的和允许的。

4.3　同　　步

4.3.1　位同步

　　在数字通信中，数字信号的基本单元是码元。在二进制数字通信中，发送的每个码元用二进制数字"0"和"1"表示，在接收端需要识别或判断每个接收码元是"0"还是"1"。为此，接收端需要知道每个码元的起止时刻，以便判断在这段时间内接收码元的值。这就是说，接收端需要有一个时钟，它和发送端的时钟保持同步运行。为此，在接收端就需要有一个复杂的电路能从接收信号中提取出同步信息，用于使接收端时钟和发送端时钟保持同步，从而正确决定接收码元的起止时刻，如图 4.3.1 所示。这种同步（Synchronization）称为位同步（Bit Synchronization）或码元同步。

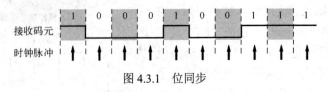

图 4.3.1　位同步

4.3.2　群同步

在接收端解决了位同步问题之后，就能够正确地接收码元信息了，例如接收到"…1000100111…"。若这一串二进制数字代表图 4.3.2 中的天气消息，则不同的分组方法就会得到不同的天气消息。若把它分组为"…10 00 10 01 11…"，则解读为"阴 晴 阴 云雨"。若把它分组为"…1 00 01 00 11 1…"（见图 4.3.3），则解读为"…1 晴 云 晴 雨 1…"。为了解决此问题，必须在此数字信号序列中为正确分组加入特定的标志符号。在接收端检测此符号并由其产生群同步脉冲，用于正确地分组。**群同步**（Group Synchronization）又称字同步或帧同步。

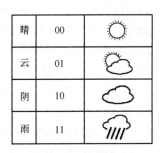

图 4.3.2　天气消息

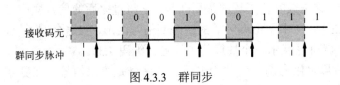

图 4.3.3　群同步

4.3.3　载波同步和网同步

除了在数字通信中需要解决同步问题，在一般通信系统中，当接收端需要产生一个和发送端的载波同频同相的正弦波用于解调时，就需要解决**载波同步**问题。在有多个用户的通信网内，还有使网内各站点之间时钟保持同步的**网同步**问题。

同步问题在联合收割机收割小麦时也存在。在收割时，收割机的速度必须和卡车的速度相同，并且相互位置必须对正，才能保证小麦颗粒无损地全部落入车厢中（图 4.3.4）。

图 4.3.4　收割机的同步问题

4.4　多 路 复 用

随着通信系统的广泛应用，对通信系统的容量要求越来越高，所以，多路独立信号在一条链路上传输的多路通信技术，被相继研究出来，并称之为**多路复用**（**Multiplexing**）技术。首先研究出来的是频分多路复用技术。因为通常一条链路的频带很宽，足以容纳多路信号传输；好像在一条很宽的公路上，可以画出多条并行的行车道，可以并排通行几辆汽车（图4.4.1）。在频带很宽的链路上，可以利用不同的频带传输不同用户的消息，这就是**频分多路复用**（**Frequency Division Multiplexing，FDM**）技术。接着出现的是**时分多路复用**（**Time Division Multiplexing，TDM**）技术（见二维码4.4）。时分复用是利用数字信号在时间上离散的特点，在一条链路上不同时间传输不同用户的数字信号；好像在公路上前后相继行走着不同车辆。在图4.4.2中画出了频分制和时分制多路复用的示意图。

图4.4.1　宽阔道路可以并排通行多辆汽车

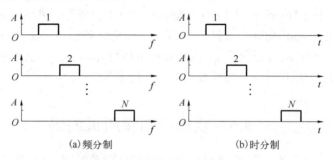

(a)频分制　　　　　　　　(b)时分制

图4.4.2　多路复用的示意图

二维码4.4

　　除了上述2种复用，还有**码分复用**、**空分**（空间划分）**复用**和**极化复用**等。**码分复用**（**Code Division Multiplexing，CDM**）是利用不同的编码区分不同用户的消息。**空分复用**（**Space Division Multiplexing，SDM**）是指在无线链路中利用窄波束天线在不同方向上重复使用同一频带，即将频谱按空间划分复用（图4.4.3）。**极化复用**（**Polarization Division Multiplexing，PDM**）则是在无线链路中利用（垂直和水平）两种极化的电磁波分别传输两个用户的信号，即按极化重复使用同一频谱。最后指出，在光纤通信中还可以采用**波分复用**（**Wave Division Multiplexing，WDM**）。波分复用是按波长划分的复用方法（见二维码4.5）。它实质上也是一种频分复用，只是由于载波在光波波段，其频率很高，习惯用波长代替频率来讨论，故称为波分复用。

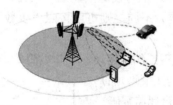

图4.4.3　空分复用

二维码4.5

4.5　多　　址

　　为了使信道资源得到充分利用，发展出了上述各种多路复用技术，将每条链路的多个通路分配给不同用户使用，从而提高了链路的利用率。但是，并不是每路用户在每一时刻都占用着信道。例如，电话用户并不是每时每刻都在打电话，即使在打电话时，也不是每时每刻都在说话，平均而言除了等待（例如找人）时间，只有一半时间在说话，另一半时间在听话。

在一个人说话时，还有语句间的停顿等。因此，为了充分利用频带和时间，希望每条通路时时都有用户在使用着。于是在多路复用发展的同时，逐渐发展出了**多址接入（Multiple Access）**技术。"多路复用"和"多址接入"都是为了共享通信网，这两种技术有许多相同之处，但是它们之间也有一些区别。在多路复用中，用户是固定接入的或者是半固定接入的，因此网络资源是预先分配给各用户共享的。然而，多址接入时网络资源通常是动态分配的，并且可以由用户在远端随时提出共享要求。卫星通信系统就是这样一个例子。为了使卫星转发器得到充分利用，按照用户需求，将每个通路动态地分配给大量用户，使它们可以在不同时间以不同速率（带宽）共享网络资源。计算机通信网，例如以太网，也是多址接入的例子。故多址接入网络必须按照用户对网络资源的需求，随时动态地改变网络资源的分配。多址技术也有多种，例如频分多址（Frequency Division Multiple Address，FDMA）、时分多址（Time Division Multiple Address，TDMA）（见二维码4.6）、码分多址（Code Division Multiple Address，CDMA）、空分多址（Space Division Multiple Address，SDMA）、极化多址（Polarization Division Multiple Address，PDMA），以及其他利用信号统计特性复用的多址技术等。

二维码 4.6

4.6 差错控制和纠错编码

数字信号经过信道传输后，到达接收端时可能因为信道特性不良和干扰的影响而发生错误。对于常用的二进制数字信号码元，当发送码元"0"时，有可能接收到的码元为"1"；反之，发送码元"1"到达接收端时可能错为"0"。为了解决这个问题，首先需要设法在接收端得知接收码元是否正确。为此，在发送码元序列中增加一些冗余的码元，利用这些特殊的（冗余）码元去发现或纠正传输中发生的错误。最简单的发现错误的方法之一就是把一组码元重复发送一遍，比较接收到的这两遍码元，当对应位码元不同时就认为该位码元发生了错误。例如，若原待发送的一组码元（简称码组）为"11101"，则实际发送"11101 11101"；当接收到的码组为"11101 11001"时，就知道第3位码元错了，即发现错误了，但是仍不知道是原发送码元"1"错成为"0"了，还是原发送码元"0"错成为"1"了。若想能够纠正错误，可以把待发送的码组重复发送两遍。例如，把待发送的码组"11101"发送为"11101 11101 11101"，在接收端若发现在对应位出现码元不同，则可以按照"少数服从多数"的原则，判断发送的正确码元。

上述这种通过发送冗余码元的方法发现或纠正错误，原理很简单，但是效率不高。为了提高传输效率，可以利用数学方法，减少发送冗余码元的数量。例如，最简单的数学方法之一，就是**奇偶监督码**。这种方法首先把二进制消息码元序列分成一个个码组，每个码组中包括相同数目的消息码元，然后在每个码组中加入一个冗余码元，它称为**监督码元 a_0**，并使监督码元加入后码元中"1"的个数等于偶数（或奇数）（图4.6.1）。当接收码组中"1"

图 4.6.1 奇偶监督码

的个数不等于偶数（或奇数）时，就得知此码组中出现了奇数个（1,3,5,…）错码，但是不能确定哪位码元错了，因而不能纠正错误（在二进制通信系统中，若能确定错码的位置，就等于能够纠错了。）。实际上，目前已经发明了多种不同性能的编码方法。纠错编码的基本原理详见二维码4.7。

二维码 4.7

当通信系统中采用的编码只能发现错码而不能纠正时，下一步的措施是，或者把错码删除（这时接收消息受到损失），或者可以通过反向信道要求发送端重发。在通信系统中采用的所有发现或纠正传输错误码元的方法统称为差错控制技术。

差错控制技术可以分为以下 4 种：

（1）检错重发（Automatic Repeat Request，ARQ）

采用检错重发技术的系统中，在发送码元序列（信源）中用编码器加入一些差错控制码元，然后发送到接收端，同时还把它暂存在缓冲存储器中。接收端解码器能够利用差错控制码元发现接收码元序列中有错码，但是不能确定错码的位置。当发现错码时，接收端用指令产生器经过反向信道向发送端发送"错误接收"指令，要求发送端重发；这时发送端由重发控制器通知发送端缓冲存储器将暂存的码组重发出去，直到接收端收到的序列中检测不出错码为止（图4.6.2）。当没有发现错码时，解码器通知指令发生器发出"正确接收"指令，于是重发控制器通知信源发送下一组码元。采用检错重发技术时，通信系统需要有双向信道。

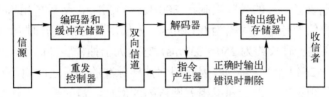

图 4.6.2　ARQ 系统原理方框图

（2）前向纠错（Forward Error Correction，FEC）

采用前向纠错技术的系统中，接收端利用发送端在发送序列中加入的差错控制码元，不但能够发现错码，还能确定错码的位置。在二进制码元的情况下，能够确定错码的位置，就相当于能够纠正错码。将错码"0"改为"1"或将错码"1"改为"0"就可以了。

（3）反馈校验（Feedback Detection）

采用反馈校验技术的系统中，不需要在发送序列中加入差错控制码元。接收端将接收到的码元转发回发送端。在发送端将它和原发送码元逐一比较。若发现有不同，就认为接收端收到的序列中有错码，发送端立即重发。这种技术的原理和设备都很简单。其主要缺点是需要双向信道，传输效率也较低。

（4）检错删除（Error Detection and Deletion）

检错删除技术和第 1 种技术的区别在于，在接收端发现错码后，立即将其删除，不要求重发。这种方法只适用于少数特定系统中，在那里发送码元中有大量**冗余**（**Redundancy**），删除部分接收码元不影响应用。例如，在循环重复发送类似天气预报这种遥测数据时（由于天气变化速度比数据传输速度慢很多，大部分传输的数据内容都是重复的。），以及用于多次重发仍然存在错码时，为了提高传输效率不再重发而采取删除的方法，这样在接收端当然会有少许损失，但是却能够及时接收后续的消息。

以上几种技术可以结合使用。例如，第 1 种和第 2 种技术结合，即检错和纠错结合使用。当接收端出现较少错码并有能力纠正时，采用前向纠错技术；当接收端出现较多错码没有能力纠正时，采用检错重发技术。

4.7　信源压缩编码

信源压缩编码（**Source Compression Coding**）的目的是减小信号的冗余度，提高信号的有效性，即提高信号的传输效率。来自信源的信号有多种，例如语音、音乐、图片、图像、文字和数据等。在传输语音、图像等信号时，若接收信号存在少许失真，可能不会被人的耳朵和眼睛察觉，因此容许在压缩时信号产生失真，即受到损伤。这种压缩方法称为**有损压缩**（**Lossy Compression**）。对于计算机数据和文字等信号，经过传输后不容许有任何错误，故在压缩时只能采用**无损压缩**（**Lossless Compression**）的方法；当然，对于容许有损的信号也可以采用无损压缩的方法压缩。真正能够对各种信号有效压缩的方法都是用数字技术进行的。因此对信源来的模拟信号首先需要数字化，然后对其进行压缩。

一种常用的压缩信号方法是利用信号的相关性。以传输语音为例，人们的说话声音占用的频率范围大约为 80Hz～12kHz，但是为了满足人们打电话的需求，通信系统的传输频带只要 300Hz～3400Hz 就足够听清楚了。为此，在电话通信系统中，对话筒输入的语音信号通常都先用带通滤波器把语音信号的带宽限制在 300Hz～3400Hz，然后再用 8000Hz 的频率抽样量化，这样语音抽样信号脉冲的间隔为 0.125ms。人们用普通话发音时，每秒大约能说 3～4个汉字，即每个汉字发音时长约为 250～330ms，它远大于抽样脉冲间隔；经过抽样后每个汉字发音约持续 2000～2640 个抽样脉冲，因此相邻抽样脉冲的幅度之间相差不大，即变化不大；用数学语言表述就是相关性较大。利用相关性压缩的原理，最简单的方法是在传输时不传输每个抽样脉冲值，而是传输相邻脉冲值之差。由于此差值比脉冲值小很多，因此传输差值所需的二进制码元数量就少。例如，若传输语音抽样脉冲时用 8 个二进制码元编码，它相当于可以把语音抽样脉冲值分为 256（$=2^8$）级。若语音相邻抽样值之差不大于 16（$=2^4$）级，则用 4 个二进制码元编码就够了，因此传输速率可以减半。万一相邻抽样值之差超过 16 级，则信号将发生失真，所以严格说这种压缩方法是有损压缩方法。图片和图像等信号也可以利用其相关性压缩。

文字和计算机数据等信号传输时不容许有差错，故只能采用无损压缩方法。例如，英文可以利用其字母出现的统计特性编码来压缩其比特率。对英文字母编码时，对于出现概率大的字母采用短的编码，对于出现概率小的字母用较长的编码，这样就可以使平均的码长减小。

4.8　天　　线

在第 3 章中提到，无线信道是利用电磁波在空间的传播来传输电信号的，为此在发送设备和接收设备中分别需要安装发送天线和接收天线来发射和接收无线电信号。当无线电信号的频率不太高（大约 1GHz 以下）时，所用的天线（Antenna）多是由线状金属导体组成的，统称为线天线；当无线电信号的频率很高时，多用面天线。

4.8.1　线天线

最基本的线天线是偶极子（Dipole），又称**对称振子**（**Symmetrical Dipole**），它由两根导体组成；当波长较短时，导体是金属棒（图 4.8.1）；当波长较长时，导体是金属线；在图 4.8.2

中示出这种天线，在两根导体的近端用同轴电缆的外皮和芯线连接发射机或接收机，天线长度等于半波长（$150\mathrm{m}/f_{\mathrm{MHz}}$）。另一种基本的对称振子是折合振子（见图4.8.3），它是上述对称振子的变形，由较粗的金属导体制成。这两种基本振子都经过馈线直接连接在发射机或接收机上，所以都称为有源振子。

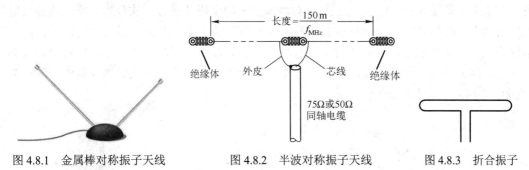

图 4.8.1 金属棒对称振子天线　　　　图 4.8.2 半波对称振子天线　　　　图 4.8.3 折合振子

在不少场合，对称振子不易架设，常取其一半简化成为鞭状天线（见图 4.8.4）。鞭状天线经常用在车载电台、背负式电台和手持电台上。

在上述偶极子天线的基础上，于 1920 年代发展出一种被广泛应用的线天线，称为八木天线（Yagi Antenna）。它是由日本东北大学的八木秀次和宇田太郎两人发明的。八木天线一般用折合振子作为有源振子，并在其后增加一个无源反射器。对于发射天线，此无源反射器用于反射有源折合振子发射出来的信号；在有源折合振子的前面增加若干个无源引向器，用于引导有源振子发射出来的信号（见图4.8.5），因此它的方向性和增益得以增强。对于接收天线，其工作原理类似。为了进一步提高八木天线的性能，可以用多个八木天线组成八木天线阵（见图4.8.6）。

图 4.8.4 鞭状天线

除了上述几种线天线外，还有多种较为复杂的线天线，例如，对数周期天线、菱形天线、鱼骨形天线。以上只简单介绍了几种常用的线天线，下面介绍面天线。

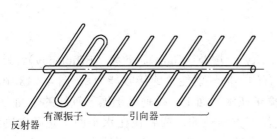

图 4.8.5 八木天线

图 4.8.6 八木天线阵

4.8.2 面天线

最普通的面天线是抛物面天线（图4.8.7），其基本结构包括主反射面、馈源和支架。馈源位于抛物面的焦点。馈源发出的电磁波经过反射面反射后形成定向发射的电磁波（见图4.8.8），类似手电筒的反射面反射光波。这种面天线的反射面可以是金属板（图4.8.9），也可以是金属网（图4.8.10）。金属网可以减轻其质量并减小对风的阻力，但是反射性能会有少许降低。普通抛物面天线还有各种不同的改进型，例如切割抛物面天线（图 4.8.11）、**卡塞格伦天线**（Cassegrain Antenna）（图 8.4.12）等。卡塞格伦天线由三部分组成，即主反射器、副反射器和馈源（图 4.8.12）。其中主反射器为抛物面，副反射器为双曲面。在结构上，双曲面的一个焦点与抛物面的焦点重合，双曲面的焦轴与抛物面的焦轴重合，而馈源位于双曲面的另一焦点上（见图 4.8.12）。由副反射器对馈源发出的电磁波进行一次反射，将电磁波反射到主反射器上，然后再经主反射器反射后获得相应方向的平面波波束，以实现定向发射。卡塞格伦天线的主要优点是：（1）改善了天线增益；（2）缩短了馈线长度；（3）缩短了天线的纵向尺寸；（4）减少了返回馈源的能量。卡塞格伦天线的主要缺点是天线增益有所下降，旁瓣（见图 4.8.14）电平有所上升。

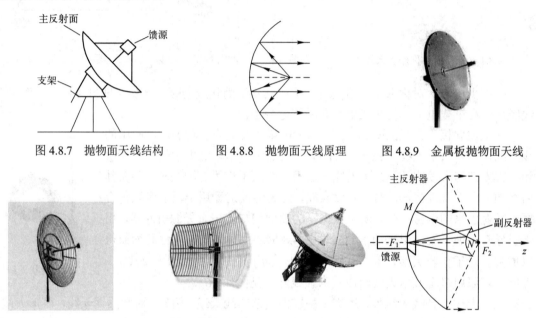

图 4.8.7　抛物面天线结构　　　图 4.8.8　抛物面天线原理　　　图 4.8.9　金属板抛物面天线

图 4.8.10　网状抛物面天线　图 4.8.11　切割抛物面天线　　　图 4.8.12　卡塞格伦天线

4.8.3　天线的主要性能

天线的主要性能有：**方向性**（Directivity）、**增益**（Gain）、**效率**（Efficiency）。天线的方向性是指天线在三维空间不同方向具有的不同辐射能力或接收能力。在图 4.8.13 中给出了对称振子的方向图。由图可见，对称振子在水平面上，即垂直于振子轴线的平面上，各方向的辐射能力相同，即在水平面上是没有方向性的，或者说在水平面上是**各向同性的**（isotropic）；对称振子在振子轴线的方向上则没有辐射。若一个天线在三维空间中各个方向上的辐射能力相同，则它在三维空间是各向同性的。实际的天线都是有方向性的，即三维各向同性天线在实际中是不存在的或不可实现的。三维各向同性天线可以看作一种理想天线，它可以作为标准去衡量一个实际天线的方向性，并由此引出天线增益的概念。

在实际应用中对天线的方向性有不同的要求。例如，对广播电台的天线，要求其在水平面是各向同性的，因为广播电台的听众分布在四面八方。卫星通信地面站的发射天线需要将发射功率集中发射（向卫星），所以需要其天线的辐射最大方向指向卫星，在图 4.8.14 中给出这样一个有方向性的天线方向图。

天线增益定义为：在输入功率相等的条件下，在实际天线最大辐射方向的辐射功率密度与各向同性（理想）天线在该处的辐射功率密度之比。这一比值通常用分贝（dB）表示，所以**天线增益的定义**可以用下面的公式表示：

$$G = 10 \lg \left(\frac{P_1}{P_2} \right) \quad \text{dB}$$

式中，G 为增益；P_1 为实际天线在最大辐射方向的辐射功率密度；P_2 为各向同性天线在该方向的辐射功率密度。

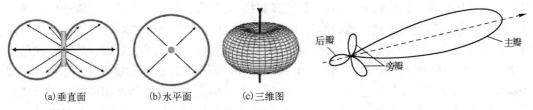

| (a)垂直面 | (b)水平面 | (c)三维图 |

图 4.8.13　对称振子方向图　　　　　图 4.8.14　天线方向图

天线的第三个主要性能是**效率**。天线效率是指天线辐射出去的功率（即有效地转换为电磁波的功率）和输入到天线的有功功率之比。这一比值恒小于 1。

4.9　通信安全和保密编码

中国是世界上最早使用密码的国家之一，当年最难破解的"密电码"也是中国人发明的，发明人是著名的抗倭将领、军事家戚继光（见二维码 4.8）。

4.9.1　密码学

二维码 4.8

通信保密的目的是保证信息传输的安全。为此，信息在传输之前需要进行加密。这无论对于军事、政治、商务还是个人私事，都是非常重要的。信息安全的理论基础是**密码学**（Cryptology）。密码学是保密通信的泛称，它包括**密码编码学**（Cryptography）和**密码分析学**（Cryptanalysis）两方面。为了达到信息传输安全的目的，首先要防止加密的信息被破译；其次还要防止信息被攻击，包括伪造和篡改。为了防止信息的伪造和被篡改，需要对其进行**认证**（Authenticity）。认证的目的是要验证信息**发送者的真伪**，以及验证接收信息的**完整性**（Integrity）——是否被有意或无意**篡改**了？是否被**重复接收**了？是否被**拖延**了？认证技术则包括**消息认证**、**身份验证**和**数字签字**（"签字"跟"签名"不同。"签字"的目的是表示愿意承担某种责任或义务，多用于严肃或正式的场合。"签名"的目的多为表示友好或纪念，常用于娱乐或非正式的场合——见《现代汉语规范词典》。因此，此处用"签字"为宜，但是目前常见"数字签名"的用法。）等 3 方面。

密码编码学研究将消息**加密**（Encryption）的方法和将已加密的消息恢复成为原始消息的**解密**（Decryption）方法。待加密的消息一般称为**明文**（Plaintext），加密的结果则称为**密文**（Ciphertext）。用于加密的数据变换集合称为**密码**（Cipher）；通常加密变换的参数用一个或几个**密钥**（Key）表示。另一方面，密码分析学研究如何破译密文，或者伪造密文使之能被当作真的密文接收。

4.9.2 单密钥密码

普通的保密通信系统使用一个密钥，这种密码称为**单密钥密码**（Single-key Cryptography）。使用这种密码的前提是发送者和接收者双方都知道此密钥，并且没有其他人知道。这就是假设消息一旦加密后，不知道密钥的人不可能解密。在图 4.9.1 中画出一个单密钥加密通信系统的原理方框图。由图可见，在发送端，信源产生的明文 X，用密钥 Z 加密成为密文 Y，然后通过一个"不安全"的信道，送给一个合法用户。另外，密钥还要通过一个安全信道传给接收者，使接收者能够应用此密钥对密文解密。例如，对于二进制通信系统，可以采用一个很长的随机序列（密钥流）作为密钥 Z，并采用模 2 加法对明文 X 加密。将此随机序列通过安全信道送给接收者，使接收端能够用其对接收到的密文解密。解密算法仍是模 2 加法。在二进制模 2 加法中，$1+1=0$，$0+0=0$，所以在发送端和接收端经过两次模 2 加法运算后，结果等于没有经过任何运算。这样，发送端的明文经过两次相同的模 2 加法运算后，在接收端就还原成明文 X。例如，若待发送的明文为 10101010，密钥为 11110000，用符号 $\oplus$ 表示模 2 加法，则实际发送的密文为 $10101010 \oplus 11110000 = 01011010$，在接收端将接收到的密文与密钥再次相加，得到 $01011010 \oplus 11110000 = 10101010$，于是得到了原发送的明文。

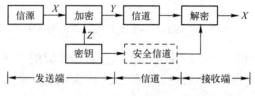

图 4.9.1　单密钥加密通信系统原理方框图

4.9.3 公钥密码

另外还有其他各种不同的密码体制，其中一种密码称为**公钥密码**（Public-key Cryptography），也称为**双密钥密码**（Two-key Cryptography）。这种体制和前者的区别在于，收发两个用户不再公用一个密钥。这时，密钥分成两部分：一个公开部分和一个秘密部分。公开部分类似公开电话号码簿中的电话号码，每个发送者可以从中查到不同接收者的密码的公开部分。发送者用它对原始发送的消息加密。每个接收者有自己密钥的秘密部分，此秘密部分必须保密，不为人知。

4.9.4 两种简单密码

下面再介绍两种简单的密码。

1. 替代密码

在替代密码（Substitution Cipher）中，明文的每个字符用一种固定的替代所代替；代替的字符仍为同一字符表中的字符；特定的替代规则由密钥决定。于是，若明文为

$$X = (x_1, x_2, x_3, x_4, \cdots)$$

式中，$x_1, x_2, x_3, x_4, \cdots$ 为相继的字符。则变换后的密文为

$$Y = (y_1, y_2, y_3, y_4, \cdots) = [f(x_1), f(x_2), f(x_3), f(x_4), \cdots] \qquad (4.9.1)$$

式中 $f(\cdot)$ 是一个可逆函数。当此替代是字符时，密钥就是字符表的交换（Permutation）。例如，密文的字符表如图 4.9.2 所示，从此表中可以看到，第一个字符 U 替代 A，第二个字符 H 替代 B，等等。使用替代密码可以得到混淆的密文。

2. 置换密码

在置换密码（Permutation Cipher）中，明文被分为具有固定周期 d 的组，对每组做同样的交换。特定的交换规则是由密钥决定的。例如，在图 4.9.3 的交换规则中，周期 $d = 4$。按照此密码，明文中的字符 x_1 将从位置 1 移至密文中的位置 4。因此，明文

$$X = (x_1, x_2, x_3, x_4, x_5, x_6, x_7, x_8, \cdots)$$

将变换成密文
$$Y = (x_3, x_4, x_2, x_1, x_7, x_8, x_6, x_5, \cdots)$$

明文字符	ABCDEF GHIJ KL MNOPQRSTUVWXYZ
密文字符	UHNACS VYDXEK QJ RWGOZI TPF MBL

图 4.9.2　替代密码

明文字符	x_1	x_2	x_3	x_4
密文字符	x_3	x_4	x_2	x_1

图 4.9.3　置换密码

将简单的替代和置换做交织，并将交织过程重复多次，就能得到具有良好扩散和混淆性能的保密性极强的密码。

【例 4.9.1】　设明文消息为

$$\text{THE APPLES ARE GOOD}$$

使用图 4.9.2 中的交换字符表作为替代密码，则此明文将变换为如下密文：

$$\text{IYC UWWKCZ UOC VRRA}$$

假设下一步我们将图 4.9.3 中的置换规则用于置换密码，则从替代密码得到的密文将进一步变换成

$$\text{CUY IKCWWO CUZ RARV}$$

这样，上面的密文和原来的明文相比，毫无共同之处。若将此结果用上述替代和置换交织方法重复多次，就可以得到保密性极强的密码。

4.9.5　通信安全的重要性

在半个多世纪前，通信保密主要在政府和军事部门受到重视。例如，在第二次世界大战期间，担任日本海军联合舰队司令长官的日本海军大将山本五十六，于 1943 年 4 月 18 日乘坐飞机视察部队，因其行程计划的电报密码被当时中国破译密码专家池步洲（见二维码 4.9）破译，包括山本的离埠时间、到达时间和相关地点、飞机型号、护航阵容等消息内容都被转知美国，致使山本的座机在途中被美军飞机击落而毙命。

二维码 4.9

今日的信息社会，政府、军队、商业、金融、银行、交通运输、科研机构、工矿企业、农业、医药卫生和学校等，都时时需要信息安全得到保证。任何个人也都已经离不开通信安全了。打开手机、电脑需要先输入密码，在银行取款也需要密码，甚至登录 QQ、淘宝网等也需要密码，生活中到处都需要密码。因此，通信安全是一个非常重要的问题，而其核心技术就是密码。现代密码理论涉及较深奥的数学理论及编码技术，所以它在

通信工程中往往形成一个独立分支，设立专门的专业进行学习和研究。

4.10 小　　结

● 调制的主要功能之一是搬移和变换信号的频谱。信源送出的基带信号波形称为调制信号；经过调制的信号称为已调信号。将已调信号恢复成原调制信号的过程称为解调。调制的第一个目的是提高信号的频率，以便于用无线电波传输信号；调制的第二个目的是扩大信道的传输能力。基本的调制类型有振幅调制、频率调制和相位调制。在用数字信号调制时，它们分别称为振幅键控、频率键控和相位键控。

● 将模拟信号转化成数字信号的过程叫作模拟信号的数字化。模拟信号数字化的过程包括三个步骤：抽样、量化和编码。表示二进制信号的数字是 0 和 1。多进制信号的好处是一个码元含有多个比特的信息量。

● 同步分为位同步、群同步、载波同步和网同步 4 种。

● 多路复用技术包括频分复用、时分复用、码分复用、空分复用、极化复用和波分复用等。多路复用和多址接入之间的区别在于：在多路复用中，用户是固定接入的或者是半固定接入的；多址接入时网络资源通常是动态分配的。多址技术包括频分多址、时分多址、码分多址、空分多址、极化多址等。

● 差错控制的性能分为检错和纠错两种。差错控制技术可以分为 4 类：检错重发、前向纠错、反馈校验、检错删除。

● 信源压缩编码的目的是减小信号的冗余度。信源压缩方法分为有损压缩和无损压缩两类。有损压缩适用于语音、图像等信号，无损压缩适用于文件、数据等信号。

● 天线用于发射和接收无线电信号。当无线电信号的频率不太高时，多采用线天线；当无线电信号的频率很高时多采用面天线。

● 密码学是保密通信的泛称，它包括密码编码学和密码分析学两方面。为了达到信息传输安全的目的，首先要防止加密的信息被破译；其次还要防止信息被攻击，包括伪造和篡改。为了防止信息被伪造和被篡改，需要对其进行认证。认证的目的是验证信息发送者的真伪，以及验证接收信息的完整性，认证技术包括消息认证、身份验证和数字签字。

习题

4.1　试问调制的目的是什么？基本的调制类型有哪几种？

4.2　试问模拟信号数字化的步骤有哪几个？

4.3　试将十进制数字"12"写成八进制数字。

4.4　试问有哪几种同步？它们分别解决什么问题？

4.5　试问多路复用的目的是什么？有哪几种多路复用方法？

4.6　试问多址和多路复用有什么区别？

4.7　试问差错控制技术分为哪几类？

4.8　试问信源编码分为哪几类？它们都适用于哪些信号？

4.9　试问天线分为哪两大类？它们分别适用于什么频率？

4.10 试问天线有哪 3 个基本性能？

4.11 若一个天线的天线增益等于 10dB，试问它表示什么意思？

4.12 试问信息安全的理论基础是什么？

4.13 试述信息传输安全有哪些目的？

4.14 试用图 4.9.2 和图 4.9.3 中规定的替代密码和置换密码方案，将明文"YESTERDAY IS NOT TOO HOT"变换成密文。

第 5 章　固定电信网

5.1　电信网的发展历程

自从 19 世纪中叶发明电报并投入实际应用后，开始只是在两点间建立电报线路，后来逐渐发展成在电报局间的有线电报网。在用户和电报局之间必须用运动通信方法人工传递报文，并且报文必须由专人翻译成电码才能传输，即使线路连接到用户，用户一般也不会接收和将电码翻译成电文。自从电话被发明后，没有接收和翻译问题，所以电话线路能够直达用户，因此电话网的规模远比电报网大。在这种有线电话网中，用户终端（电话机）被"绑定"在线路一端，不能移动，因此后来把这种电话网称为固定电话（简称固话）网。至 1980 年代，主要是因为无线蜂窝网的出现而解放了用户被绑定的局面，产生了移动电话网。电话用户也从电话机所在的地点（家庭、办公室等）变成个人。

在固定电话网中，因为用户电话机一般是模拟电话机，即电话机输出的信号是模拟语音信号，因此从用户到电话局的线路上传输的都是模拟信号，而在电话局之间的干线上，随着数字通信和数字交换机技术的发展，目前传输的都是数字信号，因为数字信号的传输和处理性能都优于模拟信号。与此同时，数字电话机也诞生了。数字电话机输出的是数字语音信号，它经过用户电话线路直接进入数字交换机，因此全网都数字化了。随着其他的数字业务（称为非话业务，例如计算机数据）也进入这种数字化电话网传输，因而这种网就称为综合业务数字网（Integrated Services Digital Network，ISDN）。顺便指出，上述数字电话机在我国没有得到推广应用。

目前在我国除了电信网，还有专为传输计算机数据建立的数据通信网和专为传输电视信号建立的有线电视网。由于技术的进步，在电信网中也可以传输数据和视频信号，在计算机网中也可以传输数字语音信号和图像信号，在有线电视网中也可以传输语音和数据，所以从技术上看，这三个网的功能基本相同，因此有可能合并为一个网。"三网合一"在国外有些国家已经实现。在我国"三网合一"也是今后的发展方向。

5.2　固定电话网

5.2.1　概述

电话网是开通电话业务的一种网络，可以分为固定电话网和移动电话网。固定电话网已经有了一百多年的历史，它是采用固定终端的一种电话业务网络，固定终端设备也称为电话机或座机。固定电话网由固定终端设备、传输线路和交换设备组成。按照用途区分，电话网可以分为专用交换电话网和公共交换电话网（Public Switch Telephone Network，PSTN）。专用交换电话网是为特定组织、集团内部专用而建立的交换电话网，例如铁路系统、电力系统都有调度专用的固定电话网。下面以公用交换电话网为例讲述。

随着通信技术的发展和用户需求的增长，固定电话网的功能也在不断扩展，出现了一些新的变化。首先，因为电话座机的送受话器和座机间的连线限制了通话人的活动，所以出现了无绳（Cordless）电话机（图5.2.1），即电话座机和送受话器间用无线电联系，没有连线。第二，在电话用户和电话局之间的连接线路由无线电电路代替有线电路，这样可以免去大量的有线用户线路的架设和维护工作。第三，随着用户数据传输业务的需求增加，出现了在电话网中传输数据的技术和装置，例如在用户电路中通过加用"调制解调器"传输低速数据，和用非对称数字用户线路（Asymmetric Digital Subscriber Line，ADSL）技术传输高速数据。此外，还有利用电话网传输图片信号的传真机（图5.2.2）。以上这些都不是固定电话网的基本功能，在本节都不再提及。

图 5.2.1　无绳电话机　　图 5.2.2　传真机

5.2.2　公共交换电话网的结构

公共交换电话网可以分为**本地电话网**和**长途电话网**两部分。

1．本地电话网

本地电话网是指一个城市或一个地区的电话网，它覆盖市内电话、市郊电话以及周围城镇和农村的电话用户。最基本的本地电话网结构由电话机、用户线（Subscriber Line）、用户端局（简称端局）、局间中继线（Trunk Line）和长话-市话中继线组成（参看图5.2.3）。各用户的电话机经过用户线接到端局。端局内设有用户交换机，它用于按照呼叫用户的信令连接被呼叫用户。端局与长途电话网之间通过中继线进行交换。通常在用户线上传输的是模拟电话信号，在中继线上传输的是数字电话信号。

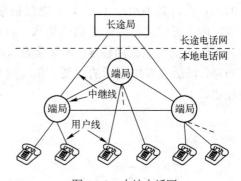

图 5.2.3　本地电话网

在较大城市中，当端局数量多时，任意两个端局间都需要有中继线连接，为了减少中继线数量，增设有汇接局（Cross Office），如图5.2.4所示。汇接局汇聚各端局的连接，并与其他汇接局连接；汇接局内设有交换机，负责转接来自端局和其他汇接局的信号。各端局和汇接局之间用局间中继线连接。长话-市话中继线则用于将汇接局和长途电话网相连接。中继线一般是大容量电（光）缆，用于传输时分多路复用信号。这种网络结构就是目前我国采用的本地网的二级结构。

2．长途电话网

我国的长途电话网也采用二级结构，如图5.2.5所示。一级交换中心设在各省会、自治区首府和中央直辖市，其功能主要是汇接所在省（自治区、直辖市）的省际和国际话务以及所在地的本地网的长途话务。二级交换中心设在各省的中心城市，其功能主要是汇接所在地的长途话务和省内各地（市）本地网之间的长途转话话务以及所在中心城市的端局长途话务。

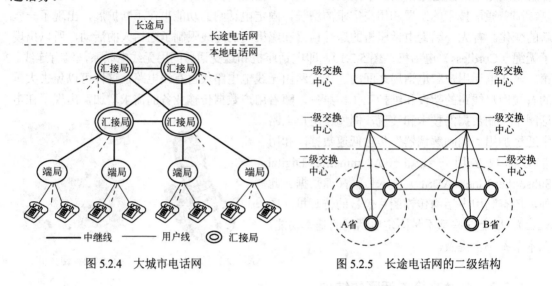

图 5.2.4　大城市电话网　　　　　　图 5.2.5　长途电话网的二级结构

5.2.3　公共交换电话网的交换

在电话网中各用户线路之间必须通过交换设备的控制才能连通，这种连接称为交换。在早期的电话网中，交换功能是用电路转接的方法实现的，即用控制机械开关接点的方法将两个用户的电路直接相连。其基本原理可以用图 5.2.6 示意。图中画出的是一个开关矩阵的示意图，其中用户 1 和 4 的电路被接通，用户 5 和 8 的电路被接通。这个开关矩阵是双向的，可以满足双向通话的要求。有些时候，例如对于某些数字信号，不适宜通过双向开关时，则可以采用图 5.2.7 所示的单向开关矩阵。这里的每个用户都有入线和出线两条通路，以适应双向通话的需要。和双向交换矩阵相比，这种单向交换矩阵中的开关数目要加倍。

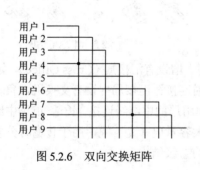

图 5.2.6　双向交换矩阵

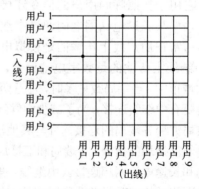

图 5.2.7　单向交换矩阵

1．信令的种类

实现交换功能的开关，最早是用人工控制的，这时的交换装置是人工交换机（见图 2.8.3）。操作交换机的话务员按照电话用户的语音指令将电路接向另一用户的线路。后来，出现了自动交换机，用机械代替人工控制交换开关，这时控制机械操作的指令不再是语音，而是代表指令的一组数字信号，它称为**信令**（Signaling）。最初的信令是一组直流电脉冲。这时在电话机中设有一个呼叫对方时用于输入对方电话号码（信令）的拨号盘（图 5.2.8）。拨号盘用机械方法产生直流电脉冲，自拿起送受话器（摘机）开始，电话线路上就加有正电压。拨号时，电压断续，产生负向脉冲。用电脉冲的数目代表每位电话号码，例如数字"4"就发送 4 个脉冲（图 5.2.9），数字"0"发送 10 个脉冲。用拨号盘每发送一位电话号码，平均费时 0.55s。

图 5.2.8　拨号盘

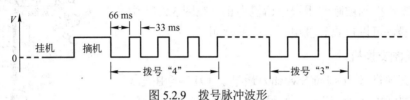

图 5.2.9　拨号脉冲波形

随着电话网的发展，用户的电话号码位数不断增加，拨号费时太长，另外这种方法易受干扰出错，所以后来逐渐被由美国电话电报公司（AT&T）于 1963 年发明的双音多频（Dual-Tone Multi-Frequency，DTMF）信令所取代（图 5.2.10）。这种信令用不同频率的双频正弦波（指两个不同频率正弦波的叠加）脉冲代表一位数字，发送一位数字仅需 0.08s 的时间，速度较快。例如，当发送电话号码"4"时，电话机送出的信令是频率为（770Hz + 1209Hz）、持续时间为 0.08s 的双频率正弦波脉冲。这样，电话机就从拨号盘式电话机变成了按键式电话机（见图 2.9.2 和图 2.9.3）。

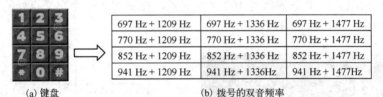

697 Hz + 1209 Hz	697 Hz + 1336 Hz	697 Hz + 1477 Hz
770 Hz + 1209 Hz	770 Hz + 1336 Hz	770 Hz + 1477 Hz
852 Hz + 1209 Hz	852 Hz + 1336 Hz	852 Hz + 1477 Hz
941 Hz + 1209 Hz	941 Hz + 1336Hz	941 Hz + 1477Hz

(a) 键盘　　　　　　　　　　(b) 拨号的双音频率

图 5.2.10　双音多频键盘及拨号频率

自动交换机经过多年的应用，发展出了多种不同类型的机种，例如，步进制、纵横制等，但是用户发送的交换信令只有上述两种。

2. 步进制交换机

步进制交换机（step-by-step Switch）（图 5.2.11），又称史端乔交换机（Strowger Switch），由美国人 A.B.史端乔于 1889 年发明，1891 年由德国西门子公司改进并投入生产使用。步进制交换机利用选择器（又称寻线器）完成通话接续过程。最简单的上升旋转型选择器（图 5.2.12）有一个轴，轴的周围有 10 层弧线，每层弧线含有 10 个接点。轴上装有弧刷，能在各层弧线间上下移动，同时也能沿弧线水平旋转，与各接点相连接。例如，当主叫电话用户拨叫 25 号时，弧刷即上升两步到第二层弧线上，再旋转 5 步，停在 25 号接点的位置，使

图 5.2.11　步进制交换机

图 5.2.12　选择器

主叫用户同 25 号用户（被叫用户）的电话接通。

在图 5.2.13 中示出步进制交换原理。当主呼用户摘机后，用户预选器的弧刷就一步一步转动，直到接触一个空闲接点停住，同时给主呼用户送出拨号音，用户听到拨号音后开始拨号。此时预选器连接到了第一选组器，第一选组器按照用户拨号的前两位号码，按照上述原理移动到相应的位置，并连接到第二选组器。第二选组器则按照用户拨出的第三和第四位号码，选择停留在对应的位置。如此继续下去，直到终接器，并将线路接到被呼叫用户电话机为止。在图 5.2.13 中有 3 个选组器，可以接收 6 位电话号码的呼叫。

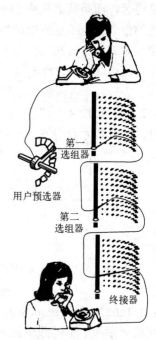

图 5.2.13　步进制交换原理

3. 纵横制交换机

纵横制交换机（crossbar Switch）最早于 1915 年由美国西方电气公司（Western Electric）设计制造出来，当时称为"坐标式接线器（Coordinate Selector）"，但是没有得到应用。1923 年瑞典电信公司（Televerket）的帕尔姆格伦（Palmgren）和贝塔兰德（Gotthilf Betulander），受西方电气公司发明的启发，制成可供实用的**纵横制接线器**，并从 1926 年开始制出大容量的纵横制电话交换机（图 5.2.14）。

纵横制接线器由纵线（入线）和横线（出线）组成（图 5.2.15）。平时，纵线同横线互相隔离，但在每个交叉点处有一组接点。根据需要使一组接点闭合，就能使某一纵线与某一横线接通。10 条纵线和 10 条横线有 100 个交叉点，控制这 100 个交叉点处的接点组的闭合，最多能接通 10 个各自独立的通路。

图 5.2.14　纵横制电话交换机

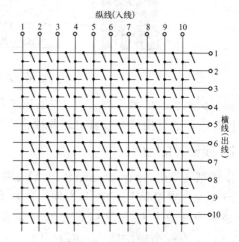

图 5.2.15　纵横制接线器

纵横制接线器用推压式接点代替步进制交换机中的旋转滑动接点，其动作轻微，接触可靠，接点磨损小，杂音小，因而通话质量好，维护工作量小，有利于开放数据通信、用户电报、传真电报等业务。

4. 信令的作用

无论用哪种交换机，在用户线上传送的信令包括用户向交换机发送的用户线空闲或繁忙信号和控制交换操作信号，以及交换机向用户发送的铃流和忙音信号等。在图 5.2.16 中示出了上述这些信令的作用。

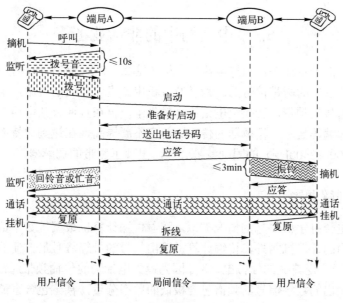

图 5.2.16　呼叫和通话过程举例

在中继线上传送的信令称为局间信令，它是交换机和交换机之间使用的信令，用来控制呼叫接续和拆线。局间信令又可分为具有监视功能的线路信令和具有选择、操作功能的记发器信令。局间信令数量相对要多，不仅复杂而且常常为了传输局间信令需要建立专用的信令网。顺便说明，在其他通信网中也有各自的信令，例如在数据通信网中。

5. 程控交换机

目前，由于数字通信技术的发展，在交换设备中一般采用时分数字交换技术，构成数字程序控制交换机，简称程控交换机。这时，被交换的信号是数字信号。若用户线路输入的是模拟信号，则首先应将其数字化，再进行交换。交换后，再经过数/模变换，变成模拟信号送回用户。在数字交换设备中，均采用时分复用 PCM 体制。这样，只需将分配给各用户的时隙位置搬移，即可达到交换的目的。

上述两种（自动和程控）交换机中，前者用开关矩阵实现交换的方法常称为空分交换，后者则称为时分交换。空分交换时刻保持连接通信两端用户的线路处于持续接通状态。或者说，空分交换在两个通信用户之间建立一条通信链路，直至通信结束。时分交换则不然。

5.2.4　公共交换电话网的业务

公用交换电话网中的用户终端主要是电话机。目前我国广泛采用的电话机输出信号都是模拟信号，因此用户线上传输的也是模拟信号。

用户线上传输的模拟信号来源有多种，最常见的是用户的电话机，它直接和用户线相连。其次是用户交换机，通过它可以使多部电话机共享一条或多条用户线；这时电话机的数量总是大大多于用户线的数量，从而能够提高用户线的利用率。除了传输语音信号，用户线还可以传输非话业务，例如传真机发送的图片信号和计算机发出的数据信号。这些信号都是数字信号，为了在模拟用户线上传输，需要先使用**调制解调器**（Modem，**简称调解器**）将其变换成模拟信号，再在用户线上传输。

5.3 电话网中的非话业务

早期电话网中的非话业务，当推电传打字机（见 2.7 节）通信。电传打字机应用的初期，是通过专线传输其发出的基带信号的。为了节省租用昂贵的专线的费用，采用调解器把电传打字机输出基带信号的频带，变换至电话信号频带中，再在普通公共电话网中传输。由于采用更先进的调制和编码技术，调解器的传输比特率不断提高，在达到比特率不能再提高时，电话信号频带（300～3400Hz）的限制就被突破，出现了宽带的调解器。

5.3.1 调制解调器

与早期传输电传打字机信号的情况类似，随着传输计算机数据等数字数据业务需求的增长，除了建立专用的计算机网外，传输计算机输出信号的最经济且最方便的捷径，是利用现有的、成熟的、已经广泛建成的模拟电话网。因为模拟电话网的传输频带通常在 300～3400Hz 之间，而计算机输出的数字信号的频谱包含极低的频率分量，甚至包含直流分量，因此不能直接通过模拟电话网传输。为了在模拟电话网中传输计算机产生的数字信号，通常的做法也是使用**调制解调器**，先把数字信号"调制"为模拟的已调信号波形。已调模拟信号的频谱在 300～3400Hz 之间，它可以通过电话线路传送到接收端，在进入接收端计算机之前，要经过接收端的调解器把模拟信号波形解调为数字信号。通过这样一个"调制"与"解调"的过程，从而实现了两台计算机之间的通信。图 5.3.1 中计算机输出的是数字信号，经过调解器后，变为模拟信号波形送入模拟电话网。

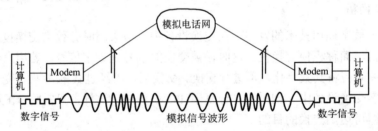

图 5.3.1 调制解调器的输入输出信号

图 5.3.2 中示出的是早期的**外置式**调解器，它放置于机箱外，通过计算机串行通信口与计算机连接。这种调解器方便灵巧、易于安装，但外置式调解器需要使用额外的供电电源与电缆。随着 PC 结构的发展，出现了插在 PC 内的**内置式**调解器（图 5.3.3），但是它在安装时需要拆开机箱，并且要对中断和通信口进行设置，安装较为烦琐。这种调解器要占用计算机主板上的扩展槽，但无须额外的电源与电缆，且价格比外置式调解器要便宜一些。为了适应笔记本计算机的需要，还有一种 PCMCIA（Personal Computer Memory Card International Association，PC 内存卡国际联合会的缩写）插卡式调解器（图 5.3.4），它体积小巧，可以插入笔记本计算机中，适合用于移动上网。随着集成电路的发展，现在的调解器融入计算机内，只是计算机中的一块芯片了。

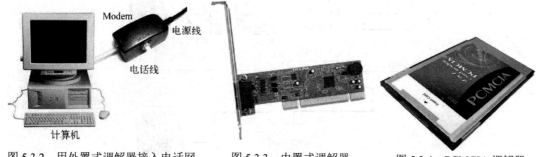

图 5.3.2　用外置式调解器接入电话网　　图 5.3.3　内置式调解器　　图 5.3.4　PCMCIA 调解器

另一方面，随着调解器采用的调制和纠错编码技术不断改进，调解器能够传输的数据速率也不断提高，从最初的 300b/s 速率逐渐提高到数十千比特每秒。在表 5.3.1 中列出了调解器的速率。

表 5.3.1　调解器的速率

调解器（标准）	调　制	速率（kb/s）	发布年份
300 波特调解器（V.21）	FSK	0.3	1962
600 波特调解器（V.22）	QPSK	1.2	1980
600 波特调解器　（V.22bis）	QAM	2.4	1984
1200 波特调解器（Bell 202）	FSK	1.2	
1200 波特调解器　（V.26bis）	PSK	2.4	
1600 波特调解器　（V.27ter）	PSK	4.8	
2400 波特调解器（V.32）	QAM	9.6	1984
2400 波特调解器　（V.32bis）	Trellis	14.4	1991
2400 波特调解器　（V.32terbo）	Trellis	19.2	1993
3200 波特调解器（V.34）	Trellis	28.8	1994
3429 波特调解器（V.34）	Trellis	33.6	1996

5.3.2　宽带调解器

1．ADSL 原理

一种目前广泛采用的利用电话线传输高速数字信号的宽带调解器称为**非对称数字用户线路**（Asymmetric Digital Subscriber Line，ADSL）调解器。标准双绞线电话电缆在较短距离内的传输带宽比电缆额定的最高传输频率大很多，ADSL 调解器就利用了这个特点。然而，ADSL 的性能随着电缆长度的增加而逐渐下降，这就限制了用户至电话局之间的距离不能太远。

ADSL 的上行和下行带宽不等（不对称），因此称为非对称数字用户线路。ADSL 利用频分复用技术把电话线路的传输带宽分成语音、上行数据和下行数据 3 段，形成 3 个独立的信道。

为了把语音信号和 ASDL 数据信号分离，在电话线路用户输入端需要接入一个信号分离器，把电话信号和 ASDL 数据信号分开（见图 5.3.5 和图 5.3.6），而 ASDL 调解器（图 5.3.7）则连接到信号分离器上。

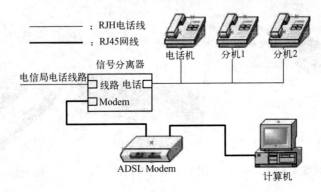

图 5.3.5　ADSL 调解器的连接

图 5.3.6　信号分离器

图 5.3.7　ASDL 调解器

　　ADSL 中传输的数据信号采用**离散多音**（Discrete Multi-Tone，DMT）调制，它将传输数据的频带划分成 200 多个带宽较窄的子频道，根据各个子频道的瞬时衰耗特性、群时延特性和噪声特性，把输入数据信号动态地分配给各个频道。

2．ADSL 标准

　　用于 ADSL 的 DMT 调制有两个标准：一个是北美标准 ANSI T1.413，另一个是 ITU 标准 G.992.1。G.992.1 标准现在常称作 G.dmt 标准，它是目前世界上采用最广泛的标准，但是 ANSI T1.413 标准以前在北美普遍采用。两者大同小异，仅在帧结构上有所不同。下面以 G.dmt 标准为准进一步介绍。

　　按照 G.dmt 建议，用户可以在通电话的同时在一对双绞线上最高传输上行 1.5Mb/s，下行 8Mb/s 的数据。2008 年发布的新标准 ADSL2+ 版本（ITU G.992.5 Ann M）可以提供最高 24Mb/s 的下行速率，和 3.3Mb/s 的上行速率。ADSL2+的理论最大下载速率和传输距离有关。例如，当距离为 0.3km 时，下载速率为 24Mb/s，若下载一个 9.3MB 的 MP3 文件（4 分钟时间长），需时约 3.0s；当距离为 3.0km 时，下载速率仅为 8.0Mb/s，若下载同一文件，需时约 9.3s。

　　DMT 调制把 ADSL 信号划分到以 4.3125kHz 的倍数为中心频率的 255 个子载频上。编号为 N 的子载频的中心频率等于 $(N \times 4.3125)$kHz。DMT 有 224 个下行子载频和 31 个上行子载频。$N=0$ 的子载频为直流，不能用于传输数据，把 4kHz 以下频段分配给传统电话信号使用（图 5.3.8）。ADSL 使用的最低子载频为子载频 7 (= 7×4.3125 = 30.1875kHz)。每个子载频频道的频谱宽度不必须为 4.3125kHz，其频谱与相邻频道的频谱互相重叠（在图 5.3.8 中没有显示出相邻频道的频谱可以重叠），但是不会互相混淆，因为采用的是**编码正交频分复用**（Coded Orthogonal Frequency Division Multiplexing，COFDM）调制，使之没有互相干扰。此外，COFDM 调制还可以在任何瞬间获得最高的总比特率。

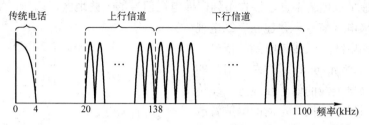

图 5.3.8　ADSL 的频率划分

在 COFDM 中每个子频道采用**正交振幅调制**或者**相移键控**编码（参看 4.2 节），以获得好的抗噪声性能。用 QAM 和 PSK 调制的目的是通过这种调制将原来每个二进制码元含有的 1b 信息量，即传输速率为 1b/Baud（参看 3.2 节），变成每个码元含有更多的信息量，因此提高了传输速率。

因为各子频道的瞬时衰减和信噪比不同，COFDM 可以按照信噪比的不同随时调整分配给各子信道的比特率。一般说来，比噪声电平高 3dB 可以获得 1 比特的可靠编码，例如，一个子频道具有 18dB 的信噪比，将能提供 6 比特的编码。在线路质量良好的条件下，这种调制每个子载频的编码能够达到 15 比特/符号。关于 DMT 和 COFDM 的关系，见二维码 5.1。

通常在 138kHz 两边的几个子频道不用，以防止在上行和下行子频道间的干扰。这些作为保护频带的不用子频道由制造厂商选定，不是由 G.922.1 协议规定的。

上述频率划分可以归纳如下：

- 30Hz～4kHz，用于语音；
- 4～25kHz，保护频带，未用；
- 25～138kHz，25 个上行子频道（7～31）；
- 138～1104kHz，224 个下行子频道（32～255）。

二维码 5.1

5.4　有线电视网

5.4.1　概述

有线电视（Cable Television，CATV）网是通过同轴电缆用射频信号发送电视节目给付费用户的系统。较新建设的系统大都通过光缆用光信号传输电视节目。有线电视不同于**广播电视**（Broadcast Television），后者的电视信号通过无线电波在空中传播，由电视机上的天线接收。有线电视也不同于**卫星电视**（Satellite Television），后者的电视信号由地球轨道上的通信卫星发送到屋顶上的卫星碟形天线。模拟电视是 20 世纪的标准，到了 21 世纪有线电视网已经升级到传输数字电视信号了。

有线电视电缆还可以用于调频无线电节目、高速互联网、电话业务以及其他非电视业务。

由于其免去了另外铺设线缆的麻烦，只需要在用户端增加少许设备就可以提供这些非电视业务，因而有线电视网可以成为一种高效廉价的综合网络，它具有频带宽、容量大、功能多、成本低、抗干扰能力强、支持多种业务连接千家万户的优势。

实际上，最早在地势不良，接收不到广播电视信号的一些地区，选择在地势好的地点架设天线接收广播电视信号，并建立有线电视网，用非常长的电缆将天线接收到的信号，送到一个社区（Community）的许多用户的电视机。由于来自天线的信号在经过电缆传输时有衰减，所以必须按一定的间隔放置放大器来增强信号，使其能满足电视机的需要（图 5.4.1）。因此，CATV 原来是"Community Access Television"或"Community Antenna Television"的缩写词。

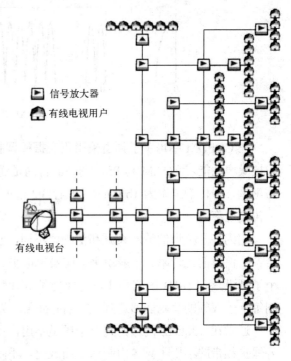

图 5.4.1　有线电视网

1990 年 11 月我国颁布了《有线电视管理暂行办法》，标志着中国有线电视进入了高速、规范、法制的管理轨道，朝大容量、数字化、双向功能、区域连网等方向发展。到 1997 年底，经广电总局批准的有线电视台为 1300 家；有线电视网络长度超过 200 万千米，其中光缆干线 26 万千米；近 2000 个县建设了有线电视网络，其中 400 多个县已实现了光缆到乡镇或到乡村；有线电视用户为 8000 万户。

5.4.2　工作原理

在大多数传统的模拟信号有线电视网中，很多路电视频道通过同轴电缆，用频分复用技术（Frequency Division Multiplexing，FDM），送达各个用户。在用户住宅的室外电缆分线盒处，由引入电缆将信号连接到各个房间。顾名思义，CATV 是公用天线系统，故它送到用户的信号是射频信号，射频信号是从电视机的天线接口进入的，经过解调，变成视频信号。有些由有线电视公司经营的网络，可能在每个电视机处，都装有一个机顶盒（Set-top Box）（图 5.4.2），它用于把所需频道的信号转换成其原来频道的频率，以防止未付费的盗用者接收电视信号。有线电视网络具有数百兆赫兹的入户带宽，可以同时传输 60 套以上模拟电视节目。

在新型的数字电视网中，通常在用户端都加用机顶盒，并且信号通常都是加密的。机顶盒在工作前需要用网管单位设置的激活码激活。若用户没有交费，网管单位能发送一个信号到机顶盒，使其不能接收信号。机顶盒输出的数字电视信号是视频信号，直接送入电视机的视频信号输入端口。将模拟电视信号转换为数字信号，利用 MPEG 压缩技术压缩后，在标准的 6MHz 电视频道中传输时，可以传输多达 10 个频道的

图 5.4.2　机顶盒

数字视频信号。我国典型的有线电视网的带宽是 860MHz，故在一个数字电视网上可以传输多达 1000 多个频道的数字电视节目。

数字技术还允许纠错，有助于确保接收视频信号质量。此外，在数字电视网中，通常可以利用"上行"信道，从用户机顶盒向电缆输入端发送数据，从而得到更多的用途，例如点播付费电影或其他节目，接入互联网，以及 IP 电话业务等。

现代的电缆系统规模很大，常常单个网络的一个输入端即可为整个城市发送信号，因此许多系统采用光缆-同轴电缆混合（Hybrid Fiber-Coaxial，HFC）系统。这就是说，从输入端至本地小区的干线用光纤传输信号，以提供更大的带宽，并为今后发展预留额外的容量。在输入端，包含所有信道的射频电信号调制到一束光束上，并发送给光纤。光纤干线连接到若干个配送中心，把信号用多根光纤分送到各本地社区的称为光节点（Optical Node）的盒子上。在光节点上，从光纤来的光束变换回电信号，并用同轴电缆，经过一些信号放大器和无源射频分接头，配送给用户。

1999 年国家广播电影电视总局为了适应广播电视发展的需要，重新颁发了《有线电视广播系统技术规范》（GY/T106－1999）。该标准对未来有线电视频率配置做了新的规划，更多地考虑了有线电视未来的发展，特别是对上行信号及数据传输给予了一定的考虑。具体的波段划分见表 5.4.1。

有线电视网最大的优势是频带宽。我国典型的有线电视网络的带宽是 860MHz。在传输数据业务时，若一个下行频道的带宽为 8MHz，在用 256QAM 调制时数据速率达到了 55.6Mb/s，减掉 10%的比特用于前向纠错，可实现 50Mb/s 到用户桌面。如果全部网络带宽资源用于传输数据信号，可实现高达 5Gb/s 的速率！

表 5.4.1　有线电视系统的波段划分

波　段	频率范围（MHz）	业务内容
R	5～65	上行业务
X	65～87	过渡带
FM	87～108	广播业务
A	108～1000	模拟电视、数字电视、数据业务

5.4.3　机顶盒

这里讨论的机顶盒仅限于为接收数字有线电视节目使用的机顶盒。

电视信号原本是模拟信号，为了减小电视信号在传输过程中受到干扰和损耗的影响，电视台将模拟信号先转换成（已调）数字信号，传送到用户的机顶盒后，将数字信号转换成（解调后的）基带模拟信号送给模拟电视机。机顶盒的主要功能有：信道信号解调、信源解码、上行数据的调制编码、显示控制和加、解扰。

机顶盒中的信道信号解调功能，根据目前已有的调制方式，应当包括对 QPSK、QAM、OFDM、VSB 信号的解调功能。解调后的信号中除了数字电视（包括视频和音频）信号，还有数据信号，因此当完成信号的信道解调以后，首先要解复用，把数据流分成视频、音频和数据；使视频、音频和数据分离开；其中的数字电视信号在传输前，还采用 MPEG2 标准做了信源压缩编码（关于 MPEG 的介绍，见二维码 5.2）。因此，在机顶盒中对解调后的电视信号必须相应地进行解压缩编码，还原出音、视频信号。为了进行交互式工作，机顶盒还需要考虑上行数据的调制编码问题。

上述信号的信道解调后的各种功能，都是在机顶盒的嵌入式 CPU 完成

二维码 5.2

的。CPU 是嵌入式操作系统的运行平台，它要和操作系统一起完成解复用、图文电视解码、数据解码、网络管理、显示管理、有条件接收管理等功能。机顶盒软件在机顶盒中占有非常重要的位置。除了音视频的解码由硬件实现，包括电视内容的重现、操作界面的实现、数据广播业务的实现，直至机顶盒和个人计算机的互连以及和互联网的互连，都需要由软件来实现。

随着平板电视机的出现，机顶盒一词已经不大适用了，因为它经常放在电视机的下面了，或许采用数据盒（Digibox）一词较为合适。

5.5　小　　结

- 本章阐述的固定电信网涉及电报网、电话网和电视网。随着用户在电话网中传输非话业务的需求增加，出现了调制解调器和非对称数字用户线路（ADSL）技术，以及传真机等设施。
- 电话机的发展从磁石电话机、共电式电话机、拨号盘式电话机，直到目前广泛应用的按键式电话机。用户电话机发出的信令有直流脉冲式和双音多频（DTMF）两种。在用户线上传送的信令包括用户发送的信号和交换机向用户发送的信号。电话交换机的发展从人工交换机到机械式的自动交换机，直至目前的程控交换机。
- 公用交换电话网分为本地电话网和长途电话网两部分。我国的长途电话网采用二级结构。一级交换中心设在各省会、自治区首府和中央直辖市。二级网设在各省的地（市）本地网的中心城市。
- 传统的调制解调器工作在话路频带内。宽带调制解调器工作在话路频带之上，采用ADSL 技术。
- 传统的有线电视网用射频信号发送电视节目。数字电视网在用户端加用机顶盒，机顶盒输出的数字电视信号是视频信号。数字电视网在标准的 6MHz 模拟电视频道中可以传输多达 10 个频道的数字电视信号。

习题

5.1　试问电报网为什么没有像电话网那样普及应用？

5.2　试问电话机有几种类型？

5.3　试述用户电话机发出的拨号脉冲信令的格式。若用其发送数字"0"需要多少时间？

5.4　若有一个 11 位的电话号码，分别用脉冲式拨号盘和按键式拨号盘发送，试问各需用多长时间？
（注：用脉冲式拨号盘发送的时间按平均时间计算。）

5.5　简述公共交换电话网中端局的功能。

5.6　试问宽带调解器 ADSL 技术采用离散多音调制有什么好处？

5.7　试比较模拟有线电视网和数字有线电视网的区别。

5.8　试问机顶盒的主要功能有哪些？

第6章 移动通信网

6.1 概 述

6.1.1 移动通信的概念和分类

一般而言，移动通信泛指在移动对象之间或固定对象和移动对象之间的通信，而无论这些通信对象是在地面、地下、水上、水下、空中和太空。但是，最常遇到的，也是这里将讨论的，是地面移动通信，即地面上移动用户之间的通信。移动通信的概念不仅指通信对象可以移动，而且更重要的是要求通信对象可以在运动中通信，例如在汽车、飞机行进中通信。因此，移动通信的这个特点决定了它必定是一种无线通信。上面对移动通信的要求可以归纳为：在任何时间（Whenever）、任何地点（Wherever）、任何人（Whoever）向任何他人（Whomever），以任何方式（Whatever）通信，通常称为"5W"。

按照移动通信类型区分，有移动电话、移动数据（包括文字、图片等）、移动多媒体通信、无线寻呼（Paging）等。按照移动通信工作方式区分，有单工、半双工、双工通信等。按照组网方式区分，有专线（一对一）、广播网、集群网、自组织（无中心）网、蜂窝网（Cellular Network）等。

6.1.2 移动通信的发展历程

在历史上，各种移动通信网中值得一提的有两种。

1. 无绳电话（Cordless Telephone）系统

在 5.2.1 节中曾经提到，因为在固定电话网中电话座机的送受话器和座机间的连线限制了通话人的活动，所以出现了无绳电话机，即电话座机（**基站**）和送受话器（**手机**）间用无线电联系，没有连线。这是最简单的无绳电话系统，它仅由一个基站和一部手机组成，称为单信道接入系统，它还不能算作移动通信系统，只能算作从固定通信向移动通信发展的萌芽。不过这种无绳电话机目前仍有在室内使用的。在此基础上，后来发展了能有效利用频率的多信道接入系统，这种系统由一个（或几个）基站和多部手机组成，允许手机在一组信道内任选一个空闲信道进行通信，这种系统称为第一代无绳电话（CT1）系统，可以认为是移动通信系统的始祖。它是模拟调制体制的。

在此基础上发展出来的第二代无绳电话（CT2）系统采用数字技术，是按照英国 1987 年制定的数字无绳电话技术规范公共空中接口（Common Air Interface，CAI）生产的，工作于 864～868 MHz，通话质量较高，保密性强，抗干扰性好，价格便宜，但是用户只能呼出，不能呼入。1992 年，欧洲电信标准协会制定了泛欧数字无绳电话（DECT）系统的标准，它可以双向呼叫，并能传输数据。它也属于第二代无绳电话。

第二代无绳电话系统除了以家用基站形式安装在办公室或家中，还可以在公共场所应用。公共场所应用的第二代无绳电话系统，包括手机、基站和网管中心（含计费中心）（图 6.1.1）。CT2 的同一个手机既可以在家里和办公室使用，也可以在公众场所使用。在行人较多的公众场所（如车站、机场、医院、购物中心等）还设立公用无绳电话基站，基站的服务半径约数百米，视环境条件而定。行人在基站附近即可拨号呼叫，进行通话。

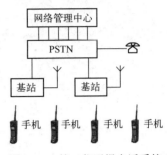

图 6.1.1 第二代无绳电话系统

第二代无绳电话的最大缺点是不能**漫游**（Roaming）。漫游是指移动台（手机）离开自己注册登记的服务区域，移动到另一服务区后，移动通信系统仍可向其提供服务的功能。随着蜂窝网的迅速发展，目前第一代和第二代无绳电话已经退出历史舞台。对无绳电话的补充介绍，见二维码 6.1。

2. 无线寻呼系统

无线寻呼系统是一种没有话音的单向广播式无线选呼系统，它是将自动电话交换网送来的被寻呼用户的号码和主叫用户的消息，变换成一定码型和格式的数字信号，经数据电路传送到各基站，并由基站寻呼发射机发送给被叫寻呼者。其接收端是可以由用户携带的高灵敏度收信机，通常称作**寻呼机**（Beeper - BP，或 Pager）（图 6.1.2）。在 BP 机收到

二维码 6.1

呼叫时，就会自动振铃、显示数码或汉字，向用户传递特定的信息。BP 机只能接收呼叫方的电话号码和简短的文字消息，例如"请回电话""请速回公司"等。BP 机用户收到对方呼叫后，若需要回电话，则必须找一个电话机回拨对方的电话机（图 6.1.3）。对无线寻呼系统的详细介绍，见二维码 6.2。

图 6.1.2 寻呼机

图 6.1.3 BP 机用户收到呼叫时，用固定电话机回答

二维码 6.2

对于只能呼出不能呼入的 CT2 用户，恰好可以和 BP 机配合使用。当 BP 机收到呼叫时，就可以用 CT2 手机回答。我国在 20 世纪 80 年代开始启用 BP 机，至 1991 年底，已经开放了 426 个寻呼系统，寻呼机达 87.7 万个。但是随着蜂窝网的发展，无线寻呼系统也很快地退出了历史舞台。

上面介绍的两种移动通信系统基本上已经被淘汰了，淘汰的主要原因是它们未能完全满足对移动通信的要求，即用户能在运动中通信，包括在快速运动中通信，以及在大范围内的移动。

第三种移动通信系统是无线集群通信系统。这种系统的发展经历了发展、衰落、再发展的起伏过程，下面对其做简单介绍。然后，我们将以目前广泛应用的地面基站蜂窝网为例，做重点介绍。最后扼要介绍卫星基站蜂窝网。

6.2 无线集群通信系统

6.2.1 无线集群通信的功能

无线集群（Trunking）通信系统是把少量无线电信道集中起来给大量无线电话用户使用的系统，由于每个用户只有少部分时间在使用无线电话通信，因此既可充分利用无线电信道，又可以保证用户的通信，从而达到使大量无线电话用户自动共享少量无线电信道的目的。它把有线电话中继线的工作方式运用到无线电通信系统中，把有限的信道动态地、自动地、迅速地和最佳地分配给整个系统的所有用户，以最大程度地利用整个系统的信道频率资源。可以说，无线集群通信系统是一种特殊的用户程控交换机（图6.2.1）。对无线集群通信系统的详细介绍，见二维码6.3。

二维码6.3

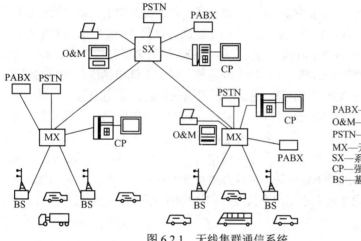

图 6.2.1 无线集群通信系统

PABX—专用小交换机
O&M—网络管理系统
PSTN—电话交换机
MX—无线交换机
SX—系统交换机
CP—强度直通电话
BS—基地台

这种系统在20世纪70年代发展起来，曾经被广泛应用于许多机关、企业等集团用户，作为传统的专用无线电调度网的高级发展阶段。20世纪八九十年代是集群移动通信在专用无线电通信中占据比重较大的年代，它是与蜂窝网移动通信同时发展的一种先进的通信系统。随着用户数量急剧增长，模拟集群网所能提供的容量已不能满足用户需求，曾经一度衰落，但是近年来，由于模拟集群移动通信系统走向数字集群移动通信系统，使得集群移动通信系统再次兴旺起来。

6.2.2 无线集群通信的特点

集群通信的最大特点是话音通信采用一按即通方式（Push To Talk，PTT）接续，被叫用户无须摘机即可接听，且接续速度较快，并能支持群组呼叫等功能，它的运作方式以单工、半双工为主，主要采用信道动态分配方式，并且用户具有不同的优先等级和特殊功能，通信时可以一呼百应。

随着蜂窝网技术的发展，已能在2.5G网络上提供PoC（PTT over Cellular）业务。PoC是一种双向、即时、多方通信方式，允许用户与一个或多个用户进行通信。该业务类似移动对讲业务——用户按键与某个用户通话或广播到一个群组,接收方收听到这个呼叫后,可以没有任何动作,例如不应答这个呼叫,或者在听到发送方呼叫之前,被通知并且必须接收该呼叫。在该初始呼叫完成后,其他参与者可以响应该呼叫消息。PoC 通信是半双工的,每次最多只能有一个人发言,其他人接听。PoC 虽然接通时间较长,占用资源过大,会影响公众用户通信,但它能满足对接通时间要求不高的小规模低端用户的需求。

我国无线集群移动通信系统使用 450MHz 和 800MHz 频段,主要应用于非邮电系统的各个专业部门使用,例如军队、公安、消防、交通、防汛、电力、铁道、金融等部门。

数字集群移动通信与模拟集群移动通信相比,具有频谱利用率高、信号抗信道衰落的能力强、保密性好、支持多种业务、网络管理和控制更加有效和灵活等优点。

6.3 地面基站蜂窝网

在第 2 章中提到,早期的无线电话通信在 20 世纪初已经试用在铁路系统和警车上,在二次世界大战中已经有了军用的便携式无线电话设备了。但是,由于无线电话设备可用的频道数量有限以及通话质量不佳,它不能被广泛应用于民间。直到 1968 年美国贝尔实验室提出蜂窝电话网(Cellular Telephone Network)的概念后,1981 年瑞典爱立信(Ericsson)公司在北欧国家建立了第一个民用蜂窝电话网,才解决了频道数量限制无线电话广泛使用的问题。这种蜂窝网电话系统称为第一代蜂窝网(1G),它采用模拟调制体制。美国的第一代蜂窝网(Advanced Mobile Phone System,AMPS)于 1983 年开始投入运营。我国的第一代蜂窝网是 1987 年 11 月开始在广州运营的。图 6.3.1 示出蜂窝网的基本组成。图中地面被划分成许多无缝相接的蜂窝状小区(Cell),在每个小区中心设立一个无线电台,它称为基地台或基站(Base Station,BS),在小区内的移动台(手机或车载台等)可以直接和基站联系。每个基站和当地的移动交换中心用无线链路联系。移动交换中心则用有线线路和当地的(固定)电话交换中心联系。

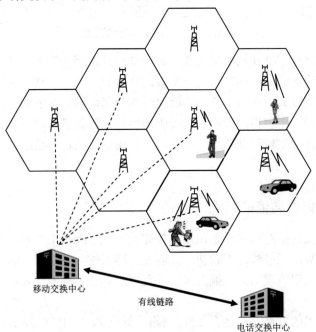

图 6.3.1　蜂窝网的基本组成

目前，蜂窝网被认为是解决地面移动通信的主要方法，特别是在人口比较稠密的地区。1991 年诞生的第二代蜂窝网（2G, 2nd Generation）采用了数字调制体制。第二代蜂窝网和第一代相比，无论在语音质量还是容量上，都有明显的改善。第二代（2G）蜂窝网目前仍在不少国家使用，尚未完全退出历史舞台。为了进一步提高其性能和解决全球漫游问题，并提高传输速率和提供多媒体服务，2000 年第三代（3G）蜂窝网诞生了。目前我国主要应用的是第三代蜂窝网和第四代（4G）蜂窝网。它们能快速传输数据、高质量音频和视频信号，能够满足几乎所有用户对于无线通信服务的要求。

蜂窝网的传输速率也在不断地快速提升。从第二代到第四代蜂窝网的传输速率见表 6.3.1。

表 6.3.1　蜂窝网的传输速率

2G 网络	GSM 体制		CDMA 体制	
下行速率	384 kb/s		153 kb/s	
上行速率	118 kb/s		153 kb/s	
3G 网络	CDMA2000 体制	TD-SCDMA 体制	WCDMA 体制	
下行速率	3.1 Mb/s	2.8 Mb/s	14.4 Mb/s	
上行速率	1.8 Mb/s	2.2 Mb/s	5.76 Mv/s	
4G 网络	TD-LTE 体制		FDD-LTE 体制	
下行速率	100 Mb/s		150 Mb/s	
上行速率	50 Mb/s		40 Mb/s	

下面介绍蜂窝网的基本知识和发展概况。

6.3.1　蜂窝网的小区划分和频率规划

无线通信需要无线频率资源。在人口密集的地区建立无线公共电话网，需要占用大量的频率。长期以来频率资源已成为建立无线公共电话网的瓶颈。蜂窝网的体制就是在不同地区重复使用相同频率来解决这个问题的。

在微波频段附近，电磁波仅在视距范围内传播。所以，在相距较远的两个地区可以重复使用同一频率工作而互相不干扰。这样就能增大系统可以使用的频率数量。为此，将地面按正六边形划分成蜂窝状，将每个正六边形称为一个小区（Cell），小区的半径 r 为 10～30km。在一个小区内使用的频率经过一定距离后在另一小区可以重复使用，如图 6.3.2 所示。图中频率 f_a 不得在相邻小区重复使用。采用正六边形的原因是，在能够无缝隙地（Seamless）覆盖地面的正多边形中它是最接近圆形的一个，从而使小区间信号的互相干扰最小。

上述划分蜂窝小区的目的是解决频率资源不敷需求的问题。为了在用户非常密集的地区进一步增大用户容量，以解决频率资源仍然满足不了需求的问题，还可以采用如下两种办法。第一，可以用小区分裂（Splitting）方法将小区再次划分成微蜂窝（Micro cell），如图 6.3.2 中右上方虚线所示。在微蜂窝中，基站的天线高度和发射功率等可以降低，从而使微蜂窝基站的服务半径减小，在原来小区范围内可以再次重复使用频率，增大了用户容量。第二，可以用扇区（Sector）方法，即在小区基站上采用几个定向天线分别覆盖不同方向，形成几个扇区。在图 6.3.2 中右下角示出一个小区被分为 3 个扇区 A、B 和 C；同一频段在这 3 个扇区中可以重复使用，这相当于此小区内可用频率数量增至 3 倍。当然，扇区的数目可以设计得更多，在图的下方还示出了分为6个扇区的小区。

在蜂窝网中频率划分的方案主要有两种，见图6.3.3。图6.3.3（a）中的方案采用4组频率重复使用；图6.3.3（b）中的方案采用7组频率重复使用。在这两种方案中，相邻同频基站的距离分别为：

$$d_4 = 2\sqrt{3}r = 3.46r \qquad (6.3.1)$$

$$d_7 = 4.5r \qquad (6.3.2)$$

式中，r 为小区半径。

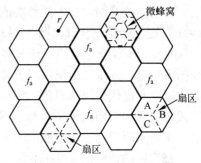

图6.3.2 正六边形蜂窝结构

比较上面两式可见，方案（a）的距离 d_4 小于方案（b）的距离 d_7。但是，方案（a）中总可用频段分为4组，方案（b）中则分为7组。故若可用频段范围给定，则方案（a）中每个小区可用频率的数量比方案（b）多。

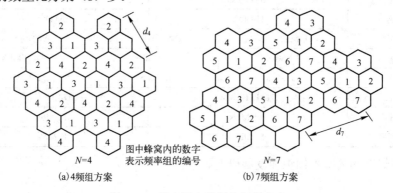

(a)4频组方案 $N=4$

(b)7频组方案 $N=7$

图中蜂窝内的数字表示频率组的编号

图6.3.3 蜂窝网中的频率划分方案

6.3.2 蜂窝网的组成

蜂窝网在每个小区的中心建立一个固定无线电台，称为**基站**（见图 6.3.1）。车载电台和手（持）机称为**移动台**。在一个小区中的移动台都可以和本小区的基站直接建立无线链路。在移动台运动到相邻小区时，即转向和邻区的基站建立链路。这一过程称为越区"**切换**（Handover）"。切换时不应使通信中断。若切换是瞬间完成的，即移动台在转换到相邻基站的瞬间立即切断和原基站的联系，则称为**硬切换**（Hard Handover）。若切换过程是缓慢过渡的，即移动台和原基站的联系信号强度逐渐减弱，和相邻基站的联系信号强度逐渐增强，则称为**软切换**（Soft Handover）。

在同一小区内两个移动台之间的通信必须经过基站的转接。在不同小区的两个移动台之间的通信则要经过这两个基站的转接。信号在基站之间的转接是在移动交换中心进行的。移动交换中心和各基站之间有固定的链路相连。移动交换中心和有线公共电话交换中心之间还有有线链路相连，以便转接移动台和有线电话用户通话的信号。移动台在不同移动交换中心之间的运动则称为**漫游**（Roaming）。

6.3.3 蜂窝网的发展概况

1. 第一代蜂窝网

第一代（1G）蜂窝网诞生于1980年代初，它发送的是模拟信号，只能用来打电话，当时典型的系统是由美国 AT&T 公司最早开发的**高级移动电话系统**（Advanced Mobile Phone System，AMPS）。它工作在 800MHz 频段，采用频率调制。在小区划分方面采用上述 7 组频率重复使用方案，并可在需要时采用"扇区"和"小区分裂"来提高系统用户容量。在缺点方面，首先因为它是一个模拟调制系统，系统容量十分有限，并且很容易受到静电和噪音的干扰，因此通话信号质量不很好。其次，这种系统容易复制和克隆到另一个手机，别人的手机容易盗用他人的电话号码建立呼叫，却不需要付话费，而且这种系统也没有安全措施阻止扫描式的偷听。第三，不同国家的技术标准各不相同，国际漫游就成为一个突出的问题。此

外，由于当时电子器件和电路工艺水平的限制，手机的体积、质量都很大（图6.3.4），人们常将其比作"砖头"，称为"大哥大（大疙瘩）"。与美国公司研发的 AMPS 类似的，是 1983 年英国研发的**全接入通信系统**（**Total Access Communication System，TACS**），其工作频率范围为 900MHz。我国于 1987 年 11 月在广州建立的第一个蜂窝网即采用了 TACS 体制。

图 6.3.4 第一代蜂窝网手机

2. 第二代蜂窝网

（1）第二代蜂窝网标准的制定

第二代（2G）蜂窝网的标准，首先于 1982 年由北欧国家提出并开始制定，于 1987 年确定了第二代蜂窝网的第一个标准，即采用频分多址（FDMA）的**全球移动通信系统**（Global System for Mobile Communication，GSM）标准，并于 1991 年在北欧开通了第一个 GSM 系统。第二代蜂窝网已经改为发送数字信号，因此信号质量有很大提高，并且可以传输文字信号，即手机之间可以互相发送短信了。后来美国又制定了第二个 2G 蜂窝网标准，即码分多址（CDMA）标准 **IS-95**。IS 全称为 Interim Standard，即暂时标准，它是由高通公司（Qualcomm）研发的第一个采用 CDMA 体制的蜂窝网，1995 年被美国电信工业协会（Telecommunications Industry Association，TIA）和美国电子工业协会（Electronic Industries Association，EIA）发布作为标准——TIA/EIA/IS-95。我国于 1995 年开始建设第二代蜂窝网，并沿用至今仍未退出历史舞台。在我国，上述两种体制分别为不同的公司采用，但是多数用户采用的是 GSM 体制。下面简要介绍 GSM 体制。

（2）GSM 体制

① GSM 体制的工作频段

基本的 GSM 体制蜂窝网工作在 900MHz 频段，每个频道占用 200kHz 带宽，上行信号（即手机向基站发送的信号）和下行信号（即手机接收的基站信号）分别采用不同的频率，即采用频分制。最初其上下行信号占用的频段分别是 890~915MHz 和 935~960MHz（见图6.3.5），共容纳 124 个频道，后来扩展为 880~915MHz 和 925~960MHz 频段，这样共可容纳 174 个频道。由于频道数量不能满足需要，又增加了使用 1800MHz 频段（见图6.3.6），上行信号占用 1710~1785MHz，下行信号占用 1805~1880MHz，共可容纳 374 个频道。

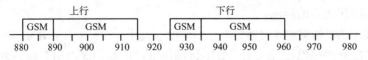

图 6.3.5 GSM 体制占用的 900MHz 频段

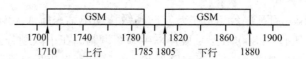

图 6.3.6 GSM 体制占用的 1800MHz 频段

② GSM 标准的频道划分

GSM 体制 200kHz 带宽的频道中采用时分多址（TDMA）方式，又把频道的每帧时间划分为 8 个时隙，分别给 8 个用户使用（图 6.3.7）。这就是说，在传输数字电话信号时，对每路模拟语音信号用 8kHz 的频率采样，然后经过量化和编码进行传输（见 4.2.2 节）。因此每路语音信号每间隔 125μs（= 1/8000s）采样一次，或者说语音信号的帧长为 125μs。现在把每帧的时间划分为 8 个时隙，每个时隙分配给一个用户使用。因此，一个带宽为 200kHz 的频道容纳了 8 个用户，相当于每个用户只占用 25kHz 带宽。

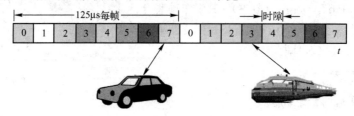

图 6.3.7 GSM-TDMA 原理

③ GSM 标准的信道容量

GSM 在 900MHz 频段共有 174 个频道可用。若按照图 6.3.8 中示出的两种扇区划分方法，174 个频道可以分为 9 组或 12 组，则可以计算出每组中容纳的频道数：

174/9 = 19.3≈20 频道/组；　　174/12=14.5≈15 频道/组

于是，每个小区可以容纳的同时通话的信道数：

$$8 \times (15\sim20) = 120\sim160$$

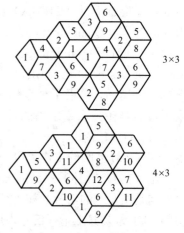

图 6.3.8 GSM 的频率重复使用

一个信道在通话时实际是两端用户在对话，因此可以同时通话的用户数应该是 240～320 户。

在 1800MHz 频段，还可以容纳 374 个频道，若仍然按照上面的分组方法，每组中的频道数为：

374/9 = 41.6 频道/组；　　374/12=31.2 频道/组

于是，在 1800MHz 频段，每个小区可以容纳的同时通话的信道数为：

$$8 \times (31\sim41) = 248\sim328$$

通话时实际是两端用户在对话，因此可以同时通话的用户数为 496～656 户。

最后得到：按照上述方案计算，第二代 GSM 体制的小区可以同时通话的用户数为：

$$(240\sim320) + (496\sim656) = 736\sim976 \ 户$$

④ GSM 标准在我国的应用

我国第二代 GSM 蜂窝网于 1995 年开始建设，并于 1998 年开始建设 1800MHz 频段的 GSM 蜂窝网。2G 网络虽然已经采用了数字传输体制，但是仍然以语音通信为主，且语音质量还不算很高，其数据传输速率仅有 22.8kb/s，若加用不同的前向纠错编码（Forward Error

Correction, FEC），则其数据传输速率仅为 14.5kb/s、12.6kb/s、3.6kb/s。因此，2G 网络很快做了若干改进，称为 2.5G，其数据传输速率可以达到 384 kb/s。对 2G 的补充介绍，见二维码 6.4。

二维码 6.4

3. 第三代（3G）蜂窝网

3G 网络是第三代无线蜂窝电话，它是在 2G 的基础上发展的高带宽数据通信，并提高了语音通话安全性。国际电信联盟于 1996 年提出一个发展 3G 的 IMT-2000 计划，其含意是在 2000 年后，在 2000MHz 频段，速率达到 2000 kb/s。

（1）IMT-2000 的总目标包括：

① 全球化：能无缝隙地覆盖全球，实现国际漫游；

② 个人化：实现大容量、高质量和保密通信；

③ 综合化：能综合各种业务，实现多媒体通信。

（2）IMT-2000 对传输速率的具体要求是：

① 在室内环境中：2Mb/s

② 在城市环境中：384 kb/s（最高移动速率可达 120km/h）

③ 在各种环境中的最低速率：144kb/s

（3）IMT-2000 的业务按照传输时延的大小分为 4 个等级：

① 会话类：按照实时连接发送，端至端的延迟时间最小，一般应小于 400ms，但是容许有一定的误码。双向业务是对称的或接近对称的。这类业务有语音通信、可视电话、交互式游戏等。

② 数据流类：将数据当作稳定的连续流传送，有类似于语音通信的要求（端至端的延迟时间小，可以容许有一定的误码），但是其双向业务是极不对称的。例如，点播的视频流、点播的高质量音频流、语音广播等。

③ 交互类：这是数据交换业务，一般是请求-应答型业务。它要求以低差错比特率（$10^{-5} \sim 10^{-8}$）透明传输[①]，并保持信息的完整性。其容许的传输延迟时间大于传输语音时的延迟时间。希望数据的总延迟时间在 1 s 以内。这类业务有：网络浏览、数据库检索、文件传送、电子商务等。

④ 后台类：这类业务对延迟时间不太敏感，不需要透明地传输，但是被传输的数据必须无误地接收。例如，传送 E-mail、Fax、下载数据库、传输测量记录等。

3G 的数据通信带宽一般都在 500kb/s 以上。目前被 ITU 推荐的 3G 标准有 3 种：欧洲提出的 WCDMA、美国提出的 CDMA2000、中国提出的 TD-SCDMA。3G 传输速度相对较快，可以很好地满足手机上网等需求，不过播放高清视频较为吃力。对 3G 的补充介绍，见二维码 6.5。

二维码 6.5

4. 第四代（4G）蜂窝网

（1）对 4G 的要求

4G 网络是指第四代无线蜂窝网，它集 3G 与 WLAN（见第 8 章）于一体并能够传输高质量视频图像，传输的图像质量与高清晰度电视不相上下。从 3G 到 4G 的飞跃，让高速下载获

[①] 透明传输：透明传输就是不管传的是什么，所采用的设备只是起一个通道的作用，把要传输的内容完好地传到对方；比如寄信，只需要写好地址交给邮局，对方就能收到你的信，但是中途经过多少车站和邮递员，你根本不知道，所以对于你来说邮递的过程是透明的。

得了质的提升。在 3G 网络中，我们几乎不可能观看高质量的视频节目。这也是过去几年中 4G 网络得以推广的原因之一。

2008 年 ITU-R 规定了对 4G 系统的要求，即 IMT-Advanced（International Mobile Telecommunications Advanced）计划，它对 4G 提出的基本要求如下：

① 必须基于全 IP 分组交换网络。

② 高速移动（例如，汽车）时，峰值数据速率应达到大约 100Mb/s；低速移动（例如，步行）时，峰值数据速率应达到大约 1Gb/s。

③ 能够动态地共享网络资源，以支持每个小区中有更多的同时通信的用户。

④ 信道带宽可以在 5～20MHz 间调整，也可以调整到高达 40MHz。

⑤ 下行的频谱利用率峰值达到 15b/s/Hz，上行的频谱利用率峰值达到 6.75b/s/Hz（即下行能够在小于 67MHz 的带宽中达到传输速率 1Gb/s）。

⑥ 在室内，系统频谱利用率下行达到 3b/s/Hz/cell（每小区每单位带宽的最大传输数据速率），上行达到 2.25b/s/Hz/cell。

⑦ 在异构网络②间能平滑切换。

（2）4G 网络的标准

4G 网络的标准有两种国际建议，即 FDD-LTE 和 TD-LTE。LTE 是 "Long Term Evolution（长期演进技术）"，其主要特点是在 20MHz 频谱带宽下能够提供下行 100Mb/s 与上行 50Mb/s 的峰值速率，相对于 3G 网络大大地提高了小区的容量，同时将网络延迟大大降低，其基站天线可以发送更窄的无线电波波束，在用户行动时也可进行跟踪，可处理数量更多的通话。

因为 LTE 的第一个版本支持的传输速率远小于 1Gb/s 的峰值速率，所以它们并不完全符合 IMT-Advanced 的要求，但是一些通信公司常常将其称为 4G。按照使用方看，新一代网络应该采用一种新的非后向兼容（后向兼容是指一个新的改进的产品能继续同旧的功能弱的产品一同工作。）的技术。不过，2010 年 12 月 6 日的会议上，ITU-R 认为这两种技术，以及其他不满足 IMT-Advanced 要求的超 3G 技术，仍然能认为是 "4G"——若它们的性能接近符合 IMT-Advanced 的要求，并且 "相对于目前使用的第三代系统性能有最低程度的改进"。LTE 项目是 3G 的演进，它改进并增强了 3G 的空中接口技术③，采用 OFDM 和 MIMO 作为其无线网络演进的唯一标准，因此可以称为 4G。在严格意义上只有升级版的 LTE Advanced 才满足国际电信联盟对 4G 的要求。

4G 移动通信技术的信息传输速率要比 3G 移动通信技术的信息传输速率高一个数量级。对无线频率的利用率比 2G 和 3G 系统都高得多，且抗信号衰落性能更好。除了高速信息传输，它还具有高速移动无线信息存取、安全密码等功能，具有极高的安全性，4G 终端还可用作诸如定位、告警等。对 4G 的补充介绍，见二维码 6.6。

二维码 6.6

2013 年 12 月我国工业和信息化部向有关通信公司正式发放了 TD-LTE 体制的 4G 业务牌照，这标志着我国开始进入了 4G 时代。截至 2015 年 12 月底，全国电话用户总数达到 15.37 亿户，其中移动电话用户总数 13.06 亿户，4G 用户总数达 3.86225 亿户，4G 用户在移动电话用户中的渗透率为 29.6%。有关 4G 的参考文献，见二维码 6.7。

---

② 异构网络是指运行不同的操作系统和通信协议，由不同制造商生产的计算机、网络设备和系统组成的网络。

③ 空中接口是相对于有线通信中的 "线路接口" 概念而言的。有线通信中 "线路接口" 定义了接口物理尺寸和一系列的电信号或者光信号规范；无线通信技术中，"空中接口" 定义了终端设备与网络设备之间的电波链接的技术规范。

5. 第五代（5G）蜂窝网

第五代（5G）蜂窝网的容量要比 4G 的容量更大，可容纳更多的宽带移动用户，并支持海量的更可靠的物体对物体的通信，它将工作于毫米波波段（28GHz、38GHz 和 60GHz）。5G 的研发目标还要求延迟时间比 4G 更小，电源消耗更低，能更好地实现物联网。目前还没有完整的 5G 标准可用。有关 5G 的参考文献，见二维码 6.8。

二维码 6.7

（1）对 5G 标准的要求

下一代移动网络联盟（The Next Generation Mobile Networks Alliance）规定了 5G 标准应当满足的要求如下：

① 为数千用户提供数十兆比特每秒的数据速率。

② 在大城市区域，数据速率达到 100 Mb/s。

③ 为同一楼层办公室的众多工作人员同时提供 1 Gb/s 的数据速率。

④ 能够同时连接数十万个无线传感器。

二维码 6.8

⑤ 频谱利用率比 4G 大为提高。

⑥ 覆盖范围增大。

⑦ 信令传输效率提高。

⑧ 延迟时间比 LTE 大为减小。

5G 的传输速度将比 4G 快数百倍，整部超高清晰度电影可在 1s 之内下载完成。随着 5G 技术的诞生，用智能终端分享 3D 电影、游戏以及超高清晰度节目的时代已向我们走来。5G 不仅需要满足人们对信息传输的需求，而且需要连接更多的物体，例如，家用电器、监控设备、智能门禁、无人驾驶汽车、可穿戴设备、牲畜和宠物的智能项圈等，5G 将渗透到各个领域，使万物互连，与工业设施、医疗设施、海陆空各类交通工具等深度融合。

（2）5G 研究进展

2015 年 10 月 26 日至 30 日，在瑞士日内瓦召开的 2015 年无线电通信全会上，国际电联无线电通信部门（ITU-R）正式批准了三项有利于推进未来 5G 研究进程的决议，并正式确定了 5G 的法定名称是"IMT-2020"。

2017 年 12 月 21 日，在第三代合作伙伴计划（3rd Generation Partnership Project，3GPP）无线接入网（Radio Access Network，RAN）第 78 次全体会议上，5G 新空中接口（New Radio，NR，简称新空口）首发版本正式发布，这是全球第一个可商用部署的 5G 标准。所谓空口，指的是移动终端到基站之间的连接协议，是移动通信标准中一个至关重要的标准。例如，3G 时代的空口核心技术是 CDMA。负责监管无线标准的 3GPP 已于当日正式宣布了"5G"的官方标识（Logo）（图 6.3.9）。

图 6.3.9　5G 标识

6. 手机的发展

现在简要介绍一下手机的发展。从 2G 时代开始，蜂窝网的手机体积、质量都在逐步减小，并且从 3G 开始出现了智能手机。智能手机是由掌上电脑演变而来的。最早的掌上电脑并不具备手机通话功能，但是随着用户对于掌上电脑的个人信息处理方面功能依赖的提升，又不习惯于随时都携带手机和掌上电脑两种设备，所以厂商将掌上电脑的系统移植到了手机中，于是才出现了智能手机这个概念。

智能手机是指像个人电脑一样，具有独立的操作系统，独立的运行空间，可以由用户自行安装软件、游戏、导航等第三方服务商提供的程序，并可以通过移动通信网络来实现无线网络接入手机类型的总称。世界公认的第一部智能手机 IBM Simon 诞生于 1993 年，它由 IBM 与 BellSouth 合作制造，它也是世界上第一款使用触摸屏的智能手机。智能手机的特点如下。

（1）具有无线接入互联网的功能：包括能够直接接入 WLAN。

（2）具有 PDA（Personal Digital Assistant，常称为掌上电脑）的功能：包括管理个人信息、记事、安排日程、多媒体应用和浏览网页等。

（3）具有开放性的操作系统：可以安装更多的应用程序，例如，微信、支付宝等，大大扩展了手机的功能。

（4）人性化：可以根据个人需要，实时地扩展内置功能，以及升级软件。

（5）功能多样：具有照相机、指南针、手电筒、计步器、镜子等多种人们日常需用的功能，以及自动旋转屏幕、自动调节屏幕亮度等功能。

手机从第一代像"砖头"样的笨重到当今的薄片状的智能手机，经历了多次不断改进，这主要归功于集成电路、液晶屏、传感器等的进步。图 6.3.10 示出历代手机的演进过程。

图 6.3.10　手机的演进过程

6.4　卫星基站蜂窝网

上述地面基站蜂窝网在原理上能够无缝隙地覆盖全球。事实上，由于间距十多千米或几十千米就需要建立一个基站，在无法这样密集建站的地区（例如，沙漠、海洋、高山等）或人烟稀少的地区和无人区，将无法建立蜂窝网或在经济上不宜建立。

真正能够实现无缝隙地覆盖全球的移动通信网是将基站建在卫星上。按照这种原理建立起来的一个典型移动通信系统是"铱"系统。在"铱"系统中，公用 66 颗低轨道（轨道高度 780km）卫星分布在 6 个轨道平面上（"铱"系统的卫星分布，见二维码 6.9）。在每个卫星上设置一个基站，地面移动台直接和某个卫星上的基站建立无线链路，如图 6.4.1 所示。卫星基站之间也有无线链路联系。用户至卫星基站间的链路采用的频段为 1.616～1.6265GHz。卫星基站间的链路采用的频段为 23.18～23.38GHz。每个卫星覆盖地面一个小区，在小区之间有少许重叠，以保证无缝隙覆盖。因此至少有一个卫星基站能和地面上的移动台建立链路连接。"铱"系统基站的覆盖范围，见二维码 6.10。

二维码 6.9

二维码 6.10

在地面基站蜂窝网中基站不动，移动台可以在不同小区间移动并将链路切换到相邻小区。而在卫星基站蜂窝网中，由于低轨道卫星和地面做相对运动，这相当于基站在运动，所以即使移动台在地面上不动，也有越区切换发生。由此可见，卫星基站蜂窝网和地面基站蜂窝网类似，也具有蜂窝网结构。

"铱"系统可以承担语音、数据、传真和寻呼等低速业务。所以，虽然它能覆盖全球，但是还不能满足多媒体和宽带业务的需求。为了实现无缝隙多媒体通信，需要比"铱"系统能力更强的卫星移动通信网——卫星数量更多、卫星高度更低、传输速率更高。

除了"铱"系统，以卫星为基站的通信网还有国际海事通信卫星（International Maritime

Satellite）系统，简称 Inmarsat。已经建成的第三代国际海事通信卫星系统由四颗在地球静止轨道上的卫星构成，它们分别覆盖太平洋、印度洋、大西洋东区和大西洋西区。这一系统主要用于保证各个船站之间和岸站与船站之间的电话、电报和数据通信。Inmarsat 系统是由国际海事卫星组织管理的全球第一个民用卫星移动通信系统。1999 年，国际海事卫星组织改革为商业公司，更名为国际移动卫星公司，Inmarsat 系统更名为"国际移动卫星通信系统"，此后并成功发射了第四代移动通信卫星。Inmarsat 系统不仅解决了船舶的通信问题，还逐渐发展到能为陆地上的移动通信服务。关于 Inmarsat 系统的详细介绍，见二维码 6.11。

二维码 6.11

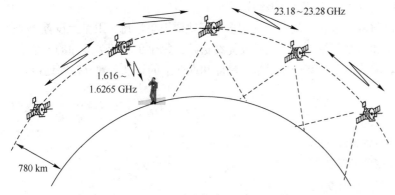

图 6.4.1 "铱"系统示意图

6.5 小 结

● 移动通信的要求通常称为"5W"。按照移动通信类型区分，有移动电话、移动数据、移动多媒体通信、无线**寻呼**等。按照移动通信工作方式区分，有单工、半双工、双工通信等。按照组网方式区分，有专线、广播网、集群网、自组织网、蜂窝网等。

● 第一代无绳电话系统是模拟调制体制。第二代无绳电话系统采用数字技术。欧洲制定的数字无绳电话系统标准可以双向呼叫，并能传输数据。第二代无绳电话系统的手机既可以在家里和办公室使用，也可以在公众场所使用，其最大缺点是不能漫游。

● 无线寻呼系统是一种没有话音的单向广播式选呼系统。寻呼机只能接收呼叫对方的电话号码和简短的文字消息。第二代无绳电话恰好可以和寻呼机配合使用。

● 无线集群通信系统是把少量无线电信道集中起来给大量无线电话用户使用的系统。集群通信的最大特点是话音通信采用一按即通方式接续。数字集群移动通信与模拟集群移动通信相比，具有频谱利用率高、信号抗信道衰落的能力强、保密性好、支持多种业务、网络管理和控制更加有效和灵活等优点。

● 第一代蜂窝网采用模拟调制体制。在蜂窝网中，在每个小区中心设立一个无线电台，它称为基站。在小区内的移动台可以直接和基站联系。移动台运动到相邻小区的过程称为越区"切换"。若切换是瞬间完成的，则称为硬切换。若切换过程是缓慢过渡的，则称为软切换。移动台在不同移动交换中心之间的运动则称为漫游。

● 第二代蜂窝网采用数字调制体制。目前我国主要应用的是第三代蜂窝网和第四代蜂窝网。它们能快速传输数据、高质量音频和视频信号。

- 被 ITU 推荐的第三代蜂窝网标准有三种：欧洲提出的 WCDMA、美国提出的 CDMA2000、中国提出的 TD-SCDMA。第四代蜂窝网的标准有两种，即 FDD-LTE 和 TD-LTE。和第二代相比，第三代蜂窝网传输速度相对较快，可以很好地满足手机上网等需求。和第三代相比，第四代蜂窝网能够传输高质量视频图像。第五代蜂窝网要比第四代的容量更大，容纳更多的宽带移动用户，并支持海量的更可靠的物体对物体的通信。
- 从第二代开始，蜂窝网的手机体积和质量都在逐步减小，并且从第三代开始出现了智能手机。智能手机具有独立的操作系统，独立的运行空间，可以由用户自行安装软件、游戏、导航等第三方服务商提供的程序。
- 卫星基站蜂窝网将基站建在卫星上，使用多颗低轨道卫星，每个卫星上设置一个基站。地面移动台直接和某个卫星上的基站建立无线链路。每个卫星覆盖地面的一个小区，保证无缝隙覆盖。因此，至少有一个卫星基站能和地面上的移动台建立链路连接。

习题

6.1 试述移动通信有哪些通信类型？

6.2 试述移动通信有哪些工作方式？

6.3 试述移动通信有哪些组网方式？

6.4 试述第二代无绳电话的优缺点。

6.5 试述无线寻呼系统的功能及其优缺点。

6.6 试述无线集群通信的工作原理及其优缺点。

6.7 试述地面蜂窝网的基本工作原理。

6.8 试述第二代蜂窝网 GSM 体制的工作频段。

6.9 试述将蜂窝网小区再次划分成微小区的方法。

6.10 何谓硬切换？何谓软切换？

6.11 何谓漫游？

6.12 试述卫星基站蜂窝网的优点。

第7章 光纤通信

7.1 概 述

7.1.1 光纤通信的发展历程

光纤通信（Fiber-Optic Communication）使用光脉冲在光纤中传输的方法传送信息，光脉冲被其所携带的信息调制。光纤和电缆相比，其优点在于传输带宽更宽，传输距离更长，并且不受电磁波的干扰。由于它的这些优点，从 1970 年代起，光纤就在核心通信网络中逐渐代替铜线，成为主要的有线传输媒体。

1. 光纤通信的诞生

图 7.1.1 高锟

光纤通信是由华裔科学家**高锟**（Charles Kuen Kao，1933—2018）（图 7.1.1）发明的。他于 1966 年发表的一篇题为《光频率的介质纤维表面波导》（*Dielectric-fibre surface waveguides for optical frequencies*）的论文（见二维码 7.1），首次提出将玻璃纤维作为光波导用于通信的理论，奠定了光纤发展和应用的基础。因此，他被认为是"光纤之父"。

二维码 7.1

在这篇论文中，高锟取得了光纤物理学上的突破性成果，开创性地提出光导纤维在通信上应用的基本原理，从理论上分析证明了用光纤作为传输媒体以实现光通信的可能性，并预言了制造通信用的超低耗光纤的可能性。高锟指出，光在当时的玻璃中的传输损耗为 1000 dB/km（在同轴电缆中的传输损耗仅为 5～10 dB/km），原因是玻璃中含有杂质，而这些杂质有可能被除去。然而，在这一设想刚刚发表时，世界上只有少数人相信，也有人对此大加褒扬。

2. 光纤传输的实现

直到 1970 年，美国康宁公司（Corning Glass Works）三名科研人员马瑞尔（Maurer）、卡普隆（Kapron）、凯克（Keck）用改进型化学相沉积法（Chemical Vapor Deposition Method，CVD）成功研制出传输损耗只有 20dB/km，长约 30 m 的低损耗石英光纤，高锟的设想得到了验证。20dB/km 是什么概念呢？用它和玻璃的透明程度比较，光透过玻璃功率损耗一半（相当于 3dB）的长度分别是：普通玻璃为几厘米、高级光学玻璃最多也只有几米，而通过每千米损耗为 20dB 的光纤的长度可达 150 米。这就是说，光纤的透明程度已经比玻璃高出了几百倍！在当时，制成损耗如此之低的光纤可以说是惊人之举，这标志着光纤用于通信有了现实的可能性（图 7.1.2）。

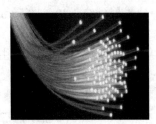

图 7.1.2 光纤

3. 光纤通信系统的建成

与此同时，于 1970 年美国贝尔实验室研制出世界上第一只在室温下连续工作的砷化镓

（GaAs）半导体激光器。它体积小，适合作为长距离光纤通信的光源。激光器和低损耗光纤这两项关键技术的重大突破，为光纤通信的实现打下了关键的物质基础。于 1975 年，第一条商业光纤通信系统建成，它工作于 0.8 μm 波长，使用砷化镓半导体激光器。这个第一代光纤通信系统工作在 45 Mb/s 比特率。为了使光信号不因传输衰减而过弱，经过一定距离的传输，在线路中需要增设中继器以放大光信号（中继器先将光信号转换成电信号，用电放大器放大后，再转换成光信号，送入光纤），中继器的间隔为 10 km。

4. 光纤通信技术的进步

此后，随着光纤制造技术的进步，光纤的损耗逐渐降低。光纤的损耗 1970 年是 20 dB/km，1972 年达到 4 dB/km，1974 年达到 1.1 dB/km，1976 年达到 0.5 dB/km，1979 年达到 0.2 dB/km，1990 年达到 0.14 dB/km。它已经接近石英光纤的理论衰耗极限值 0.1 dB/km 了。

于 1980 年代初研制出的第二代光纤通信系统的工作波长为 1.3 μm，使用磷砷化铟镓（InGaAsP）半导体激光器。早期的多模光纤因色散限制了数据传输速度，1981 年研制出的单模光纤能够大为改进光纤通信系统的传输速度（多模和单模光纤的概念见 7.2.3 节），但是适用于单模光纤的连接器尚未研制出来，直至 1984 年才建成 3268km，连接 52 个社区的世界上最长的这种商用光纤网络。至 1987 年，这种光纤通信系统已经能工作在 1.7 Gb/s 比特率，并且中继器的间距达 50km。

第三代光纤通信系统工作在 1.55μm，损耗约 0.2dB/km。这要归功于砷化铟镓（Indium gallium arsenide）的发现和砷化铟镓二极管（Indium Gallium Arsenide photodiode）的研发，它克服了使用普通磷砷化铟镓（InGaAsP）半导体激光器时在此波长上存在脉冲扩散的困难。最终使第三代光纤通信系统工作速率达到 2.5Gb/s，中继器间隔超过 100 km。因此这时已经能够建成经过海底的跨洋远程光纤传输信道。

第四代光纤通信系统采用了光放大器，从而减少了所需中继器的数量，并且使用了波分复用技术，增大了数据容量。这两项改进造成了革命性的结果，使系统容量从 1992 年起每六个月翻一番，直到 2001 年比特率达到了 10Tb/s。到 2006 年，使用光放大器，一条 160km 的线路的比特率达到 14Tb/s。参考文献见二维码 7.2。

二维码 7.2

第五代光纤通信系统的发展着重于扩展 WDM 系统工作的波长范围。光波导中传输损耗小的波长区域称为波长窗口，传统的波长窗口是在 1.53～1.57μm 波长范围的 C 波段，而新一代的无水光纤（Dry Fiber）把低损耗的窗口扩展到约 1.30～1.65μm 全部波长范围。无水光纤又称无水峰光纤，它采用一种新的生产制造技术，尽可能地消除了 OH 离子在 1.38μm 附近处的"水吸收峰"，使光纤损耗完全由玻璃的本征损耗决定。另一项技术发展就是"光孤子（Optical Solitons）"概念（光孤子见二维码 7.3）的应用，采用具有特定形状的脉冲，以光纤的非线性效应抵消色散效应，从而保持脉冲的形状不变。

二维码 7.3

从 1990 年代后期至 2000 年，一些光纤通信产业和研究机构预测，因互联网的应用增加，以及各种宽带消费性服务（例如视频点播）的商业化，对通信带宽的需求将会大量增加，互联网业务量将会按指数率增长，比集成电路复杂度按摩尔定律（Moore's Law）增长还快。然而，到 2006 年因为这一预测的破灭，这些产业已经通过整合和离岸外包业务的办法以降低成本了。

7.1.2　光纤通信的优点

光纤通信系统已经大量替换无线电通信系统和电缆通信系统，用于长途数据传输。它广泛用于电话网、互联网、高速 LAN、有线电视，以及短距离的楼内通信。绝大多数情况下都使用硅光纤，只有在很短的距离上适合采用塑料光纤。

和电缆比较，光纤通信的**主要优点**有：

（1）光纤传输数据的容量非常大。一根硅光纤的理论容量的一小部分就能够传输数十万路电话。在过去 30 年间，光纤链路传输容量的提高速度比计算机存储器容量的提高速度快很多。

（2）在光纤中光的传输损耗非常小。当今单模硅光纤的传输损耗约为 0.2 dB/km，所以信号能传输上百千米而不需要放大。

（3）若需要传输很远的距离，用一个单根光纤的放大器就能放大大量信道的信号。

（4）由于光纤的传输速率极高，所以传送每比特的价格就极低。

（5）和电缆相比，光缆很轻，这一点对于在飞机中应用特别重要。

（6）光缆没有电缆传输中存在的那些问题，例如接地回路和电磁干扰问题。这些问题在工业环境中对于数据链路的影响是非常重要的。

（7）光纤没有向外界的电磁辐射，故保密性好，光纤传输的信号很难被窃听或被攻击（包括伪造和篡改）。

（8）光纤比电缆更适应恶劣环境，例如温度的剧烈变化。

（9）光纤的寿命更长。

若需要的数据传输速率很高，则光纤传输系统比同轴电缆传输系统的价格低很多，因为光纤的数据传输容量非常大。若需要的数据传输速率低，不能利用光纤的全部传输容量，则光纤系统可能不大经济，或者更贵（不是因为光纤贵，而是光收发设备贵）。目前，连接到住宅和办公室的最后一段线路仍然广泛使用铜线的主要原因是铜线已经敷设好了，若要再敷设光缆还需要新挖掘管道。

光纤通信已经广泛应用在通信干线上以及大城市中，甚至光纤已经敷设到家。敷设到家的光纤通信系统比原已广泛应用的非对称数字用户线路（Asymmetric Digital Subscriber Line, ADSL）的性能好很多。

7.2　光纤通信技术

光纤通信系统通常由下面几部分组成：

光发射器：将电信号转换成光信号，并将光信号发送至光纤。

光缆：包含多根光纤，敷设在地下管道中。

光放大器：将经过长距离传输而变弱的信号放大。

光接收器：接收光信号，将其变成电信号。

光纤中传输的信号通常都是数字信号。下面将分别介绍光纤通信系统的这 4 个组成部分。

7.2.1　光发射器

最常用的光发射器主体是半导体器件，例如发光二极管（LED）和激光二极管。这两者的区别在于：LED产生非相干光，而激光二极管产生相干光。什么是相干光？若两束光在相遇区域的振动方向相同（例如，都是水平振动或都是垂直振动）、振动频率相同，且相位相同或相位差保持恒定，则在两束光相遇的区域内就会产生干涉现象。这样的光即称为相干光。应用于光通信的半导体光发射器必须体积小、效率高、可靠性好，并且工作在最佳波长范围及能够在高频直接调制。

1. 发光二极管

最简单的发射器是一个正偏压 p-n 结的 LED。什么是 p-n 结呢？p-n 结就是将 p 型半导体和 n 型半导体制作在同一纯硅片上，它们的交界面就是 p-n 结。

半导体是导电性能介于导体和绝缘体之间的物质，例如硅，而 p 型半导体就是在纯硅片上掺杂三价元素（如硼）形成的半导体，n 型半导体则是在纯硅片上掺杂五价元素（如磷）形成的半导体。

LED 因场致发光现象自发辐射而发光。它发射的光是非相干的，频谱较宽，为 30～60 nm。LED 发光的效率也较低，大约是输入功率的 1%。当输入功率为 10 毫瓦时，大约有 100 微瓦最终射入光纤。然而，由于其设计比较简单，故 LED 常用在廉价的设备中。

通信中最常用的 LED 是用磷化砷镓铟（InGaAsP）或砷化镓（GaAs）做的。磷化砷镓铟 LED 的工作波长为 1.3μm，砷化镓 LED 的工作波长为 0.81～0.87μm，前者更适合用于光纤通信。LED 的频谱较宽使其色散较为严重，限制了其比特率–距离乘积（这通常是衡量其可用性的指标）。LED 主要适用于比特率为 10～100Mb/s 及传输距离只有几千米的局域网。已经研发出来了使用几个量子阱（Quantum well）（见二维码 7.4）发射不同波长的宽频谱 LED，目前用于 WDM 局域网。

二维码 7.4

今天 LED 大都已经被**垂直腔表面发射激光器**（Vertical Cavity Surface Emitting Laser，VCSEL）取代，它能够以类似的价格提供更好的速度、功率和频谱特性（图 7.2.1）。

图 7.2.1　垂直腔表面发射激光器

2. 激光二极管

由于激光二极管构成的激光器是在外来辐射场的作用下，有受激辐射现象而发射光的，不是在没有任何外界作用下自发地辐射出光子的过程，像荧光灯、LED 等常见光源，故其输出功率高（大约 100mW），并且因为发出的是相干光而具有其他好处。激光器的输出有一定的方向性，使其射入单模光纤有高的耦合效率（大约 50%），这里耦合效率是指射入光纤的功率与激光器输出功率的比值。窄频谱宽度还能得到高的比特率，因为它减小了色散现象。此外，半导体激光器还能在高频直接调制，因为其载子复合时间（Recombination time）很短。

激光二极管通常是直接受调制的，即光输出直接受加于其上的电流控制的。当数据率很高时或链路距离很长时，激光源可以发出连续波，而用一个外部器件（光调制器）去调制光。外部调制比直接调制产生的光的频谱窄，减小了光纤中的色散，从而可以增大链路的距离。发射器和接收器可以组装在一起构成一个收发模块（见图 7.2.2）。

电接口

光接口

图 7.2.2　吉比特光电收发模块

7.2.2　光接收器

光接收器的主要部件是一个光检测器，它利用光电效应把光转换成电。通信用的光检测器主要是用砷化铟镓制作的。典型的光检测器是一个半导体光二极管。光二极管有好几种，例如 p-n 光二极管、p-i-n 光二极管和雪崩光二极管。有时也使用金属-半导体-金属（Metal-semiconductor-metal，MSM）光检测器。

典型的光电转换器与一个跨阻抗放大器（Transimpedance amplifier）和一个限幅放大器相耦合，以从输入的光信号产生电数字信号，后者被送入信道。此外，在把数据送入信道前，信号可能受到进一步的处理，例如用锁相环（Phase-locked loop）从数据中提取时钟信号。

7.2.3　光纤

1. 光纤的结构

最简单的光纤是由折射率不同的两种玻璃介质纤维制成的。其内层称为纤芯（Core），在纤芯外包有另一种折射率的介质，称为包层（Cladding），如图 7.2.3 所示。由于包层的折射率比纤芯的低，使光在纤芯中形成全反射，从而沿光纤前行，能够远距离传输。纤芯和包层通常都是用高质量的硅玻璃制成的，虽然它们也可以使用塑料制成。由于折射率在两种介质内是均匀不变的，仅在边界处发生反射，故这种光纤称为**阶跃（折射率）型光纤**。另一种光纤的纤芯的折射率沿半径方向逐渐减小，光波在光纤中传输的路径是逐渐弯曲的。这种光纤称为**梯度（折射率）型光纤**。

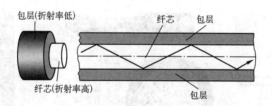

图 7.2.3　光在光纤中的行进路线

2. 光纤的传播模式

按照光纤内光波的传播模式不同，光纤可以分为**多模光纤**和**单模光纤**两类。最早制造出的光纤为多模光纤。这种光纤的直径较粗，光波在光纤中的传播有多种**模式**。这里"多种模式"的含义可以不严格地理解为光波在光纤中有不止一条传播路线，在图 7.2.4 中示出了阶跃型和梯度型折射率多模光纤的区别。

另外，多模光纤用发光二极管作为光源。光源发出的光波包含许多频率成分，不同频率光波的传输时延不同，这样会造成信号的失真，从而限制了传输带宽。

单模光纤的直径较小，其纤芯的典型直径为 8～12 μm，包层的典型直径约 125 μm。单模光纤用激光器作为光源。激光器产生单一频率的光波。并且光波在光纤中只有一种传播模式（图 7.2.5）。因此，单模光纤的无失真传输频带较宽，比多模光纤的传输容量大得多。两段光纤的连接可以用熔接或机械连接的方法完成。由于光纤非常细，特别是单模光纤，为了对准纤芯需要熟练的技术和专用连接设备。

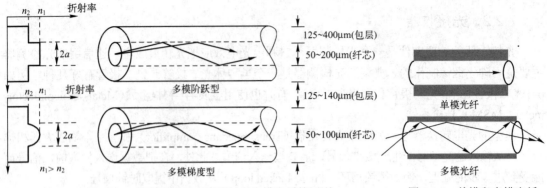

图 7.2.4 阶跃型和梯度型折射率多模光纤的区别   图 7.2.5 单模和多模光纤

多模光纤的发射器和接收器以及接插件都较便宜，但是因为多模光纤掺杂较多，故通常较贵，并且其传输带宽和距离都较小。单模光纤激光器的价格比 LED 贵，但是容许链路较长，且性能较好。所以，这两种光纤各有优缺点，都得到了广泛的应用。

3. 光缆

在实用中光纤的外面还有一层薄塑料保护外套（Protective coating），即涂层（图 7.2.6）。涂层的材料通常用光固化**丙烯酸酯塑料**。**通常**将多根带涂层的光纤组合起来成为一根光缆。光缆有保护外皮，内部还加有增加机械强度的钢线和辅助功能的电线（图 7.2.7）。光缆的使用和铜缆一样，可以埋入地下或挂在空中和穿过墙壁，敷设进入建筑物内。和普通的铜双绞线相比，光纤一旦敷设好后，较少需要维护。

图 7.2.6 光纤涂层   图 7.2.7 光缆

7.2.4 光放大器

光纤通信系统的传输距离通常受光纤衰减和光纤失真的限制。使用光电中继器可以解决这个问题。这种中继器先把光信号变换成电信号，放大后再用发射器发送出比接收信号更强的光信号，从而抵消了前一段线路的信号衰减。因为现用的波分复用信号非常复杂，加之大约每 20 km 就需要设置一个放大器，所以使用这种中继器的成本很高。

另外一种方法是使用光放大器，它直接放大光信号，不需要先把它变换成电信号（图 7.2.8）。这种光放大器的原理是在光纤中掺入稀土元素**铒**（**Erbium**），并用一个激光器发出的比通信信号波长更短（通常是 980 nm）的激光照射激发（泵浦），使光信号直接放大（图 7.2.9）。在新架设的光纤通信系统中大量使用光放大器，代替过去使用的中继器。

图 7.2.8 掺铒光放大器模块

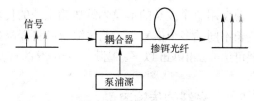

图 7.2.9 光放大器原理

7.3 光纤通信的技术性能

7.3.1 系统指标

因为色散效应随光纤长度增加，所以一个光纤传输系统通常用**带宽–距离乘积**表述其性能，单位为兆赫·千米（MHz·km）。用此乘积表述性能是因为在信号带宽和其传输距离之间可以交换。例如，一根普通的多模光纤具有带宽–距离乘积 500MHz·km，它能够传输500MHz 信号 1 km，或者传输 1000MHz 信号 0.5 km。

7.3.2 工作波段

为了使光波在光纤中传输时受到最小的衰减，以便传输尽量远的距离，希望将光波的波长选择在光纤传输损耗最小的波长上。图 7.3.1 示出了光纤损耗与光波波长的关系曲线。由图可见，在 1.31 μm 和 1.5 μm 波长上出现两个损耗最小点。在这两个波长之间 1.4 μm 附近的损耗高峰是由于光纤材料中水分子的吸收造成的。

光纤通信最早使用的波长为 0.8～0.9μm。用GaAs/AlGaAs 激光二极管和 LED 做发射器，硅光电二极管做接收器。然而，在此波长范围光纤损耗较高，并且在此波长范围光放大器也没有研发好。所以这个窗口只适合短距离通信。

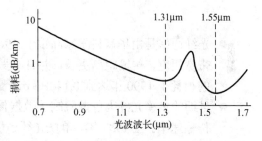

图 7.3.1 光纤损耗与光波波长的关系曲线

第二个光纤通信使用的波段在 1.3 μm 附近，在此处硅光纤的损耗很低，并且光纤的色散很弱，故传输的光波的频谱展宽很小。这个波段原来用于长途传输，然而 1.3 μm 的光放大器（用掺镨玻璃做的）不如 1.5 μm 掺铒光放大器好。此外，长途传输并不需要低色散，因为它使光非线性效应增大。所以目前广泛采用的光纤通信波长在 1.5 μm 附近。在此范围硅光纤的损耗最低，并且掺铒光放大器的性能很好。

第二个和第三个光纤通信波段可以进一步划分为如下几个波段：

在 1.4 μm 处原来有一个损耗峰，把1.3μm 和 1.5μm 两个波段分开了，但是由

表 7.3.1 光纤通信波段划分

	说 明	波长范围
O 波段	原始（original）	1260～1360 nm
E 波段	扩展（extended）	1360～1460 nm
S 波段	短波长（short wavelengths）	1460～1530 nm
C 波段	常规（conventional, 铒窗口）	1530～1565 nm
L 波段	长波长（long wavelengths）	1565～1625 nm
U 波段	超长波长（ultralong wavelengths）	1625～1675 nm

于含有低 OH 的新型光纤没有此峰,故两者合并了。

目前使用单个波长的单模光纤传输系统的传输速率已达 10Gb/s 以上。若在同一根光纤中传输波长不同的多个信号,则总传输速率将提高好多倍。光纤的传输损耗也是很低的,其传输损耗可达 0.2 dB/km 以下。因此,无中继的直接传输距离可达上百千米。

7.3.3 光纤的传输容量

在过去的 30 年中,光纤的传输容量有了惊人的增长。每根光纤的可用传输带宽增长速度甚至快于电子记忆芯片存储容量增长的速度,或者快于微处理器计算能力增长速度。

光纤的传输容量和光纤的长度有关。光纤越长,色散等有害效应越大,可用的传输速率就越低。对于几百米或更短的距离,使用多模光纤更为方便,因为它敷设便宜(例如,因其纤芯截面大,故容易接合)。因发射器技术和光纤长度不同,其数据传输速率可达几百兆比特每秒至 10Gb/s。

单模光纤通常用于几千米或更长距离的线路。目前民用光纤通信系统速率一般为每路 10Gb/s 或 40Gb/s,距离在 10 千米以上。2014 年的最新光纤通信系统速率达到 100Gb/s,今后的系统速率将达到每路 160Gb/s。若采用 WDM 技术,则光纤的传输容量将得到成倍的增长。例如到 2006 年,使用光放大器后,一条采用 WDM 技术的 160km 线路的速率已经达到 14Tb/s,这足以同时传输上千万路的电话信号。这仅是一条光纤的传输容量,而一条光缆中可以包含许多条光纤。

7.4 小 结

- 光纤通信是由华裔科学家高锟于 1966 年发明的。光纤和电缆相比,其优点在于传输带宽更宽,传输距离更长,并且不受电磁波的干扰。随着光纤制造技术的进步,光纤的损耗于 1990 年达到 0.14dB/km,已经接近石英光纤的理论衰耗极限值 0.1dB/km 了。
- 早期的多模光纤因色散限制了数据传输速率,单模光纤能够大为改进光纤通信系统的传输速率。至 1987 年,单模光纤通信系统已经能工作在 1.7Gb/s 速率,并且中继器的间距达 50km。
- 第三代光纤通信系统已经能够建成经过海底的跨洋远程光纤传输信道。
- 第四代光纤通信系统采用了光放大器,并且使用了波分复用技术,增大了数据容量。这两项改进造成了革命性的结果。
- 第五代光纤通信系统的发展着重在扩展 WDM 系统工作的波长范围。
- 和电缆比较,光纤通信的主要优点有:①传输数据的容量非常大。②传输损耗非常小。③单根光纤的放大器能放大大量信道的信号。④传送每比特的价格极低。⑤光缆很轻。⑥没有电磁干扰问题。⑦保密性好。⑧适应恶劣环境。⑨寿命长。
- 光纤通信系统由下面几部分组成:光发射器、光缆、光放大器、光接收器。光发射器的主体是发光二极管或激光二极管。光接收器的主要部件是光检测器。光纤分为阶跃型光纤和梯度型光纤,并可以分为多模光纤和单模光纤。光放大器能够直接放大光信号。

● 光纤传输系统通常用带宽-距离乘积表述其性能，单位为兆赫·千米。光纤通信使用的波段主要在 1.3 μm 至 1.5 μm。光纤的传输损耗可达 0.2 dB/km 以下。2014 年的最新光纤通信系统速率达到 100Gb/s。

习题

7.1　试问光纤通信是何时由何人发明的？和电缆通信相比，光纤通信有哪些主要优点？

7.2　试述第一代至第五代光纤通信的主要区别。

7.3　试问光纤通信系统是由哪几部分组成的？

7.4　试问光纤按照折射原理区分，可以分为哪几种类型？按照传播模式区分，可以分为哪几类？

7.5　试问光发射器的发光器件有哪两种？它们的性能有何主要区别？

7.6　试问适合光纤通信用的光波波长范围？

7.7　试问光纤传输系统通常用什么指标表述其性能？

第8章 数据通信网综述

8.1 概 述

本节将讨论专门设计的用于传输数字数据的通信网，主要是在计算机之间传输数据的通信网。数据通信网所传输的内容包括：信件、数字语音、数字音频（音乐等）、数字图片、数字视频（图像）、计算机软件、计算数据、控制指令等。实质上，数据通信网的功能可以包含电话网的功能和有线电视网的功能，目前这三大通信网正在走向逐步合并统一中。

数据通信网按照覆盖范围区分，可以分为**局域网**（Local Area Network，LAN）、**城域网**（Metropolitan Area Network，MAN）、**广域网**（Wide Area Network，WAN），以及**互联网**。局域网的覆盖范围较小，一般为一幢建筑物或一个庭院的范围。城域网的覆盖范围为一个城市，一般约为 50 km 范围以内。广域网的覆盖范围则可达几千千米（见二维码 8.1）。此外，还有**个人网**（Personal Area Network，PAN），也称个人局域（个域）网，它的覆盖范围一般在 1 米内。（图 8.1.1）

主机间距	各主机位置	
1 m	1 平米内	个域网 (PAN)
10 m	室内	局域网 (LAN)
100 m	楼内	
1 km	校园内	
10 km	市内	
100 km	国内	城域网 (MAN)
1000 km	洲内	广域网 (WAN)
10 000 km	全球	互联网 (Internet)

图 8.1.1 数据通信网按照覆盖范围分类

数据通信网按照传输方式区分，可以将上述各种网分为无线和有线数据通信网两大类。例如，在无线数据通信网中，分别有**无线个人网**（Wireless Personal Area Network，WPAN）、**无线局域网**（Wireless LAN，WLAN）、**无线城域网**（Wireless Metropolitan Area Network，WMAN）等。

数据通信网按照用途区分，可以分为专用数据网和公共数据网。**公共数据网**（Public Data Network，PDN）类似于公共电话网，但是它只用于传输数据。公共数据网在概念上包括**增值网**（Value-added Network，VAN）和信息交换网。增值网是在数据通信的基本业务上附加了新的通信功能或业务，使其原有价值增大。例如，增加电子邮件（E-mail）、语音信箱、可视图文、电子数据交换（Electronic Data Interchange，EDI）、在线数据库检索、**虚拟专用网**（Virtual Private Network，VPN）（VPN 见二维码 8.2）、"800"号受方付费业务、"200"号电话呼叫卡业务等。信息交换网则是数据通信的基础设施。

二维码 8.1

二维码 8.2

数据通信网按照交换方式区分可以分为两大类，即电路交换和信息交换。**电路交换**的原理在电话网中已经做了介绍，它的特点是在用户之间建立一条连接通路，以直接传递信号（图 8.1.2），不同用户之间的连接是由交换机选择完成的。**信息交换**与电路交换不同，它并不在通信用户两端之间建立连接通路，而是先由交换设备将发送端送来的信号存储起来，然后按照信号中包含的目的地址信息，将它转发到接收端（图 8.1.3）。所以，这种方式又称为"存储-转发"方式。显然，这种方式适合于传输数字数据，因为现代电子计算机中的存储器只适合存储数字信号。

图 8.1.2　电路交换　　　　　　　　图 8.1.3　信息交换

电路交换时，在两个用户通信的持续时间内，需要有一条通路（其中可能包含有几段链路）始终保持在为他们连接的状态，不论其是否正在传输信号。此连接可以是通过呼叫建立的，类似电话网中的呼叫建立连接过程；也可以是永久性或半永久性的专线连接。因为通路始终为其保持在连接状态，所以这是很大的资源浪费。

信息交换时，一个通路可以被多个用户发送的信息分时利用。所以通路的时间利用率可以大为增加。此外，由于交换设备需要将收到的数据格式变成适合传输的格式，在数据到达接收端前再将其格式变成适合接收端的格式，所以收发两端设备所用的数据格式可以不同。但是，由于信息交换是按照"存储-转发"方式工作的，交换设备将收到的数据先存储起来，等到有通路可以利用时才转发，所以有一定的时间延迟。信息交换又可以分为**报文交换**（Message-switching）和**分组交换**（Packet-switching）两种。**报文交换**是将整个报文（Message）一次转发，由于其长度可能很长，所以，其存储时间也可能很长，从而造成时间延迟可能很大。而**分组交换**则是首先将报文在交换设备中分成长度相等的短的分组（或称"包（Packet）"，然后再传输。因为每组的长度都很短，所以通常时间延迟很小，故消息一般都能准确实时地传输（例如，若1000 比特为一个分组，传输速率是 100Mb/s，则传输存储 1000 比特的分组仅需要 10μs）。图 8.1.4 示出这三种交换的比较。目前广泛应用的是分组交换。

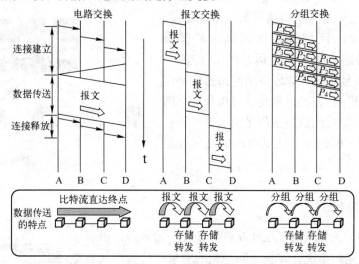

图 8.1.4　三种交换的比较

8.2　数据通信网的发展

8.2.1　数据通信网的诞生

19 世纪开始出现的有线电报通信可以认为是数据通信的鼻祖。在早期广泛使用的电报通信中，发报是用电键由人工操作的，收报是用耳机收听电码，再由人工记录下来的。后来发明了多种机械代替人工发报和收报，如第 2 章中所述。电报通信线路也从开始的一条独立线路逐步发展成由多条线路组成的电报通信网。电报信号则常常需要从发报端经过多段线路转发才能到达收报端。

20 世纪 60 年代后，由于计算机的逐步广泛应用，计算机之间的数据传输需求日益增长。计算机之间的数据传输实质上是机器之间的通信，它有别于上述人与人之间传输文字的电报通信。电报通信后期虽然采用了各种机械发送和接收，但是实际上仍然离不开人工操作。计算机之间的数据通信则完全是自动完成的，并且是机器对机器的通信。人们之间的电报通信于是逐步过渡到融于计算机之间的数据通信中。有上百年历史的电报通信终于烟消云灭，今天人们在我国各地已经见不到"电报局"或"邮电局"的身影了。电报通信网已经被数据通信网（或称计算机网）所取代了。

今天的数据通信网实质上是计算机网或称计算机网络，它在近几十年来有着迅速的发展和演变，概括地说其发展可以分为以下四个阶段。

8.2.2　远程终端网

第一阶段——远程终端网：自 1946 年电子计算机发明至 1960 年代中期，计算机的价格非常昂贵，因而数量很少。为了充分发挥其功能，将多台终端机通过通信线路连接到计算机上，采用分时工作的方法，由多台终端机（简称终端）公用一台大型计算机（图 8.2.1）。这样，计算机就称为主机，而终端主要有显示器和键盘，没有作为计算机核心部件的中央处理器（CPU），也没有内存和硬盘。主机将工作时间分段分配给各个终端使用。由于主机的 CPU 运行速度很快，使每个终端的用户都以为主机是完全为他服务的。当主机和终端之间的距离较远时，它们之间常利用电话网的线路来连接。这时，需要在线路两端分别接入调制解调器（Modem），使线路上传输的是语音频带（300～3400 Hz）内的信号。这种远程终端网虽然还不能算是真正的计算机网，但是已经是计算机和通信网的初步结合。这一阶段的典型应用是由一台计算机和全美国范围内 2000 多个终端组成的飞机订票系统。

图 8.2.1　远程终端网

8.2.3　计算机网

第二阶段——计算机网：在计算机数量逐渐增多后，出现了将多部计算机互连以实现计算机之间通信的需求，其典型代表是 1960 年代后期美国国防部高级研究计划局（Defense Advanced Research Projects Agency，DARPA）开发的阿帕网（ARPANET），它采用的是分组交换技术，最初仅将分布在美国的四所大学（加州大学洛杉矶分校、加州大学圣巴巴拉分校、斯坦福大学、犹他州大学）的四台大型计算机相连（图 8.2.2）。阿帕网主要用于军事研究目的，即期望计算机组网后能经受得住故障的考验而维持正

图 8.2.2　阿帕网实验室

常工作，一旦发生战争，当网络的某一部分因遭受攻击而损坏时，网络的其他部分仍能维持正常工作。阿帕网到 1974 年已经发展到包含约 50 台分布在美国各地的计算机了（见二维码 8.3）。

1. 局域网

不过使计算机网真正广泛发展起来的推动力是微型计算机（简称微机）和局域网的出现。微机最早是在 1981 年由 IBM 公司推出的（图 8.2.3），它处理速度快、性价比高、体积小，适合个人使用，可以人手一台，又称个人计算机。大量微机的广泛使用，产生了在较小范围中有许多计算机互连的需求，这就导致了**局域网**的发展和成熟。局域网目前仍然是计算机网中处于基础位置及应用最广泛的网络。

2. 计算机网的拓扑形式

计算机网是由多台计算机连接组成的网络。计算机网在发展初期出现过不同的网络拓扑形式，例如星形网、环形网、总线网等。目前仅星形网在广泛地应用着。下面就星形网做些介绍。

星形网是由若干个结点和连接这些结点的链路组成的。结点可以是计算机、集线器、交换机或路由器等设备。在图 8.2.4 中示出一个由 4 台计算机和 1 个集线器组成的计算机局域网，它是目前广泛应用的结构形式，即采用带集线器（Hub）的星形网结构，图 8.2.4 中画出了 4 台计算机通过链路和集线器相连。

图 8.2.3　早期的 IBM 微机　　　　图 8.2.4　计算机局域网

3. 集线器与以太网

集线器有多个端口，每个端口接一台计算机。集线器的功能是将每台计算机发出的信号通过线路转送给其他计算机。按照 1990 年 IEEE 制定的星形以太网 10BASE-T 标准 802.3i 协议，集线器和计算机间的线路是两对双绞线时，其长度不超过 100 m，传输速率可达 10Mb/s。由此可见，这种网基本上是一种局域网，并且事实上目前局域网都是采用以太网的标准。

在图 8.2.5 中示出集线器示意图。由此以太网的线路连接关系可见，每台计算机的两对双绞线分别用于发送和接收数据。一台计算机发出的信号可以送到其他各台计算机。但是，多数情况都是只希望将信号发送给一台指定的计

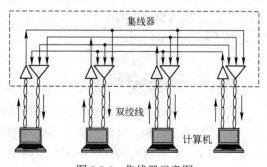

图 8.2.5　集线器示意图

算机。因此，在发送信号中需要带有地址信息，只有此地址的计算机才能接收到此信号。当然，也可以发送广播或多播数据，只要在地址信息中给予明确即可。此外，这种网络中同时只允许有一个发送信号在线路中存在，即在同一时间内只允许一台计算机发送数据。若同时有多台计算机发送信号，势必造成互相干扰。为了解决这个问题，需要制定一个通信协议被各计算机遵守。在以太网中采用的协议称为**载波监听多点接入/碰撞检测**（Carrier Sense Multiple Access with Collision Detection，CSMA/CD）协议。后面还将介绍这个协议。

上述以太网至今仍是计算机网中广泛应用着的有代表性的局域网。

8.2.4　计算机网互连

第三阶段——计算机网互连：1980 年代开始，由于阿帕网的兴起和微机的广泛应用等因素，各种计算机网络发展迅猛，并且产生了把各种计算机网互相连接起来的需求。这样就产生了将计算机网通过路由器（Router）互连起来的网络，它称为**互连网**（internet），即计算机网之网，如图 8.2.6 所示。路由器的功能有点儿像交换机，但是比交换机功能更强大，它会根据信道的情况自动选择和设定路由，以最佳路径按前后顺序发送数据分组。对路由器的详细介绍，见二维码 8.4。

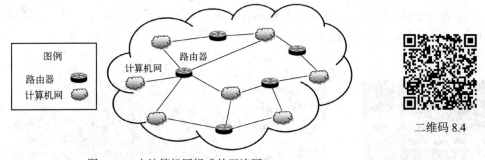

二维码 8.4

图 8.2.6　由计算机网组成的互连网

由于各计算机公司生产的产品性能规格没有统一的标准，不同公司的产品之间很难用通信网络互连。为了解决这个问题，国际标准化组织（International Standard Organization，ISO）于 1981 年制定了开放系统互连参考模型（Open System Interconnection Reference Model），简称 OSI，并于 1983 年发布了此参考模型的正式文件，即 ISO 7498 国际标准。OSI 虽然在理论上很好地解决了计算机网络互连问题，但是由于多方面原因，特别是其制定周期太长，不太适合实用，并失去了及时进入市场的时机，反而是非国际标准的 TCP/IP 标准成为了目前广泛使用的事实上的国际标准。按照 TCP/IP 标准建立的互连网则称为**互联网**（Internet）。需要注意：**互联网**和**互连网**的英文名称区别仅在于字头的字母大小写不同。在 8.3 节中我们将对这两个标准做专门讨论。

8.2.5　高速互联网

第四阶段——全球高速互联网：进入 1990 年代，互联网（Internet）逐步形成世界各国的国家信息基础设施，很快就覆盖了全球的各个国家，并向高速化、智能化、可视化、多媒体化方向发展。目前利用互联网实现全球范围内的电视会议、可视电话、可视群聊、网上购物、网上银行、网络图书馆等，已经成为人们每日不可或缺的工作和生活手段了。

上述计算机网的 4 个发展阶段，是计算机网的覆盖范围逐步扩大的过程。与此同时，计算机网还在向逐步缩小范围的方向发展，它属于个人网的范畴。个人网的发展起步较晚，但是近年来有着迅猛的发展，我们将另辟一章专门进行讨论。

8.3 互 联 网

8.3.1 概述

互联网（Internet）是应用 TCP/IP 协议连接许多计算机网的全球网络系统，它连接各种计算机网，如专用网、公用网、学术网、商业网和政府网。互联网能够传输大量的各种信息和提供多种应用，例如万维网（World Wide Web，WWW）、电子邮件（E-mail）、电话业务、文档传输、电子商务、电子政务、信息检索、网络社交（微信、QQ 空间、博客、微博、Facebook）、网络游戏、网络视频、云盘（互联网存储工具）等。

互联网起源于美国联邦政府在 1960 年代开始的一项研究任务，它要求通过计算机网络实现可靠的能容错的通信。到 1990 年代初，互联网开始连接商业计算机网和企业计算机网，使互联网得到迅速发展，可连接到单位、个人以及移动计算机，于是互联网进入了现代互联网时代。到 2000 年代后期，互联网的应用和技术已经进入人们日常生活的各个方面。

大多数传统的通信手段，例如电话、无线电、电视、信件和报纸等都被互联网改造、改变或代替了，产生了新的服务，例如电子邮件、互联网电话、互联网电视、在线音乐、数字报纸和视频流网站等。报纸、书籍和其他印刷品也可以采用网站技术，变成博客、网络订阅和在线新闻等。互联网能够通过即时消息、互联网论坛和社交网络加快个人间的联系。网上购物的迅猛增长使大零售商、小商店和创业者能够为更大的市场服务，或者完全在线上销售货物。互联网上的企业对企业（B2B）业务和金融业务影响了整个企业的供应链。

无论在技术上或政策上，互联网的接入和使用都没有集中管理；每一个接入的网络制定其自己的管理制度。互联网中只有两个命名空间，即互联网协议地址（Internet Protocol address，IP address）和域名系统（Domain Name System，DNS），直接由一个维护机构，即互联网名字与编号分配机构（Internet Corporation for Assigned Names and Numbers，ICANN）分配。核心协议的技术支持和标准化是互联网工程任务组（Internet Engineering Task Force，IETF）的业务，此任务组是一个非营利组织，它是国际上任何一个愿意提供专业技术知识的人都可以加入的松散附属组织。

8.3.2 互联网的历史

1. 互联网的诞生

在 1960 至 1970 年代出现的一些分组交换网络采用多种不同的协议。后来，阿帕网（ARPANET）项目开发了把多种不同网络连接成为一个网络的互连协议。在 1969 年 10 月，阿帕网建立了两个网络结点，一个在洛杉矶加州大学（UCLA），另一个在加州门洛帕克的斯坦福国际研究院（Stanford Research Institute International, Menlo Park, California）。到 1971 年底，已经有了 15 个网站连接到年轻的阿帕网上。

2. 互联网在全球的扩展

阿帕网早期很少有国际合作。于 1973 年 6 月挪威地震研究中心站（NORSAR）是第一个接入阿帕网的，此后瑞典通过卫星链路连接到了塔努姆（Tanum）地球站的阿帕网，英国伦敦大学（University of London）和伦敦大学学院（University College London）相继接入。到 1981 年，阿帕网因美国国家科学基金会（NSF）建立的计算机科学网（CSNET）接入而扩大。于 1982 年制定出互联网的 TCP/IP 协议族标准，使得全球接入互联网的网络数量激增。

1986 年，当美国国家科学基金会网络（NSFNet）把美国的超级计算机为科研人员接入后，TCP/IP 网再次大量接入，开始时候速率为 56 kb/s，后来增至 1.5 Mb/s 和 45Mb/s。商业互联网服务供应商（Internet Service Provider，ISP）出现于 1980 年代后期和 1990 年代早期。阿帕网于 1990 年正式停止使用了。到 1995 年，互联网在美国就完全商业化了。当 NSFNet 正式停止使用后，互联网不准用于商业的限制就取消了。互联网在欧洲和澳大利亚在 1980 年代中后期得到迅速发展，在亚洲于 1980 年代后期和 1990 年代初期得到迅速发展。

3. 互联网的应用领域

互联网于 1989 年开始将电子邮件服务用于公共商业，能够容纳 50 万用户。几个月后于 1990 年 1 月 1 日，美国有线固话网开办了另一个商用互联网骨干网。1990 年 3 月 NSFNET 在美国康奈尔大学（Cornell University）和欧洲核子研究中心（CERN）之间建立了第一条高速（1.5 Mb/s）链路，与卫星链路相比它能提供更为可靠的通信。6 个月后，蒂姆·伯纳斯-李（Tim Berners-Lee）（图 8.3.1）开始编写第一个万维网（WorldWideWeb）浏览器。至 1990

图 8.3.1　蒂姆·伯纳斯-李

年圣诞节，他完成了网站需要的所有软件工具，包括超文本传送协议（HyperText Transfer Protocol，HTTP）0.9、超文本标记语言（HyperText Markup Language，HTML）、第一个网页浏览器（它也是一个 HTML 编辑器）、第一个 HTTP 服务器软件、第一个网页服务器和第一个叙述此计划本身的网页。因此，他被誉为万维网的发明人。

从 1995 年开始，互联网对文化和商业产生巨大影响，包括几乎能瞬时到达的电子邮件、瞬时消息传递、网络电话、双向视频电话和万维网上的论坛、博客、网络社交和在线购物网站等。光纤网络使数据传输的速率不断提高，达到 1Gb/s、10Gb/s，甚至更高。

互联网由于大量的在线信息、商业、娱乐和网络社交而迅速发展。在 1990 年代后期，在公共互联网上的流量大约每年增长 100%，而互联网用户数目的平均年增长率在 20% 至 50% 之间（见表 8.3.1）。这种快速的增长率要归功于没有中央管理机构，因而容许网络自由发展，以及互联网协议的非专利性，鼓励供应商之间互通，防止任何公司的网络受到太多控制。至 2011 年 3 月 31 日，互联网用户总数估计在 20.95

表 8.3.1　世界互联网用户

	2005	2010	2016
世界人口	65 亿	69 亿	73 亿
全球用户	16%	30%	47%
发展中国家用户	8%	21%	40%
发达国家用户	51%	67%	81%

亿户（世界人口的 30.2%）。据估算，1993 年时互联网仅传输双向通信信息总流量的 1%，至 2000 年此数字已经增至 51%，到 2007 年总通信信息流量的 97% 都是通过互联网传输的。

8.3.3　互联网的管理

互联网是一个全球网络，它包含许多主动加入的有自主权的网络。互联网的运作没有中央管理机构。其核心协议（IPv4 和 IPv6）的技术支援和标准化是上面提到的互联网工程任务组（IETF）的任务。互联网协议地址（IP address）和域名系统（DNS）由互联网名字与编号分配机构（ICANN）分配。ICANN 由一个国际理事会管理，理事会的理事从互联网技术、企业、学术和其他非商业界的人员中抽选。ICANN 为互联网用户分配唯一标识符（identifier），包括传输协议中的域名、IP 地址、应用端口号，以及许多其他参数。为了维持互联网能覆盖全球，必须有全球性统一的命名空间。ICANN 的这一功能或许是其对全球互联网的唯一中央协调功能。

美国商业部下设的国家电信和信息管理局最终批准了于 2016 年 10 月 1 日起由互联网编号分配局（Internet Assigned Numbers Authority，IANA）管理 DNS 根域。互联网协会（Internet Society，ISOC）于 1992 年成立，其任务是"确保互联网的公开发展、改进和使用，以造福全世界的人民。"其成员包括个人（任何人都可以参加）以及公司、组织、政府和大学。互联网协会的其他活动还包括为许多涉及互联网发展和管理的非正规组织，例如互联网工程任务组（Internet Engineering Task Force，IETF）、互联网架构委员会（Internet Architecture Board，IAB）、互联网工程指导组（Internet Engineering Steering Group，IESG）、互联网研究工作组（Internet Research Task Force，IRTF）和互联网研究指导组（Internet Research Steering Group，IRSG）等，提供一个管理处所。2005 年 11 月 16 日在突尼斯召开的由联合国发起的信息社会世界峰会建立了互联网管理论坛（Internet Governance Forum，IGF），以讨论和互联网有关的议题。

8.3.4 互联网的基础设施

互联网的**基础设施**（Infrastructure）包括各种硬件和软件。

1. 路由器

"路由"是指把数据从一个地方传送到另一个地方的行为和动作，而路由器（Router），正是执行这种行为动作的设备。它是一种连接多个网络或网段的网络设备，从而使之构成一个更大的网络。路由器会根据信道的情况自动选择和设定路由，以最佳路径按前后顺序发送信号。目前路由器已经广泛应用于各行各业。各种不同档次的产品已成为实现各种骨干网内部连接、骨干网间互联和骨干网与互联网互联互通业务的主力军。路由器和交换机之间的主要区别就是交换机工作在 OSI 参考模型（见第九章）的第二层（数据链路层），而路由器工作在第三层，即网络层。这一区别决定了路由器和交换机需使用不同的控制信息，所以说两者实现各自功能的方式是不同的。

2. 路由和服务层（Routing and service tiers）

互联网服务供应商（Internet Service Provider，ISP）在每个网络之间建立世界范围的不同范围级别的互联。

路由软件分为不同层次。仅当需用时才接入互联网的终端用户，位于路由层次的底层。路由层次的顶层是第 1 层网络，在此层网络的各大通信公司（ISP，供应商）之间用对等协议直接交换流量。第 2 层网络和更低层网络从其他供应商购买互联网传送通路，以便至少达到全球互联网的某些地方，虽然它们也可以参与对等协议连接。互联网交换点是物理连接到多个 ISP 的主要流量交换点。大的组织，例如学术机构、大企业和政府机关，可以完成与 ISP 一样的功能，进行对等互联和为其互连网（注意：这里的互连网是 internet，不是互联网 Internet）

购买流量。研究机构的网络往往和大的子网络互联，例如 GEANT（泛欧研究和教育网）、GLORIAD（中美俄环球科教网络）、Internet 2，以及英国国家研究和教育网 JANET。万维网的互联网 IP 路由结构和超文本链路都是无尺度网络（Scale-free network）（见二维码 8.5）的例子。

二维码 8.5

计算机和路由器使用在其操作系统中的路由表把 IP 包（分组）指引到下一跳路由器或目的地。路由表由人工配置或者由路由协议自动配置。终端结点通常使用默认路由，由其提供给 ISP，而 ISP 的路由器使用**边界网关协议**（Border Gateway Protocol），经过全球互联网的复杂连接，建立最有效的路由

3. 接入（Access）

用户接入互联网的方法有下列几种：由计算机调制解调器通过电话线拨号接入、通过同轴电缆宽带接入、由光纤或铜线接入、用 Wi-Fi[①]接入、用卫星电话或蜂窝网电话接入。互联网也常常从图书馆和互联网食堂的计算机接入。许多公共场所都有互联网接入点，例如机场大厅、餐厅和冷饮店。所用的名称五花八门，例如公共互联网亭、公共接入终端和付费网站。很多宾馆也有公共终端，并且通常是免费使用的。这些终端可以用于各种用途，例如购票、存钱或在线付款。在热区（Hotspot）接入互联网的用户需要携带自己的无线设备，例如笔记本电脑或个人数字助理。这些服务可能是完全免费的、只对顾客免费，或者以收费为主。

许多基层建立自己的无线社区网络。除了 Wi-Fi，蜂窝网也可以提供高速数据业务。智能手机通常可以通过电话网接入互联网。这些智能手机还能够运行网站浏览器和许多其他互联网软件。

4. 协议

互联网的基础设施中，决定互联网性能的软件的设计和标准化，是其可扩展性和成功的基础。互联网软件系统结构设计的任务由互联网工程任务组（IETF）承担。IETF 在互联网结构的各个方面，指导标准制定工作小组的工作，后者对任何个人都开放。其制定的标准和论著，作为 RFC（Request for Comments）文档，都发表在 IETF 网站上。互联网互联的主要方法，包含在特别标明的成为互联网标准的 RFC 中。另外还有一些其他不太严格的文档，包括有益的、实验性的、历史的或现行实现互联网技术的最优方法等文档。

互联网标准表述是互联网协议族的一个框架。这个模型体系结构在文档 RFC 1122 和 RFC1123 中把协议系统分为一些层。这些层分别对应其服务的环境或范围。

互联网协议版本 4（IPv4）是互联网第一代协议版本，至今仍是主要在应用的版本。它设计的主机地址约 43 亿（10^9）个。然而，互联网爆炸性的增长使 IPv4 的地址到 2011 年已经耗尽。在 1990 年代中期，研发出了一个新的协议版本 IPv6，它能提供更多的地址和效率更高的路由。IPv6 的应用目前正在全球增长，因为互联网地址注册机构（Regional Internet Registry，RIR）开始催促所有资源管理者尽快采用它。

IPv6 与 IPv4 之间没有直接互操作性。实际上，IPv6 是一个与 IPv4 平行的版本。因此，为了它们之间互联需要有翻译工具，或者在结点上需要有 IPv4 和 IPv6 两套软件。所有新的计算机操作系统基本上都支持这两种互联网协议版本。然而，网络基础设施落后于这种发展。

---

① Wi-Fi 是一种按照 IEEE 802.11 标准创建无线局域网的技术。

5. 业务

互联网支持许多网络业务，特别是移动应用程序（app），例如社交媒体
APP、万维网、电子邮件、多人在线游戏、互联网电话和共享文档业务（见二
维码8.6）。

二维码 8.6

（1）万维网（World Wide Web）

很多人把**互联网**（Internet）和**万维网**（World Wide Web）（或者简称**网络**（Web））这两个名词混用，但是它们并不是同义词。万维网是互联网上数十亿人在使用的一个主要应用程序，它极大地改变了人们的生活。然而，互联网还提供许多其他业务。万维网是一个包含由**超级链接**（hyperlink）互相关联着的全球文档、图像和其他资源的集合，并用统一资源标识（Uniform Resource Identifiers，URI）加注。URI用于识别业务、服务器和其他数据库，以及它们能提供的文档和资源。超文本传送协议（Hypertext Transfer Protocol，HTTP）是万维网的主要接入协议。HTTP还容许软件系统之间进行通信，以共享和交换数据以及开展业务活动。

万维网浏览软件，例如IE（Internet Explorer）、火狐（Firefox）、欧朋（Opera）等，使用户能用嵌入文档中的超级链接（Hyperlink）从一个网页转向另一个网页浏览。这些文档还可以包含任何类型计算机数据的组合，包括图形、声音、文本、视频、多媒体，以及用户与此网页互动时运行的互动内容。客户端软件可以包括动画、游戏、办公应用和科学演示等。使用搜索引擎，例如百度、雅虎（Yahoo）、谷歌（Google），用关键字在互联网上搜索，全球用户可以很容易地瞬时获取到大量的分散在各地的在线信息。与印刷媒体、书籍、百科全书和传统的图书馆相比，万维网已经在很大范围使信息分散化了。

万维网还使个人和组织能向潜在的大量读者在线发布意见和信息，并大大节省了费用和减小了时间延迟。发表一个网页、一个博客，或者建立一个网站的初始费用很小，并且能获得许多免费服务。然而，建立并维持一个有吸引力的、内容广泛且具有最新信息的大型专业网站，仍然是一个困难并且费钱的事情。许多个人和一些公司或集团使用网志（Web log）和博客，它们因为容易在线更新而被广泛使用。

在公众网页上登广告能够非常赚钱，直接通过网站销售产品和服务的电子商务不断在增长。在线广告活动是一种营销和广告形式，它用互联网向消费者发布促销消息。这包括电子邮件营销、搜索引擎营销（Search Engine Marketing，SEM）、社交媒体营销、许多种展示广告（包括**网页横额**广告），以及移动广告。2011年美国互联网广告的年营业额超过了有线电视的广告营业额，并且几乎超过了广播电视的广告营业额。

在1990年代万维网发展初期，一个网页的内容完整地用HTML格式存储在网站的服务器中，用于传输到另一个网站的浏览器，以响应一个请求。后来，创建和提供网页的过程变成动态的。常常使用**内容管理软件**（Content management software） 创建初始内容很少的网页。为这种系统充实基本数据库撰稿的人，可能是某个组织的受薪人员或公众，他为此目的编辑网页内容，为随机访问者以HTML格式阅读。

（2）通信

电子邮件（Email）是互联网提供的一种重要的通信业务。在双方间发送电子文本消息的概念，类似于互联网发明之前邮寄信件。图片、文件和其他文档可以作为电子邮件的附件发送。电子邮件还可以抄送到若干其他电子邮件地址。

互联网电话是另外一种互联网能够提供的常用通信业务。互联网电话常用 VoIP

（Voice-over-Internet Protocol）表示，而 VoIP 的原意只是一个协议。这一概念起始于 1990 年代早期个人计算机用的类似对讲机的语音通信。近几年来，许多 VoIP 系统已经变得便于使用，如同普通电话机一样。互联网语音业务的好处是，VoIP 比普通电话便宜很多，甚至免费，特别是打长途电话和对于那些始终有互联网在线连接需求的人，例如使用电缆或非对称数字用户线路（Asymmetric Digital Subscriber Line，ADSL）（见二维码 8.7）的人们。VoIP 正在成为传统电话业务的竞争对手。不同供应商间的互通已经得到改进，并且能够与传统电话通话。

二维码 8.7

　　VoIP 电话每次通话的语音质量仍然有所不同，但是通常和传统电话的语音质量相当，甚至超过它。VoIP 仍然存在的问题，包括紧急电话号码的拨号和可靠性。目前，有少数供应商提供紧急业务，但是还不能普遍使用。没有"额外功能"的老式传统电话当市电供电中断时可以由线路供电；VoIP 若没有备份电源为电话设备和互联网接入设备供电则不能工作。VoIP 也已经非常普遍地在网络游戏者之间使用。新型视频游戏主控台也常具有 VoIP 聊天功能。

　　（3）数据传输

　　文档共享是互联网传输大量数据的一个例子。计算机文档能够作为附件用电子邮件发送到用户、同事和朋友。数据传输能够将数据上传到一个网站或传到**文件传输协议**（File Transfer Protocol，FTP）服务器，使其他人容易下载。它能够把数据放到一个"共享地点"或者一个文档服务器，以便同事马上使用。使用"镜像"服务器或对等网络能够容易地把大量数据下载到许多用户。在这些情况中，有的文档访问可能由用户身份验证控制，有的文档在互联网上传送是加密的，有的文档访问需要收费。例如，可能用信用卡支付费用，而信用卡的详细信息也要通过互联网传输——通常是加密传输的。收到的文档的来源和真实性可以用数字签字或者 MD5（**消息摘要算法第五版**——计算机安全领域广泛使用的一种算法，用以提供消息的完整性保护）核对，或者用其他消息认证。以上这些互联网数据传输的应用把全球许多生产、销售和发行的方法简化成计算机文档的传输。这包括所有印刷刊物、软件产品、新闻、音乐、电影、视频、照片、图画和其他艺术品。这使得原先控制这些产品的生产和发行的现存企业受到极大影响。

　　流媒体（Streaming media）可以实时地发送数字媒体给即时接收的终端用户。许多无线电和电视广播台给互联网提供其实况音频和视频节目作品。这些节目在互联网上还可以在其他时间观看或收听，例如预览、剪辑及重播。这意味着一个连接到互联网的设备，例如一台计算机，能够用来访问在线媒体，如同过去只能用电视机或无线电接收机接收一样。用特殊技术**网播**（Webcast）的**点播**（On-demand）多媒体业务能提供更多种类的节目内容。**播客**（Personal Optional Digital Casting，Podcasting）是一种个性化的可自由选择的数字化广播，可以让用户自由地在互联网上发布文件和音视频，并允许用户下载。播客打破了远程教学资源的制作者和接受者的界限，任何一个学习者同时也可以成为教学资源的创建者。这种基于播客的互动学习还增强了师生之间的沟通能力。

　　数字媒体流增大了对网络带宽的需求。例如，标准图像（SD480p，即纵向 480 线）质量需要 1Mb/s，高清图像（HD720p）质量需要 2.5Mb/s，顶级图像（HDX1080p）质量需要 4.5Mb/s。

　　网络摄像机（**Webcam**）是这一功能产生的廉价产品。虽然某些网络摄像机能给出全帧速率的视频，但是其画面通常较小或者更新慢。互联网用户能用其实时拍摄旅游视频，以及进行视频聊天和视频会议。

6. 安全

互联网资源、硬件和软件都是罪犯和居心不良者企图获取或非法控制的目标，这将导致通信中断、诈骗、勒索，或者获取私人信息。

（1）恶意软件（Malware）

互联网上流传的恶意软件包括计算机病毒（Computer Virus）、计算机蠕虫（Computer worms）、拒绝服务攻击（Denial of service attcks）、勒索软件（RansomWare）、**僵尸网络**（Botnets）攻击，以及间谍软件（spyware）。

① 计算机病毒是编制者在计算机程序中插入的破坏计算机功能或者数据的代码。它是能影响计算机使用，能自我复制的一个程序或者一组计算机指令。它像生物病毒一样，具有自我繁殖、互相传染以及激活再生等生物病毒特征。计算机病毒有独特的复制能力，它能够快速蔓延，又常常难以根除。它能把自身附着在各种类型的文件上，当文件被复制或从一个用户传送到另一个用户时，它就能随同文件一起蔓延开来。

② **计算机蠕虫**主要利用系统漏洞进行传播。它通过网络、电子邮件和其他的传播方式，像生物**蠕虫**一样从一台**计算机**传染到另一台**计算机**。

③ 拒绝服务攻击是攻击者想办法让目标机器停止提供服务，是黑客常用的攻击手段之一。只要能够对目标造成麻烦，使某些服务被暂停甚至使主机死机，都属于拒绝服务攻击。拒绝服务攻击问题也一直得不到很好的解决，究其原因是因为网络协议本身有安全缺陷。攻击者进行拒绝服务攻击，实际上让服务器实现两种效果：一是迫使服务器的缓冲区满，不接收新的请求；二是使用 IP 欺骗，迫使服务器把非法用户的连接复位（即再次连接），影响合法用户的连接。

④ 勒索软件是一种流行的木马，通过骚扰、恐吓甚至采用绑架用户文件等方式，使用户数据资产或计算资源无法正常使用，并以此为条件向用户勒索钱财。这类用户数据资产包括文档、邮件、数据库、源代码、图片、压缩文件等多种文件。赎金形式包括真实货币、比特币或其他虚拟货币。一般来说，勒索软件编者还会设定一个支付时限，有时赎金数目也会随着时间的推移而上涨。有时，即使用户支付了赎金，最终也还是无法正常使用系统，无法还原被加密的文件。

⑤ **僵尸网络攻击**是指采用一种或多种传播手段，将大量主机感染僵尸程序病毒，从而在控制者和被感染主机之间形成一个可一对多控制的网络。攻击者通过各种途径传播僵尸程序，感染互联网上的大量主机，而被感染的主机将通过一个控制信道接收攻击者的指令，组成一个僵尸网络。之所以用僵尸网络这个名字，是为了更形象地让人们认识到这类危害的特点：众多的计算机在不知不觉中如同中国古老传说中的僵尸群一样被人驱赶和指挥着，成为被人利用的一种工具。

⑥ 间谍软件是一种能够在用户不知情的情况下，在其电脑上安装后门、收集用户信息的软件。它能够削弱用户对其使用经验、隐私和系统安全的物质控制能力；使用用户的系统资源，包括安装在其电脑上的程序；或者搜集、使用、并散播用户的个人信息或敏感信息。

（2）监控（Surveillance）

计算机监控主要是监视互联网上的数据和流量。以美国为例，根据通信协助法律执行法案（Communications Assistance For Law Enforcement Act），所有电话和宽带互联网业务（电子邮件、网页内容、即时消息等）都要求能够无障碍地受联邦执法机构的实时监视。包（又称"分组")捕获（**Packet capture**）是计算机网络数据业务监视的手段。互联网上计算机通信的消息（电子邮件、图像、视频、网页、文档等）被分隔成叫作"包"的小段，通过计算机网络传送，直到其目的地，然后再将其组合成完整的消息。当这些包经过网络传输时，包捕获截取这些包，以便用其他程序检查其内容。包捕获是一个信息收集工具，但是不是一个分析工具。这就是说，它收集"消息"，但是并不分析消息和弄懂消息的含义。需要另外的程序完成内容分析并详细审查所截取的数据，寻找重要（有用）的信息。根据通信协助法律执行法案，所有美国通信供应商都必须安装包监察装置，以容许美国政府有关机关截取其所有用户通过互联网协议（**VoIP**）传输的宽带和语音信息。

（3）审查制度

某些国家政府，例如缅甸、伊朗、朝鲜和沙特阿拉伯，用域名和关键字过滤的方法，限制有关其领土主权，特别是有关其政治和宗教的内容，进入互联网。

在挪威、丹麦、芬兰和瑞典，主要的互联网业务供应商自愿同意限制接入由政府开出清单上的网址。然而，在这个禁止接入的网址清单上只包含儿童色情作品的网址。许多国家，包括美国，都制定有法律禁止通过互联网拥有或传播某些资料，例如儿童色情作品，但是不要求装有过滤软件。有不少免费或出售的软件程序，称为内容控制软件，能够给用户安装在个人计算机或网络上，阻止恶意网站，以限制儿童接入色情或叙述暴力的作品。

8.3.5　互联网的新应用

如 7.2 节所述，互联网是从计算机网互联发展起来的。互联网中传输的信息，例如文件、声音、图片和图像等，主要是为人们所直接需要的信息。在网络的信源和信宿两端，产生信息和接收信息的对象都是人。随着互联网、自动化和智能化的发展，许多物体之间，或者物体和人之间，产生传递信息的需求，例如把自动售货机和互联网相连，就能在配货中心得知售货机中是否缺货；若把汽车的北斗定位设备和互联网相连，当汽车被盗时，车主就能用手机查到汽车的位置。若网络两端直接产生信息或接收信息的对象不是人而是物，则称网络为物联网。物联网的概念从 1999 年起才得到人们的重视，逐渐发展起来，目前正在成为互联网应用发展的一个新的重要的领域。物联网在本书中将另辟章节予以介绍。

互联网应用发展的又一新领域是区块链（**Blockchain**）。下面将对区块链做简要介绍。

区块链是由许多区块（**Block**）链接成的数据库，其特点是去中心化、公开、透明、匿名性、信息不可篡改，并且是每人都可以参与记录的，所以区块链也可以看作一个分布式**账本**（**Ledger**）。简单说来，区块链就是一个特殊的分布式数据库。在图 8.3.2 中示出区块链的构成。图中连接在**根块**上最长的链是**主链**（主块），主链外有孤块。每次写入一项业务（例如，交易）的数据，就创建一个区块。

区块可以理解为具有固定格式的一组数据，这些区块是链接在一起的。区块由**区块头**（**Head**）和**区块体**（**Body**）两部分组成。区块体中存储交易（或称业务）记录的数据。区块头中包含前一

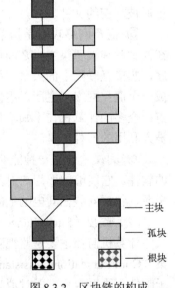

图 8.3.2　区块链的构成

区块的加密**散列**、本区块交易记录的散列和时间戳记等。

散列（Hash），也有直接音译为"哈希"的，就是把任意长度的输入数据，通过散列算法变换成一个长度相同的特征值，该特征值就是散列值。这种转换是一种压缩映射，即散列值的空间通常远小于输入空间，不同的输入可能散列成相同的输出，所以不可能从散列值来唯一地确定输入值。简单来说就是一种将任意长度的数据压缩到某一固定长度的摘要函数。区块链的散列值长度是 256 比特，这就是说，不管原始数据是什么，最后都会计算出一个 256 比特的二进制数字（例如，用 16 进制数表示的数字：DFCD 24D9 AEFE 93B9）。而且可以保证，只要原始数据不同，对应的散列值一定是不同的。一个设计优秀的加密散列函数是一个"单向"运算函数：对于给定的散列值，没有实用的方法可以计算出其原始输入，也就是说很难伪造。时间戳记中则记录当前区块产生的时间。因此，区块头中包含：

前一区块的散列 + 本区块数据的散列 + 时间戳记

区块链的设计是加密的，此加密法是用高级**拜占庭容错**（**Byzantine Fault Tolerance**）分布计算系统的一个例子。关于**拜占庭容错**，见二维码 **8.8**。因此一个区块链就达成了去中心化的共识。这样就使得区块链适合用于事件记录、医疗记录和其他管理活动的记录，例如身份管理、交易处理、原产地记录、食品跟踪或投票。

二维码 8.8

传统的记录系统，记录权只掌握在中心服务器手中。比如所有 QQ、微信上的信息，只能由腾讯的服务器来记录；淘宝、天猫的信息，只能由阿里的服务器来记录。但区块链系统是一个开放式的分布记录系统，每台计算机都是一个结点，一个结点就是一个数据库（服务器）。任何一个结点都可以记录，而且直接连接到另外一个结点（即 P2P 模式），中间无须第三方服务器。当其中两个结点发生业务（交易）时，这笔加密的业务会广播到其他所有结点（记录下来），目的是防止业务双方篡改业务信息。这体现了区块链的几个重要特征：完全点对点（P2P）、没有中间方、信息加密、注重隐私、业务可追溯；所有结点的信息统一，业务不可篡改（修改一个结点的信息，需要其他结点共同修改）。可以用区块链的一些领域包括：智能合约、证券交易、电子商务、物联网、社交通信、文件存储、存在性证明、身份验证、股权众筹等。

区块链概念是于 2008 年首先由一个名叫中本聪（Satoshi Nakamoto）的日裔美国人提出的，并于 2009 年以作为比特币的核心构件而实现的；区块链作为所有比特币交易的公共账簿。为比特币发明的区块链使比特币成为第一个数字货币，解决了不需要一个可信中心或中央服务器的重复支付问题。比特币的设计启发了将区块链应用于其他领域。

有人认为区块链技术是继蒸汽机、电力、互联网之后，下一代颠覆性的核心技术。如果说蒸汽机释放了人们的生产力，电力解决了人们基本的生活需求，互联网彻底改变了信息传递的方式，那么区块链作为构造信任的机器，将可能彻底改变整个人类社会价值传递的方式。

8.4 小　结

- 数据通信网按照覆盖范围区分，可以分为**局域网**、**城域网**、**广域网**，以及**互联网**。此外，还有**个人网**。数据通信网按照传输方式区分，可以分为无线和有线数据通信网两大类。数据通信网按照交换方式区分可以分为电路交换和信息交换两大类。数据通信网按照用途区分，可以分为专用数据网和公共数据网。公共数据网包括增值网和信息交换网。

- 计算机网络的发展可以分为四个阶段。第一阶段是远程终端网，第二阶段是计算机网，第三阶段是计算机网互连，第四阶段是全球高速互联网。
- 互联网是应用 TCP/IP 协议连接许多计算机网的全球网络系统。互联网的接入和使用都没有集中管理机构，每一个接入的网络制定其自己的管理制度。互联网的应用涉及电子邮件、消息传递、网络电话、双向视频电话和万维网上的论坛、博客、网络社交和在线购物网站等。
- 互联网的基础设施包括路由器和路由软件。
- 用户接入互联网的方法有下列几种：由计算机调制解调器通过电话线拨号接入、通过同轴电缆或光纤宽带接入、用 Wi-Fi 接入、用卫星电话或蜂窝网电话接入。
- 互联网协议版本 4（IPv4）是互联网第一代协议版本，至今仍是主要在应用的版本。新的协议版本 IPv6 能提供更多的地址和效率更高的路由。
- 互联网上可以运行多种业务。首先是万维网，第二是用电子邮件通信，第三是电话，第四是数据传输，第五是流媒体。
- 互联网上流传的恶意软件包括计算机病毒、计算机蠕虫、拒绝服务攻击、勒索软件、**僵尸网络攻击**，以及间谍软件。
- 区块链是由许多区块连接成的数据库，其特点是去中心化、公开、透明、匿名性、信息不可篡改，并且每人都可以参与记录。区块可以理解为具有固定格式的一组数据，这些区块是链接在一起的。可以用区块链的领域包括：智能合约、证券交易、电子商务、物联网、社交通信、文件存储、存在性证明、身份验证、股权众筹等。

习题

8.1 试述数据通信网有哪几种分类方法？

8.2 试述数据通信网有哪几个发展阶段？

8.3 试述路由器的功能。

8.4 试述用户接入互联网的方法有哪些种？

8.5 试问互联网协议 IPv4 为什么不能满足今日用户的需求？

8.6 试问互联网上可以运行哪些种业务？

8.7 试问互联网上有哪些流传的恶意软件？

8.8 试述区块链的特点。

8.9 试述什么是区块和区块的组成。

第9章 互联网的体系结构

9.1 体系结构概念

9.1.1 数据通信过程和协议

无论是电话通信还是电报通信，都需要"硬件"和"软件"两方面的条件。"硬件"包括发送设备、接收设备和传输线路等，并且它们的性能应该互相匹配，例如发送信号的电压、波形和其代表的信息含义必须和接收端取得一致的约定。"软件"则包括对通信过程的各种规定。例如，在电话通信的过程中包括用户摘机、交换机发送拨号音、用户拨号、交换机发送振铃信号直至拆线等一系列步骤（参见图 5.2.16），这些步骤都有详细的规定，例如拨号脉冲的长度、双音多频的频率、拨号音和回铃音或忙音的频率和持续时间等，电话交换机和通话双方都必须遵守这些步骤和规定。

数据通信和电话通信类似，也需要类似的步骤，但是要复杂得多。例如，查明发送计算机与网络连接是否正常及接收计算机是否正在工作，接收计算机是否做好了接收数据的准备，将发送数据分组、编号、加上目的地址，以及加上纠错编码，以保证接收计算机能够可靠地收到正确的数据。在数据通信中，数据终端（计算机）和交换设备等"硬件"为完成这些步骤必须遵守的规定称为通信协议（Protocol）。在 8.2 节中提到，在数据通信网发展到第三阶段时，为了将不同公司生产的不同规格的计算机组网，需要解决计算机互连的统一标准，即通用的通信协议，这种协议通常是非常复杂的。为了制定一个通用的通信协议，需要将复杂的通信过程分成一些层次，每个层次承担一定的任务，并为每个层次制定相应的协议。我们将这些层次和相应的协议的总和称为数据通信网的**体系结构**（Architecture）。

9.1.2 体系结构的层次概念

为了说明层次的概念，我们举一个通俗的例子，如图 9.1.1 所示。假定两家有业务联系的公司分别在中国和法国。当新年来临之际，中国公司的经理想要向法国公司的经理发去一封新年贺电。中方的翻译（译员）只懂中文和英文，法方的翻译只懂英文和法文。因此，中方的翻译把中文贺电翻译成英文，然后交给秘书发送到法方。中方秘书则根据设备和线路情况选择用传真（FAX）还是电子邮件（E-mail）发送此贺电。法方的译员收到后，将英文贺电

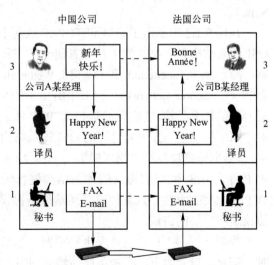

图 9.1.1 分层处理事务举例

翻译成法文再送给法方经理。

在最高层（第 3 层），中方经理只管贺电内容和选定对方公司名称和经理的姓名，第 2 层的译员只管翻译，至于用什么通信手段发送贺电则由秘书全权决定。这样一来，最高层的经理只管写贺电和收看贺电，不必操心贺电的翻译和发送接收等问题；第 2 层的译员只管翻译文件，不去考虑其他问题；第 1 层的秘书则只管收发文件。这样的简单过程也是有简单"协议"的。所谓协议就是通信双方就如何进行通信的一种约定。例如，在第 3 层双方必须事先约定互相发送文件所用的经理姓名，第 2 层双方必须事先约定互相用英文通信，第 1 层双方必须事先约定好对方的传真和电子邮件地址，这些设备以及通信线路都处于工作状态。这样，每一层都对上一层负责，完成上一层交给自己的任务，并把其余任务交给下一层去完成。

通信双方对应层的实体称为对等体（peer），对等体可以是硬件设备、软件进程，或者是人。这就是说，正是这些对等体在使用这些协议进行通信。例如，在图 9.1.1 中的第 2 层，双方译员好像在直接用英语通信，这在图中是用双方间的虚线表示的。

9.1.3　OSI 和 TCP/IP

为了将各种不同的计算机网互联起来，组成覆盖全球的互联网，必须有比上述例子更复杂得多的协议。在 8.2 节中已经提及，早在 1983 年国际标准化组织（ISO）就为数据通信网的体系结构制定出了一个通用的标准，它称为开放系统互连参考模型，简称 OSI。此模型并为国际电工技术委员会（International Electrotechnical Commission，IEC）和国际电信联盟（International Telecommunication Union，ITU）所采用，成为这 3 个国际组织的共同标准。这个模型把通信过程分成 7 个层次，它虽然在理论上比较完善，但是却不太实用，且制定得过晚，故其推广应用是不成功的。特别是目前迅速发展的世界最大的数据通信网——互联网，并不是按照这个模型建立的。

从实践中产生的互联网的体系结构称为 TCP/IP 体系结构。TCP 是传输控制协议（Transmission Control Protocol）的简称；IP 是网际协议（Internet Protocol）的简称。TCP/IP 体系结构或 TCP/IP 协议通常不是仅指这两个协议，而常常是指 TCP/IP 协议族（Protocol Suite）。

在图 9.1.2 中示出了 OSI 和 TCP/IP 这两个体系结构的比较：TCP/IP 体系结构只分 4 层，OSI 体系结构有 7 层。为了初学者便于学习和易于理解，Andrew S.Tanenbaum 和 David J. Wetherall 在其合著的《Computer networks》一书中给出了一个分为 5 层协议的体系结构，它实质上是把 TCP/IP 体系结构中的"网络接口层"分列为对应的 OSI 体系结构中的两层（"数据链路层"和"物理层"），如图 9.1.3 所示。本书将采用这个 5 层协议的体系结构进行讲述。在 TCP/IP 体系结构中，TCP 协议是运输层的协议，而 IP 协议是网络层的协议。

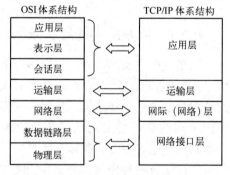

图 9.1.2　OSI 和 TCP/IP 体系结构比较

类似于图 9.1.1 分层处理事物举例，当双方通信时，信息流自上而下，在最下层传输到对方，然后又由下而上送达用户。在 TCP/IP 体系结构中也是如此，见图 9.1.4。

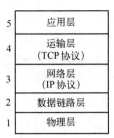

图 9.1.3　分为 5 层协议的 TCP/IP 体系结构

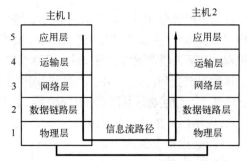

图 9.1.4　TCP/IP 体系结构的信息流路径

下面就对 5 层协议的各层功能做简要介绍。

9.2　体系结构各层功能

9.2.1　应用层

应用层（Application layer）是 TCP/IP 体系结构的最高层（第 5 层），它直接为用户（主机）的**应用进程 AP**（Application Process）提供服务。**进程**（Process）就是一个**程序**（**Procedure**）在处理机上的一次执行过程，也就是**运行着的程序**。应用层规定了应用进程在通信时所遵循的协议。

对应不同的服务，需要有不同的应用层协议，例如支持**万维网**（World Wide Web）的 HTTP 协议，支持**电子邮件**（E-mail）的 SMTP 协议和支持文件传送的 FTP 协议等。我们将应用层传输的数据单元称为**报文**（Message）。

应用层的许多协议都是基于**客户-服务器**方式工作的。客户（Client）和服务器（Server）是通信中涉及的两个应用进程。客户-服务器工作方式描述的是进程之间服务和被服务的关系：客户是服务请求方，服务器是服务提供方，如图 9.2.1 所示。举一个简单的例子，一个大型跨国公司在世界各地有许多办公处，此公司在某地的服务器是一个存储有海量数据的大型计算机，客户机是公司各地雇员所用的较简单的计算机（在图中只画出了一个客户机）。客户机和服务器用计算机网连接。客户进程可以向服务器发送一个请求消息，然后等待回答；服务器收到请求后，在其数据库中寻找答案，并答复客户。通常一个服务器要处理大量客户的请求，即为大量的客户服务。

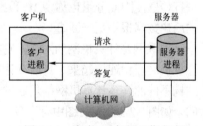

图 9.2.1　客户-服务器工作方式

9.2.2　运输层

运输层（Transport layer）是 TCP/IP 体系结构的第 4 层，它负责为两台主机的应用进程之间的通信提供数据传输服务。运输层的主要功能是提供**应用进程之间的逻辑通信**（逻辑通信指在逻辑信道中传输，而逻辑信道可以粗略地理解为在一个物理连接中再划分的虚拟连接。见 10.3.2 节"虚拟 IP 网"），包括复用和分用功能。在一台主机中可能有多个应用进程同时和另一台主机中的多个应用进程进行通信。例如，一个用户在用浏览器查找资料时，其主机的应用层在运行浏览器客户进程 AP1。若与此同时用户还要用电子邮件给网站发送反馈信息，则主机的应用层还要运行电子邮件的客户进程 AP2，如图 9.2.2 所示。这时，发送端主机的不同应用进程可以同时使用同一个运输层协议传送数据，即"复用"此协议，好像一条公路划分出不同的车道。为了区别不同的应用进程，在运输层使用**协议端口号**（简称**端口**），它是一个软件端口，可以看作一种地址，只要把所传送的报文交到目的主机的正确目的端口，剩下的工作就由运输层的程序来完成了。有了端口号就能够在运输层实现复用和分用的功能。

在上层（应用层）的报文送到运输层后，运输层在报文前面必须加上称为"首部"的一些数据（见图 9.2.2），在首部的数据中就包含有端口（号）。当然，在首部中还包含有其他一些信息。

在接收端主机的运输层应该对接收数据进行"分用"，并按照"首部"内的端口号将报文正确地交付给目的主机的目的端口。综上所述，运输层提供了应用进程之间的**逻辑通信**，其含义是从应用层来看，应用层交给运输层的报文，好像直接传送到了对方主机的运输层，而实际上报文还要经过下面多个层次的处理和传送。

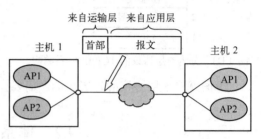

图 9.2.2　运输层的应用进程之间的逻辑通信

运输层的其他功能则根据其运行的协议不同有很大区别。例如，在运行 UDP 协议时，对应用层交付的报文，照原样发送，即一次发送一个报文。UDP 协议全称是用户数据报协议，它是不保证可靠性的数据传输服务，详见 10.2 节。此外，UDP 还有检错功能，若发现接收报文有错，就丢弃它。这就是说，UDP 不能保证可靠地传输和交付报文，但是其优点就是简单。在运行 TCP 协议时，运输层则能够提供可靠的传输服务。

9.2.3　网络层

网络层（Network layer）负责为分组交换网上的不同主机提供通信服务，它用 IP 协议支持无连接的"分组"传送服务。在发送数据时，此层把来自上层（运输层）的数据封装成"分组"进行传送，因此分组也称为 **IP 数据报**（简称**数据报**）。需要注意的是，这里的**数据报**和运输层的**用户数据报**不是一回事！

互联网是计算机网的网络，它能把各种异构的计算机网互相连接起来。目前在计算机网互连时，结构不同的许多计算机网都是通过一些路由器连接的，如图 9.2.3 所示。图中有许多不同结构的计算机网通过一些路由器连接。为了讨论方便，在图中把每个计算机网中的一台计算机（主机）都单独抽出来画在计算机网外面，实际上它就是该计算机网中的计算机之一。

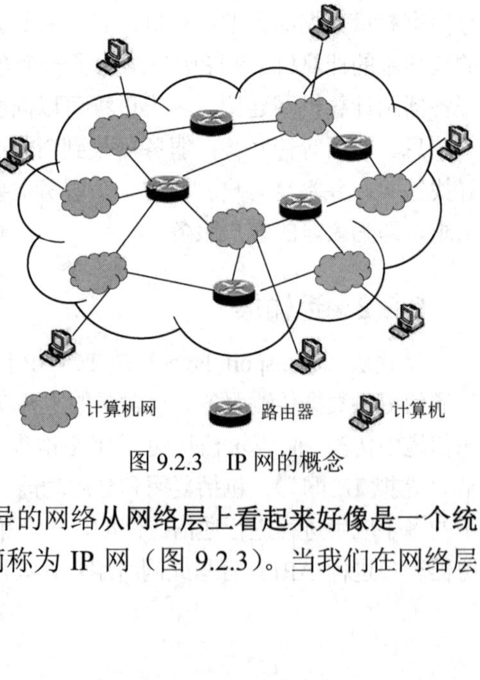

路由器的主要功能是根据 IP 数据报中含有的目的计算机地址进行路由选择，所以路由器是工作在网络层的。由于参加互连的计算机网都使用

图 9.2.3　IP 网的概念

相同的 IP 协议，利用 IP 协议就可以使这些性能互异的网络从网络层上看起来好像是一个统一的网络。这种使用 IP 协议的虚拟互联网络可以简称为 IP 网（图 9.2.3）。当我们在网络层

或更高层讨论 IP 网上的主机通信时，就好像这些主机都是处在一个单一网络上。那么在网络层讨论问题就显得很方便。

因此，网络层的主要功能是用 IP 协议把上层（运输层）交来的数据进行分组，构成统一格式的 IP 数据报，并利用路由器解决在计算机网之间的路由选择问题。

9.2.4　数据链路层

数据链路（Data link layer）和前面多处提到过的"**链路**"是两个概念。"**链路**"只是相邻结点间一段信号传输的物理通路，中间没有任何的交换结点。为了在链路上传输数据，还必须有一些通信协议来控制这些数据的传输。若把实现这些协议的硬件和软件加到链路上，就构成了"**数据链路**"。

数据链路层要把网络层交下来的 IP 数据报组成**帧**，然后发送到链路上，以及把接收到的帧中的数据取出并交给网络层。数据链路层协议有多种，但是有三个基本功能是共同的，即：**封装成帧、透明传输和差错检测**。

1. 封装成帧

封装成帧（Framming）就是在上层发来的一段 IP 数据报的前后分别添加首部和尾部，构成一个帧。首部和尾部的作用就是进行**帧定界**（即确定帧的界限），以及加入许多必要的控制信息，以解决透明传输和差错控制问题。

2. 透明传输

"帧首部"和"帧尾部"中规定用特定的比特组合来标记帧的开始和结束。因此，在一帧中的数据部分就不允许出现和上述特定比特组合一样的比特组合，否则就会使帧定界的判断出错。如果数据部分恰巧出现了这样的比特组合，则数据链路层协议就必须设法解决这个问题。如果数据链路层协议能够采取适当的措施来解决这个问题，则这样的传输就称为**透明传输**，即表示任意形式的比特组合都可以不受限制地在数据链路层传输。

3. 差错检测

实际的通信链路都不是理想的，即比特在链路传输过程中可能产生差错，数据"1"可能变成"0"，"0"也可能变成"1"。这就称为**比特差错**。在计算机网络传输数据时，必须采用各种差错检测措施，目前在数据链路层广泛使用的是循环冗余校验（Cyclic Redundancy Check，CRC）检错技术。

9.2.5　物理层

物理层（Physical layer）协议应确保原始的数据可在各种物理媒体上传输，使其上面的数据链路层察觉不到各种传输媒体和通信技术的差别，使数据链路层只需要考虑本层的功能，而不必考虑具体的传输媒体和通信技术是什么。

物理层协议必须规定传输媒体的接口特性，包括：

机械特性：接口所用的接线器形状和尺寸、固定及锁定装置、引线数目和排列等。

电气特性：规定接口的各条线上的电压范围。

功能特性：规定接口的各条线上的电压代表的意义，例如数据线、控制线、定时线和地线等。

规程特性：规定信号线上不同功能比特流的出现顺序。

实际网络中比较广泛使用的物理接口标准有 EIA-232-E、EIA RS-449 和 CCITT 的 X.21 建议等。EIA RS-232C 仍是目前最常用的计算机通信接口。

9.2.6　类比

上述 5 层协议的 TCP/IP 体系结构，每层都有不同的功能。对于初学者来说，对于各层的功能较难形成概念，或者说不易区分其差别。现在我们以一个简单的邮政信件的传递为例，试图概略地给读者一个形象的说明。

首先是应用层，这层的功能好像是邮局的用户选择向邮局提交服务内容，是要寄平信、快递、包裹等，并相应地提交服务内容。运输层的功能好像是邮局要在邮件上贴运单、盖章、打包（把许多目的地地址相同的邮件包装在一起）等手续。网络层的功能好像是邮局要为邮包设计运送的路线图。数据链路层的功能则好像是邮差在传送邮件。物理层的功能则好像是为邮差提供车辆等交通工具。

上面只是一个概略的功能类比，希望读者能对 TCP/IP 体系结构有一个初步的概念。

9.3　小　　结

- 为了制定一个通用的通信协议，需要将复杂的通信过程分成一些层次，每个层次承担一定的任务，并为每个层次制定相应的协议。我们将这些层次和相应的协议的总和称为数据通信网的体系结构。
- 本书采用 5 层协议的体系结构进行讲述，这 5 层分别是：应用层、运输层、网络层、数据链路层和物理层。TCP 协议是运输层的协议，而 IP 协议是网络层的协议。
- 应用层直接为用户的应用进程提供服务。应用层协议有 HTTP 协议、SMTP 协议和 FTP 协议等。应用层传输的数据单元称为报文。
- 运输层的主要功能是提供应用进程之间的逻辑通信，包括复用和分用功能。运输层在运行 UDP 协议时有检错功能，在运行 TCP 协议时能够提供可靠的传输服务。
- 网络层的主要功能是用 IP 协议把上层交来的数据进行分组，用 IP 数据报传送。
- 数据链路层把 IP 数据报组装成帧发送到链路上，以及把接收到的帧中的数据取出并交给网络层。数据链路层协议有三个基本功能，即封装成帧、透明传输和差错检测。
- 物理层确保原始数据可在各种物理媒体上传输。物理层协议必须规定传输媒体的接口特性，包括机械特性、电气特性、功能特性和规程特性。

习题

9.1　试问什么是数据通信网的体系结构？

9.2　试问什么是开放系统互连参考模型？它把通信过程分为哪几层？

9.3 试问 TCP/IP 体系结构把通信过程分为哪几层？

9.4 试述应用层的功能。

9.5 试述运输层的功能。

9.6 试述网络层的功能。

9.7 试述数据链路层的功能。

9.8 试述数据链路层有哪些基本功能？

9.9 试述物理层的功能。

第 10 章　互联网 TCP/IP 体系结构协议（I）

本章和下一章将介绍 5 层 TCP/IP 体系结构各层协议的主要内容。

10.1　应　用　层

TCP/IP 体系结构中的应用层相当于 OSI 体系结构中的最高 3 层，它直接为用户（主机）的应用进程（**Application Procedure**）提供服务。对应不同的服务，需要有不同的应用层协议，例如支持**万维网**的 HTTP 协议，支持**电子邮件**的 SMTP 协议和支持文件传送的 FTP 协议等。下面简要介绍应用层涉及的域名系统和几个常见的协议。

10.1.1　域名系统

域名系统（Domain Name System，DNS）是互联网使用的给网上计算机命名的系统。域名实际上就是计算机在互联网上的名字，互联网上的每台计算机都有不同的域名。但是，计算机用户在与互联网上的某台主机通信时，必须使用对方主机的 IP 地址，而不是域名，因为 IP 地址的长度是固定的 32 位二进制数字，它便于机器处理，域名的长度是不固定的。不过即使是点分十进制（见二维码 10.1）的 IP 地址也不容易记忆，所以在应用层需要有一个域名系统 DNS，它能够把容易记忆的域名转换为 IP 地址。

互联网上每台主机或路由器都有一个唯一的域名。域名都是由标号（Label）序列组成的，而且各个标号之间用点（"."）隔开。例如下面的域名

mail.cctv.com

三级域名　二级域名　顶级域名

二维码 10.1

就是中央电视台电子邮箱的域名，它由三个标号组成，其中标号 com 是顶级域名，标号 cctv 是二级域名，标号 mail 是三级域名。顶级域名代表一个"域"，在这个域中可以划分为多个子域，子域的域名是二级域名。子域还可以继续划分为子域的子域，其域名即三级域名。如果需要可以如此继续划分下去。例如

webmail.xidian.edu.cn

是西安电子科技大学邮件系统的域名，而

www.xidian.edu.cn

是西安电子科技大学网站服务器的域名，它们由四级域名构成。

DNS 规定，域名中的标号都由英文字母组成，每一个标号不能超过 63 个字符（但是为了记忆方便，最好不要超过 12 个字符），也不区分大小写字母（例如，EDU 和 edu 在域名中是等效的）。标号中除了连字符（-）外不能使用其他标点符号。由多个标号组成的完整域名不能超过 255 个字符。DNS 既不规定一个域名可以包含多少个下级域名，也不规定每一级的域名代表什么意思。各级域名由其上级的域名管理机构管理，而顶级域名则由 ICANN（The

Internet Corporation for Assigned Names and Numbers）管理。

10.1.2　文件传送协议

文件传送协议（File Transfer Protocol，FTP）是互联网上使用最广泛的传送文件的协议。因为文件传送不容许出错，所以 FTP 使用 TCP 可靠传输服务。FTP 能够减小或消除在不同操作系统下处理文件的不兼容性。

FTP 使用客户-服务器方式工作。一个 FTP 服务器进程可以同时为多个客户进程提供服务。FTP 的服务器进程由两部分组成：一个**主进程**，它负责接受新的请求；若干个从属进程，它们负责处理单个请求。

主进程的工作步骤如下：

1．打开熟知端口（端口号为 21），使客户进程能够连接上（端口号的含义在 **10.2** 节**运输层**中解释）。

2．等待客户进程发出连接请求。

3．启动从属进程处理客户进程发来的请求。从属进程对客户进程的请求处理完毕后即终止，但是从属进程在运行期间根据需要还可能创建其他一些子进程。

4．回到等待状态，继续接受其他客户进程发来的请求。

10.1.3　万维网的协议

万维网 WWW（World Wide Web）并非是某种特殊的计算机网络。万维网是一个大规模的、联机式的信息储藏所，英文简称为 Web。万维网使用"**链接（Link）**"方法能够非常方便地从互联网上的一个站点（网址）访问另一个站点（网址），从而获取大量的信息。这里的"链接"也称"**超级链接（hyperlink）**"，是指用户可以用鼠标单击页面上的一个对象（一个字、一句话、一个图形等），就可以看到另一个相关的页面，即链接到了另一处。

在图 10.1.1 中示出了连接在互联网上的万维网的 4 个站点，它们可以相距上万千米。每个站点都存储有许多文档。在这些文档中，有的文字是用特殊方式显示的（例如，颜色不同、字体不同或加了下画线等）。当鼠标移动到这些文字上时，鼠标的箭头就变成了一只手的形状，表示这里有一个"链接"。如果我们在这些地方单击鼠标，就可以从这里链接到远方的另一个文档，将远方的文档传送到本站点的显示器上显示出来。例如，图中站点 1 的文档中有两处分别显示❶和❷，它们表示可以链接到其他的文档（这些文档可以在本机中，也可以远在互联网连接的万里之外的计算机中）。

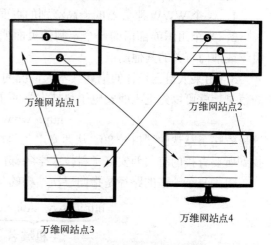

万维网站点1

万维网站点2

万维网站点3

万维网站点4

图 10.1.1　万维网分布式服务

若我们用鼠标单击❶就可以链接到站点 2 的某个文档；若单击❷就可以链接到站点 4 的某个文档。类似地，单击站点 2 文档的❸和❹分别可以链接到站点 3 和站点 4；单击站点 3 文档的❺可以链接到站点 1。

带有链接功能的文本（text）称为超文本（hypertext）。万维网是一个分布式的超媒体（hypermedia）系统，是超文本系统的扩充。超媒体和超文本的区别在于，超文本文档仅包含文本信息，而超媒体文档还包括其他信息，例如图像、声音、动画等。万维网利用链接可以使用户找到远在异地的另一个文档，而且后者又可以链接到其他文档。这些文档可以位于世界上任何一个接在互联网上的文档系统中。

万维网中客户程序与万维网服务器程序之间使用的协议是超文本传送协议（Hyper Text Transfer Protocol，HTTP）。HTTP 是一个应用层协议，它使用 TCP 连接进行可靠传送。HTTP 定义了浏览器（即万维网客户进程）怎样向万维网服务器请求万维网文档，以及服务器怎样把文档传送给浏览器。

每个万维网网点都有一个服务器进程，它不断地监听 TCP 的端口 80，以便发现是否有浏览器（即万维网客户）向它发出建立 TCP 连接的请求。一旦监听到建立连接的请求，就立即和浏览器建立 TCP 连接。然后，浏览器就向万维网服务器发出浏览某个文档的请求，服务器接着就返回所请求的文档。最后，TCP 连接就被释放了。上述在浏览器和服务器之间的请求和响应的交互都是按照 HTTP 进行的。

浏览器向服务器发出浏览某个文档的请求，必须给出此文档的名称。为此，万维网上的每个文档必须具有在整个互联网范围内唯一的名称，这个名称被称为统一资源定位符（Uniform Resource Locator，URL）。URL 有规定的格式。URL 的一般格式由以下 4 部分组成：

<协议>://<主机>:<端口>/<路径>

URL 的第一部分（最左边）是<协议>，即使用什么协议来获取该万维网文档。浏览器最常用的协议是 HTTP 和 FTP。<协议>后面必须写上 "://"，不能省略。对于万维网使用 HTTP 时的 URL 的一般格式是：

http:// <主机>:<端口>/<路径>

HTTP 的默认端口号是 80，通常可以省略。若再省略文件的<路径>项，则 URL 就指到互联网的某个主页（Home page）。主页是一个很重要的概念，它可以是以下几种情况之一：

1．某个 WWW 服务器的最高级别的页面。

2．某个组织或部门的一个定制的页面或目录。从这个页面可以链接到互联网上的与本组织或部门有关的其他站点。

3．由某人自己设计的描述其本人情况的 WWW 页面。例如，要查看西安电子科技大学的信息，就可以先进入西安电子科技大学的主页，其 URL 为

http://www.xidian.edu.cn

这里省略了默认的端口号 80。从西安电子科技大学的主页入手，就可以通过许多不同的链接找到所要查找的有关西安电子科技大学各部门的信息。

更为复杂一些的路径是指向层次结构的从属页面，例如：

http://www.xidian.edu.cn/jyjx/yjsjy.htm

主机域名　　　　路径名

是西安电子科技大学的"研究生教育"页面的 URL。上面的 URL 中使用了指向文件的路径，而文件名就是最后的 yjsjy.htm。后缀 htm（有时写为 html）表示这是一个用"超文本标记语言（HyperText Markup Language，HTML）"（见二维码 10.2）写出的文件。HTML 并不是应用层的协议，它只是万维网

二维码 10.2

浏览器使用的一种语言。

　　用户使用 URL 并非仅仅能够访问万维网的页面，而且还能够通过 URL 使用其他的互联网应用程序，例如 FTP 等。更重要的是，用户在使用这些应用程序时，只使用浏览器一个程序就够了。这显然是非常方便的。

　　URL 里面的字母不分大小写，但是有时为了方便故意使用一些大写字母。

10.1.4　电子邮件

　　电子邮件（Email）是互联网上使用最多的和最受用户欢迎的一种应用，它是一位美国工程师汤姆林森（Ray Tomlinson，1941—2016）（见二维码 10.3）于 1971 年发明的，他被公认为"电子邮件之父"（图 10.1.2）。他所发明的电子邮件地址中的符号"@"一直使用至今。

　　电子邮件把邮件发送到收件人使用的邮件服务器，并放在其中的收件人邮箱（Mail Box）中，收件人可以在方便的时候上网到自己使用的邮件服务器进行读取。这相当于互联网为用户设立了存放邮件的信箱，因此 E-mail 有时也称为"电子信箱"。电子邮件不仅使用方便，而且还具有传递迅速和费用低廉的优点。现在的电子邮件不仅可以传送文字信息，而且还可以附上声音和图像。由于电子邮件和手机的广泛使用，邮政局所经营的传统电报和平信

二维码 10.3

业务已经大大减少了。北京电报大楼营业厅已经于 2017 年 6 月 16 日起停止营业了，因为那里如今每个月的发报量不足 10 份。

　　一个电子邮件系统有三个主要组成构件，即**用户代理**、**邮件服务器**和**邮件协议**。**用户代理**是一个软件，它协助发件人和收件人书写、处理和收发信件。**邮件服务器**具有很大容量的邮件信箱，能 24 小时不间断地工作，它应用的程序需要符合**邮件协议**。图 10.1.3 示出了这三个构件之间的关系。下面分别简述这三者的功能。

图 10.1.2　汤姆林森

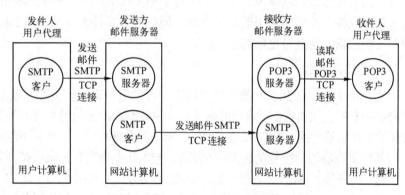

图 10.1.3　电子邮件系统

1. 用户代理

　　用户代理（User Agent，UA）又称电子邮件客户端软件，是用户与电子邮件系统的接口，在大多数情况下它就是运行在用户计算机中的一个程序。用户代理向用户提供友好的窗口界面来发送和接收邮件。

　　用户代理至少应当具有以下 4 个功能：

　　（1）**撰写**：给用户提供编辑信件的环境。例如，创建通信录，回信时能自动将来信方的

地址提取出来，并写入回信的适当位置。

（2）**显示**：能方便地在计算机屏幕上显示来信。

（3）**处理**：能处理发送邮件和接收邮件。例如，收件人能根据不同情况对来信进行处理，包括删除、分类存储、打印、转发等。

（4）**通信**：在发信人撰写完邮件后，能利用邮件发送协议发送到接收方。收件人在接收邮件时，使用邮件读取协议从本地邮件服务器接收邮件。

电子邮件由**信封**（Envelope）和**内容**（Content）组成。电子邮件的传输程序根据邮件信封上的地址传送邮件。信封上最重要的就是收件人的地址。TCP/IP 体系的电子邮件系统规定**电子邮件地址**（E-mail address）的格式如下：

<收件人邮箱名>@<邮箱所在主机的域名>

在上面的格式中，符号@读作"at"，表示"在"的意思。收件人邮箱名简称为用户名（User Name），是收件人自己定义的字符串标识符。但是应当注意，此字符串在邮箱所在邮件服务器的计算机中必须是唯一的。

邮件内容中的**首部**（Header）格式是有标准的，而邮件的**主体**（Body）则让用户自由撰写。用户写好首部后，邮件系统自动地将信封所需的信息提取出来并写在信封上，所以用户不需要填写电子邮件信封上的信息。邮件内容的首部包括一些关键字，后面加上冒号。最重要的关键字是：To 和 Subject。"To"后面填入一个或多个收件人的电子邮件地址。"Subject"是邮件的主题，它反映了邮件的主要内容。主题类似于文件系统的文件名，它便于用户查找邮件。首部还有一项是抄送（Carbon copy，Cc），表示给另一个人送去一个邮件副本。有些邮件系统还允许用户使用关键字（Blind carbon copy，Bcc），表示将邮件副本发送给某人，但是不使收件人知道。Bcc 又称为**暗送**。

首部关键字还有"From"和"Date"，表示**发件人的电子邮件地址**和**发信日期**。这两项一般都由邮件系统自动填入。另一个关键字是"Reply-To"，即对方回信需用的地址。这个地址可以与发件人发信时所用的地址不同。例如，当发件人借用他人的邮箱发送邮件时，仍希望对方将回信发送到自己的邮箱。

2. 邮件服务器

邮件服务器设在互联网的许多网站上，可供用户选用，例如主要的学校、公司、组织、政府机关和社会团体等都有自己的网站。邮件服务器必须 24 小时不间断地工作，并且具有很大容量的邮件信箱和强大的 CPU 能力来运行邮件服务器程序，因此它不能放在用户的计算机中。

邮件服务器的功能是发送和接收邮件，同时还要向发件人报告邮件发送的结果（已交付、被拒绝、丢失等）。邮件服务器按照客户–服务器方式（见图 9.2.1）工作，它需要使用两种不同的协议。一种协议用于用户代理向邮件服务器发送邮件或在邮件服务器之间发送邮件，如**简单邮件传送协议**（Simple Mail Transfer Protocol，SMTP），而另一种协议用于用户代理从邮件服务器读取邮件，如**邮局协议**（Post Office Protocol v3，POP3）。下面分别简述这两种协议的功能。

3. 邮件协议

（1）SMTP

SMTP 是电子邮件所使用的重要协议。从用户代理把邮件传送到邮件服务器，以及邮件在邮件服务器之间的传送，都要使用 SMTP。SMTP 使用 TCP 连接来可靠地传送邮件。发送和接收电子邮件的重要步骤有（参看图 10.1.3）：

① 发件人调用计算机中的用户代理，撰写和编辑要发送的邮件。

② 发件人单击屏幕上的"发送邮件"按钮，把发送邮件的工作全部交给用户代理来完成。用户代理把邮件用 STMP 协议发给发送方邮件服务器，用户代理充当 SMTP 客户，而发送方邮件服务器充当 SMTP 服务器。用户代理所进行的这些工作，用户是看不到的。有的用户代理可以让用户在屏幕上看见邮件发送的进度显示。

③ SMTP 服务器收到用户代理发来的邮件后，就把邮件临时存放在邮件缓存队列中，等待发送到接收方的邮件服务器中。邮件在缓存队列中的等待时间长短取决于邮件服务器的处理能力和队列中待发送的信件的数量。但是这种等待时间一般都远大于分组在路由器中等待转发的排队时间。

④ 发送方邮件服务器的 SMTP 客户与接收方邮件服务器的 SMTP 服务器建立 TCP 连接，然后把邮件缓存队列中的邮件依次发送出去。TCP 总是在发送方和接收方邮件服务器之间建立直接连接。当因为有故障不能建立连接时，要发送的邮件就会继续保存在发送方的邮件服务器中，并在稍后时间再进行新的尝试。如果 SMTP 客户超过了规定的时间还不能把邮件发送出去，那么发送邮件服务器就把这种情况通知发送方的用户代理。

⑤ 运行在接收方邮件服务器中的 SMTP 服务器进程收到邮件后，把邮件放入收件人的用户邮箱中，等待收件人读取。

由于 SMTP 只能传送使用 7 位 ASCII 码的邮件，所以后来又提出了**通用互联网邮件扩充**（Multipurpose Internet Mail Extension，MIME）协议，它容许邮件中同时传送多种类型的数据（如文本、声音、图片、图像等）。MIME 并非取代 SMTP，而是扩充了邮件传送协议的功能。

（2）POP3

邮局协议 POP3 是邮件读取协议。收件人在打算收信时，就运行计算机中的用户代理，使用邮件读取协议（例如，POP3）读取自己的邮件。在图 10.1.3 中，POP3 服务器和 POP3 客户之间的箭头表示的是邮件传送的方向，但是它们之间的通信是由 POP3 客户发起的。

POP3 是一个非常简单、功能有限的邮件读取协议。邮局协议 POP 最初公布于 1984 年，经过几次修订，现在使用的是 1996 年的版本 POP3，它已经成为互联网的正式标准。

POP3 也使用客户-服务器的工作方式。在接收邮件的用户计算机中的用户代理必须运行 POP3 客户程序，而在收件人所连接的网站的邮件服务器中则运行 POP3 服务器程序。当然，这个网站的邮件服务器还必须运行 SMTP 服务器程序，以便接收发送方邮件服务器的 SMTP 客户程序发来的邮件。POP3 服务器只有在用户输入鉴别信息（用户名和口令）后，才允许对邮箱进行读取。

POP3 协议的一个特点是，只要用户从 POP3 服务器读取了邮件，POP3 服务器就把该邮件删除。这在某些情况下就不够方便。例如，某用户用办公室的计算机读取了一个邮件，到了家中或其他地方用别的计算机就不能再从 POP 服务器重看此邮件了。为了解决这个问题，POP3 进行了一些功能扩充，其中包括让用户能够事先设置邮件读取后仍然在 POP3 服务器中存放的时间。

除了 POP3，另有一个读取邮件的协议是网际报文存取协议 IMAP，它比 POP3 复杂得多，功能也强不少，这里不做进一步介绍。

10.1.5 基于万维网的电子邮件

上述电子邮件系统，用户必须在自己的计算机中安装用户代理软件 UA 才能使用，不是很方便。在上世纪 90 年代中期，微软的 Hotmail 推出了基于万维网的电子邮件（Webmail）。今天几乎所有的著名网站、大学、公司等单位都提供了万维网电子邮件。我国的网易（163 或 126）和新浪（Sina）等，以及国外谷歌的 Gmail、微软的 Hotmail 等互联网公司都提供万维网邮件服务。

万维网电子邮件的好处是：不管在任何地方，只要能够找到上网的计算机，打开任何一种浏览器后，就可以非常方便地收发电子邮件。使用万维网电子邮件不需要在计算机中安装用户代理软件，浏览器本身可以向用户提供非常友好的电子邮件界面，使用户在浏览器上就能够很方便地撰写和收发电子邮件。

用户在用浏览器浏览各种信息时需要使用 HTTP。因此，在浏览器和互联网上的邮件服务器之间传送邮件时，仍然使用 HTTP。但是在各邮件服务器之间传送邮件时，则仍然使用 SMTP。

10.2 运 输 层

10.2.1 运输层协议

运输层和 OSI 中的运输层对应，它负责为两台主机的应用进程之间的通信提供数据传输服务。运输层有两种协议：

TCP——提供面向连接的、可靠的数据传输服务，其数据传输的单位是**报文段**（Segment）；

UDP （User Datagram Protocol）——提供无连接的、不保证可靠性的数据传输服务，其数据传输的单位是**用户数据报**（User Datagram）。

10.2.2 运输层的主要功能

1. 提供应用进程之间的逻辑通信

包括复用和分用功能。在一台主机中可能有多个应用进程同时和另一台主机中的多个应用进程进行通信。例如，一个用户在用浏览器查找资料时，其主机的应用层在运行浏览器客户进程。若与此同时用户还要用电子邮件给网站发送反馈信息，则主机的应用层还要运行电子邮件的客户进程。这时，发送端主机的不同应用进程可以同时使用同一个运输层协议传送数据，即"复用"此协议。为了区别不同的应用进程，在运输层使用**协议端口号**（简称**端口**），它是一个软件端口，可以看作一种地址，只要把所传送的报文交到目的主机的正确目的端口，剩下的工作就由 TCP 或 UDP 来完成了。有了端口号就能够在运输层实现复用和分用的功能。

在上层（应用层）的报文送到运输层后，运输层在报文前面必须加上称为"首部"的一些数据（见图 10.2.1），在首部的数据中就包含有端口（号）。当然，在首部中还包含有其他一些信息，后面还会提到。

接收端主机的运输层应该对接收数据进行"分用"，并按照"首部"内的端口号将报文正确地交付给目的主机的目的端口。综上所述，运输层提供了应用进程之间的**逻辑通信**，其含义是从应用层来看，应用层交给运输层的报文，好像直接传送到了对方主机的运输层，而实际上报文还要经过下面多个层次的处理和传送。

运输层的其他功能则根据其运行的协议不同有很大区别。UDP 协议较简单，其功能也少些；TCP 协议很复杂，其功能也强大很多。运输层运行的协议不同，所附加上的"首部"也不同，下面分别给予介绍。

2. 运行 UDP 协议时运输层的功能

在运输层运行 UDP 时，UDP 对来自应用层的报文，既不合并，也不分拆，对应用层交付的报文，照原样发送，即一次发送一个报文。此外，UDP 还有检错功能，若发现接收报文有错，就丢弃它。这就是说，UDP 不能保证可靠地传输和交付报文，但是其优点就是简单。UDP 的首部简单，只有 4 个字段：源端口、目的端口、报文长度和检错码，每个字段 2 字节（B——Byte，8 比特为 1 字节），如图 10.2.1 所示。

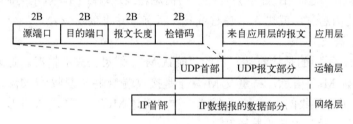

图 10.2.1　UDP 运输层和上下层的关系

3. 运行 TCP 协议时运输层的功能

运输层在运行 TCP 协议时具有如下主要功能：

（1）TCP 是面向连接的协议，所以在传输数据之前要先建立连接，在传输数据完毕后需要释放已经建立的连接。这有点儿像打电话的情况，通话前要先拨号，通话后要挂机。

（2）TCP 能提供全双工通信，它允许通信双方的应用进程在任何时间都能发送数据。TCP 连接的两端都设有发送缓存器和接收缓存器。在发送时，上层（应用层）的应用进程把数据传送给 TCP 的缓存器缓存后，就可以做自己的事了；而 TCP 于合适的时候加上首部后将数据发送出去。

（3）TCP 提供可靠的传输服务，因此必须做到使传输的数据无差错、无丢失、无重复，并且每个报文按次序到达，不能颠倒。

TCP 的功能强大，任务繁重，例如连接的建立和释放、保证传输的可靠等，都需要采用许多复杂的措施，所以其首部中需要包含更多的信息，而且其长度不固定，至少 20 字节。这里仅对其如何保证可靠传输的原理给予解释。

TCP 是一种停止等待协议。这种协议规定每发送一个报文段，必须得知接收端确认收到后，才发送下一段报文。在图 10.2.2 中示出了停止等待协议执行中可能出现的 4 种情况：

（1）**无差错**

图 10.2.2（a）示出无差错情况。这时发送端 A 发送报文段 M_1 到接收端 B 后，就暂停发送，等待收到 B 发出的确认收到 M1 的信息后，再发送下一个报文段 M_2。如此循环

继续下去。

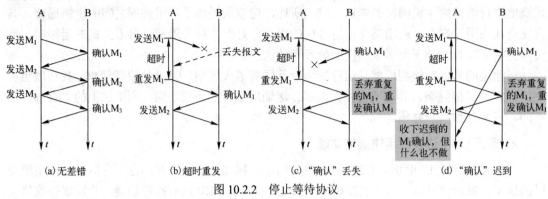

图 10.2.2　停止等待协议

（2）出现差错

图 10.2.2（b）示出发送端发送的报文段 M_1 在传送过程中丢失，或者接收端 B 接收到的 M_1 中检测出了差错，这时 B 都不会发送任何信息。发送端在协议规定的时间内没有收到对方确认收到 M_1 的信息时，就进入"超时重发"状态，并将重发 M_1。

（3）"确认"丢失

图 10.2.2（c）示出的是接收端发出的"确认 M_1"信息丢失的情况。这时，发送端 A 超时没有收到"确认 M_1"信息，将重发 M_1，于是接收端 B 将重复收到 M_1。在出现这种情况时，接收端 B 将丢弃重收的 M_1，并再发送一次"确认 M_1"。发送端 A 在收到 B 这次发送的确认收到 M_1 的信息后，才开始发送 M_2。

（4）"确认"迟到

图 10.2.2（d）示出的是发送端 A 在因超时而重发 M_1 后，才收到 B 发来的确认 M_1 信息。这时，发送端 A 对这个迟到的确认信息不予理睬，什么反应都没有。

TCP 协议采用了上述的停止等待措施，保证了报文段的可靠传送。

在运输层，无论采用 UDP 还是 TCP，都是在上层送来的报文前加上首部，发送给下层（网络层），只是首部的长度和内容不同。

10.3　网　络　层

10.3.1　网络层的功能

网络层负责为分组交换网上的不同主机提供通信服务，用 IP 协议支持无连接的"分组"传送服务。在发送数据时，此层把来自上层（运输层）的数据封装成"分组"进行传送。在 TCP/IP 体系中，网络层使用 IP 协议，因此分组也称为 **IP 数据报**（简称**数据报**）。需要注意的是，这里的**数据报**和运输层的用户数据报不是一回事！

10.3.2　虚拟 IP 网

在讨论 IP 协议之前，必须先介绍什么是虚拟互连网络。我们知道，若要在全世界范围内把数以百万计的网络都互连起来，并且能够互相通信，则这样的任务是非常复杂繁重的，因为各种网络的内部结构及特性可能都是很不一样的。市场上总是有很多种不同性能、采用不同网络协议的网络供不同的用户选用。

在计算机网互连时，目前都是用路由器连接计算机网和进行路由选择。路由器其实就是一台专用计算机，它用来在互联网中进行路由选择和转发分组。TCP/IP 体系在网络互连上采用的做法是在网络层采用标准化协议，但是相互连接的网络可以是异构的。图 10.3.1（a）表示有许多不同结构的计算机网通过一些路由器连接。为了讨论方便，在图中把每个计算机网中的一台计算机（主机）都单独抽出来画在计算机网外面，实际上它就是该计算机网中的计算机之一。图 10.3.1（b）中示出了计算机 H_1 和 H_2 的连接路径。

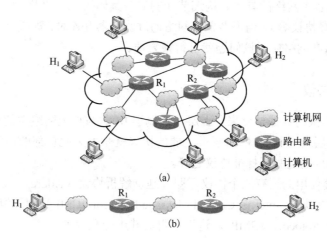

图 10.3.1　IP 网的概念

当某计算机网中的一台计算机 H_1 要发送一份 IP 数据报给目的计算机 H_2 时，它先要查自己的路由表，看看对方（接收方）的地址是否在本计算机网内，若在本网内则**直接交付**目的计算机；若不在本网内，则必须把 IP 数据报发送给网中某个路由器（例如图 10.3.2 中的 R_1）。路由器 R_1 在查找了自己的路由表后，知道应当把 IP 数据报转发给 R_2 进行**间接交付**。这样一直转发下去，直到最后的路由器和目的计算机在同一个网络上。在图 10.3.2（b）中把这个 IP 数据报传送过程简化地表示出来了。由于路由器转发 IP 数据报是在网络层按照 IP 协议进行的，所以转发的具体过程应该如图 10.3.2 中所示。由于路由器软件位于网络层，所以 IP 数据报在互联网中传输经过路由器时，必须执行第 3 层（网络层）的协议。

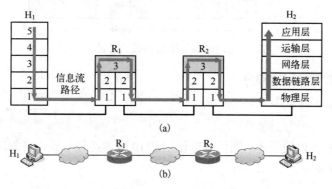

图 10.3.2　IP 数据报在互联网中的传送路径

由于参加互连的计算机网都使用相同的 IP 协议，故可以把互连以后的计算机网看成如图 10.3.3 所示的一个虚拟互连网络（internet）。这里的虚拟互连网络也就是逻辑互连网络，即互连起来的各种物理网络的异构性本来是客观存在的，但是我们利用 IP 协议就可以使这些性能互异的网络**从网络层上看起来好像是一个统一的网络**。这种使用 IP 协议的虚拟互连网络可以简称为 IP 网。使用 IP 网概念的好处是：当我们在网络层或更高层讨论 IP 网上的主机通信时，就好像这些主机都是处在一个单一网络上。IP 网屏蔽了互连的各个网络的具体异构细节（例如，具体的编址方案、路由选择协议等）。当很多异构网络通过路由器互连时，如果所有的网络都使用相同的 IP 协议，那么在网络层讨论问题就显得很方便。

图 10.3.3　虚拟 IP 网的概念

10.3.3　IP 协议

网络层 IP 数据报的数据部分来自上层（运输层），它被加上网络层的首部后，就传送到下一层（数据链路层）。因此，网络层最主要的协议就是关于此首部的详细具体规定，称为 IP 协议。它是最重要的互联网标准协议之一。

与 IP 协议配套使用的还有三个协议，即：**地址解析协议**（Address Resolution Protocol，ARP）、**网际控制报文协议**（Internet Control Message Protocol，ICMP）、**网际组管理协议**（Internet Group Management Protocol，IGMP）。这里不再对其进行介绍了。

IP 数据报的完整格式示于图 10.3.4 中。从图中可以看出 IP 协议具有的功能。在 TCP/IP 的标准中，各种数据格式常常以 32 位（即 4 字节）为单位来描述。

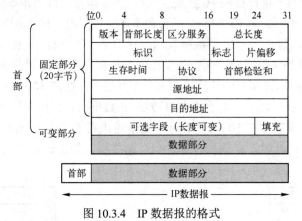

图 10.3.4　IP 数据报的格式

1. IP 数据报首部的固定部分

其各字段的意义如下：

（1）版本

占 4 位，指 IP 协议的版本。通信双方使用的 IP 版本必须一致，目前广泛使用的 IP 协议版本号为 4（即 IPv4）。

（2）首部长度

占 4 位，故它可以表示的最大十进制数是 15。需要注意，首部长度字段所表示数的单位是 32 位字（1 个 32 位字等效于长度为 32 的二进制数，即 4 个字节）。当首部长度为最大值 1111（即十进制数 15）时，表明首部长度达到其最大值 15 个 32 位（4 字节）字，即 60 字节。例如，当首部值等于"0110"时，它表示首部长度等于 6×4=24 字节，即首部长度为 192 比特；当首部值等于"1001"时，它表示首部长度等于 9×4=36 字节，即首部长度为 288 比特。当首部长度不是 4 字节的整数倍时，必须利用最后的填充字段加以填充。使用若干个 0 填充该字段，可以保证整个报头的长度是 32 位的整数倍。因此，IP 数据报的数据部分永远在 4 字节的整数倍时开始，这样在实现 IP 协议时较为方便。首部长度限制为 60 字节的缺点是有时可能不够用。但是这样做是希望尽量减少开销。最常用的首部长度是 20 字节（即首部长度为 0101），这时不使用首部最后的"可变部分"。

（3）区分服务

占 8 位，它用来获得更好的服务。在一般情况下都不使用这个字段。

（4）总长度

占 16 位，它指首部和数据之和的长度，单位为字节。因此 IP 数据报的最大长度等于 $2^{16}-1=65535$ 字节。这样长的数据报在现实中是极少遇到的。

在 IP 层下面的每种数据链路层协议都规定了一个数据帧中的**数据字段的最大长度**，它称为**最大传送单元**（Maximum Transfer Unit，MTU）。当一个 IP 数据报封装成链路层的帧时，此数据报的总长度（即首部加上数据部分）一定不能超过下面的数据链路层所规定的 MTU 值。例如，最常用的以太网就规定其 MTU 值是 1500 字节。若所传送的数据报长度超过数据链路层的 MTU 值，就必须把过长的数据报分片处理。

虽然使用尽可能长的 IP 数据报会使传输效率提高（因为每一个 IP 数据报中首部长度占数据报总长度的比例就会小些），但是数据报短些也有好处。每一个 IP 数据报越短，路由器转发的速率就越快。为此，IP 协议规定，在互联网中所有的主机和路由器，必须能够接受长度不超过 576 字节的数据报。

在进行分片时（见后面的"片偏移"字段），数据报首部中的"总长度"字段是指分片后的每一个分片的首部长度与该分片的数据长度的总和。

（5）标识（Identification）

占 16 位。IP 软件在存储器中有一个计数器，每产生一个数据报，计数器就加 1，并将此值赋给标识字段。但是这个"标识"并不是序号，因为 IP 是无连接服务，数据报不存在按序接收问题。当数据报由于长度超过网络的 MTU 而必须分片时，这个标识字段的值就被复制到所有的数据报片的标识字段中，相同的标识字段的值使分片后的各数据报片最后能正确地重装成为原来的数据报。

（6）标志（Flag）

占 3 位，但是目前只有 2 位有意义。标志字段中的最低位记为 MF（More Fragment）。MF = 1 即表示后面"还有分片"的数据报。MF = 0 表示这已是若干数据报分片中的最后一个。标志字段中间的一位记为 DF（Don't Fragment），意思是"不能分片"。只有当 DF = 0 时才允许分片。

（7）片偏移

占 13 位。片偏移指出较长的分组在分片后某片在原分组中的相对位置，即相对于用户数据字段的起点，该片从何处开始。片偏移以 8 个字节为偏移单位。这就是说，每个分片的长度一定是 8 字节（64 位）的整数倍。

下面举一个例子。

【例 10.3.1】 一数据报的总长度为 3820 字节，其数据部分长度为 3800 字节（使用固定首部），需要分片为长度不超过 1420 字节的数据报片。因固定首部长度为 20 字节，故每个数据报片的数据部分长度不能超过 1400 字节。于是分为 3 个数据报片，其数据部分的长度分别为 1400 字节、1400 字节和 1000 字节。原始数据报首部被复制为各数据报片的首部，但是必须修改有关字段的值。图 10.3.5 给出了分片后得出的结果（请注意片偏移的数值）。

表 10.3.1 是本例中数据报首部与分片有关的字段中的数值，其中标识字段的值是任意给定的（12345）。具有相同标识的数据报片在目的站可以无误地重装成原来的数据报。

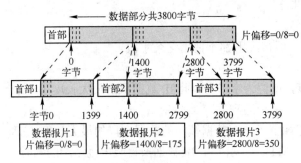

图 10.3.5 数据报的分片举例

表 10.3.1 IP 数据报首部中与分片有关的字段中的数值

	总长度	标识	MF	DF	片偏移
原始数据报	3820字节	12345	0	0	0
数据报片 1	3820字节	12345	1	0	0
数据报片 2	3820字节	12345	1	0	175
数据报片 3	3820字节	12345	0	0	350

（8）生存时间

占 8 位。生存时间字段常用的英文缩写是 TTL（Time To Live），表明是数据报在网络中的寿命。实际上现在 TTL 字段的作用就是"跳数限制"，防止 IP 数据报在互联网中兜圈子。生存时间的最大值是 255，但是可以把这个数值设置成更小的数值。路由器在转发数据报之前就把 IP 首部中的 TTL 值减 1。若 TTL 值减小到 0，就丢弃这个数据报，不再转发。TTL的单位是跳数，它指明数据报在互联网中至多可以经过多少个路由器。可见 IP 数据报能在互联网中经过的路由器数目的最大数值是 255。

（9）协议

占 8 位。协议字段指出此数据报所携带的数据使用何种协议，以便使目的主机的 IP 层知道应将数据部分上交给哪个协议进行处理。常用的一些协议和相应的协议字段值如下：

协议名	ICMP	IGMP	TCP	UDP	IPv6	OSPF
协议字段值	1	2	6	17	41	89

（10）首部检验和

占 16 位。这个字段**只检验数据报的首部，不包括数据部分**。这是因为数据报每经过一个路由器，路由器都要重新计算一下首部的检验和（有些字段，如生存时间、标志、片偏移等都可能发生变化）。不检验数据部分可减小计算的工作量。为了进一步减小计算检验和的工作量，IP 首部的检验和不采用复杂的循环冗余检验（Cyclic Redundancy Check，CRC）码，而采用比较简单的计算方法。

（11）源地址

占 32 位。

（12）目的地址

占 32 位。

2. IP 数据报首部的可变部分

IP 数据报首部的可变部分就是一个选项字段。选项字段用来支持排错、测量以及安全等措施，内容丰富。此字段的长度可变，从 1 个字节到 40 个字节不等，取决于所选择的项目。某些选项项目只需要 1 个字节，它只包括 1 个字节的选项代码，而有些选项需要多个字节，这些选项一个个拼接起来，中间不需要有分隔符，最后用全 0 的填充字段补齐成为 4 个字节的整数倍。

增加首部的可变部分是为了增加 IP 数据报的功能，但是这同时也使得 IP 数据报的首部长度成为可变的。这就增加了每一个路由器处理数据报的开销。实际上，这些选项很少被使用。很多路由器都不考虑 IP 首部的选项字段，因此新的 IP 版本 IPv6 就把 IP 数据报的首部长度做成固定的了。

10.4 小　　结

本章讨论互联网 TCP/IP 体系结构协议中的最高 3 层协议，包括应用层、运输层和网络层。

- 应用层直接为用户主机的应用进程提供服务。应用层用域名系统 DNS 把域名转换为 IP 地址。
- 文件传送协议（FTP）使用 TCP。FTP 使用客户–服务器方式工作。FTP 的进程由两部分组成：一个主进程和若干个从属进程。
- 万维网使用"链接"方法能够非常方便地访问其他站点，从而获取大量的信息。"链接"也称"超级链接"，带有链接功能的文本称为超文本。超文本传送协议（HTTP）是一个应用层协议，它使用 TCP 连接进行可靠传送。
- 电子邮件系统有三个主要组成构件，即用户代理、邮件服务器和邮件协议。邮件服务器需要使用两种不同的协议。一种协议用于发送邮件，如简单邮件传送协议（SMTP），而另一种协议用于读取邮件，如邮局协议（POP3）。
- 运输层的主要功能是提供**应用进程之间的逻辑通信**。运输层有两种协议：TCP 和 UDP。TCP 提供可靠的数据传输服务，其数据传输的单位是**报文段**；UDP 提供不保证可靠性的数据传输服务，其数据传输的单位是**用户数据报**。在运输层，无论采用 UDP 还是 TCP，都是在上层送来的报文前加上首部，再发送给下层网络，只是首部的长度和内容不同。
- 网络层用 IP 协议支持无连接的"分组"传送服务。在 TCP/IP 体系中，网络层使用 IP 协议，因此分组也称为 IP 数据报。

习题

10.1　试述应用层主要支持哪几种协议？这些协议有哪些功能？

10.2　试述域名体系的功能，它主要做了哪些规定？

10.3　试述文件传送协议的工作方式和工作步骤。

10.4 试述万维网使用什么方法从互联网上的一个站点访问另一个站点？

10.5 试述超媒体和超文本的区别。

10.6 试问万维网中客户程序与服务器程序之间使用什么协议？

10.7 试问电子邮件系统有哪 3 个主要组成构件？

10.8 试问用户代理应当至少具有哪 4 个功能？

10.9 试问邮件服务器的功能是什么？它按照什么方式工作？

10.10 试问邮件服务器需要使用哪两种不同的协议？

10.11 试问万维网电子邮件有何好处？

10.12 试问运输层的主要功能是什么？它使用哪两种协议？

10.13 试问网络层使用什么协议支持传送数据？

第 11 章 互联网 TCP/IP 体系结构协议（II）

11.1 数据链路层及局域网

数据链路层和物理层合起来构成 TCP/IP 体系结构中的网络接口层。这就是说，这两层处于互联网的"入口"处，其上层"网际层（网络层）"才涉及多个计算机网的互联问题。

不要把"数据链路"和前面多处提到过的"链路"混为一谈。**链路**只是相邻结点间一段信号传输的物理通路，中间没有任何的交换结点。为了在链路上传输数据，还必须有一些通信协议来控制这些数据的传输。若把实现这些协议的硬件和软件加到链路上，就构成了**"数据链路"**，而这些硬件和软件称为**网络适配器**（简称适配器）。一般的适配器中都包含了数据链路层和物理层这两层的功能。在过去，适配器是插入计算机机箱中的一块插件版，或插在笔记本电脑上的一块 PCMCIA 卡。现在的计算机和笔记本的主板上都已经嵌入这种适配器了，所以不再需要外加装置了。

在 8.2 节中讨论数据通信网的发展时，曾经提到在互联网出现之前，已经存在计算机网。计算机网用数据链路把分布在各处的计算机连接起来，而互联网是把计算机网连接起来的网络。计算机网能在小范围内把同种计算机连接起来，组成**局域网**（以太网），只有互联网才能把大量异种计算机在全球范围内组成网络。因此，数据链路层只是计算机网的基本要素，它和互联网没有直接关系，但却是互联网的基础。从整个互联网来看，局域网仍处于数据链路层的范围。

数据链路层使用的信道主要有两种：**点对点信道**和**广播信道**。点对点信道提供两台计算机之间的一对一通信。广播信道提供一台计算机向多台计算机发送数据的通信，即一对多的广播通信。在这两种信道中运行的协议也不同，下面将分别讨论这两种信道采用的协议。

11.1.1 点对点信道的数据链路层

在互联网中，数据链路层的任务是把网络层交下来的 IP 数据报构成**帧**，然后发送到链路上；以及把接收到的帧中的数据取出并交给网络层。下面讨论的点对点信道数据链路层的某些功能对于广播信道也是适用的。

数据链路层协议有多种，但是有三个基本功能是共同的，即：封装成帧、透明传输和差错检测。下面将分别讨论这三个基本功能。

1. 封装成帧

封装成帧（Framming）就是在一段 IP 数据报的前后分别添加首部和尾部，构成一个帧。数据链路层对上层发来的"IP 数据报"需要加上识别其头尾的标识，否则若把"IP 数据报"连续地由物理层传送到接收端，接收端将收到物理层送来的连续比特流，无法识别"IP 数据报"并"读懂"其含义。

加上了头尾的"IP数据报"就叫作数据链路层中的一个"帧"，如图11.1.1所示。

首部和尾部的一个重要作用就是进行**帧定界**（即确定帧的界限）。此外，首部和尾部还包含许多必要的控制信息。各种数据链路层协议都对帧首部和尾部的格式有明确的规定。但是，每一种链路层协议都规定了所能传送的帧的**数据部分长度上限**，即**最大传送单元**（Maximum Transfer Unit，MTU），如图11.1.1所示。

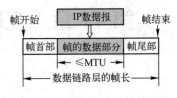

图 11.1.1　数据链路层的帧结构

2．透明传输

"帧首部"和"帧尾部"规定用特定的比特组合来进行标记。因此，在一帧中的数据部分就不允许出现和帧首部或帧尾部一样的比特组合，否则就会使帧定界的判断出错。如果数据部分恰巧出现了和帧首部或帧尾部相同的比特组合，则数据链路层协议就必须设法解决这个问题。如果数据链路层协议允许所传送的数据可以具有任意形式的比特组合，即使出现了和帧首部或尾部标记完全一样的比特组合，协议也会采取适当的措施来处理，则这样的传输就称为**透明传输**（表示任意形式的比特组合都可以不受限制地在数据链路层传输）。

3．差错检测

实际的通信链路都不是理想的，即比特在传输过程中可能产生差错，"1"可能变成"0"，"0"也可能变成"1"。这称为**比特差错**。在计算机网络传输数据时，必须采用各种差错检测措施，目前在数据链路层广泛使用的是循环冗余校验（Cyclic Redundancy Check，CRC）检错技术（详见二维码11.1）。

这种检错技术是在一帧数据的后面添加若干位的帧检验序列（Frame Check Sequence，FCS），FCS和帧数据之间存在某种代数关系。若在接收帧中无差错出现，则在用CRC检错规则计算时，计算结果等于0，这样的帧就被接收下来。若在接收帧中存在误码，则在用CRC检错规则计算时，计算结果不等于0，说明此帧中存在误码，这样的帧就被丢弃。

二维码 11.1

严格地讲，当出现误码时，计算结果仍可能等于0，但是这种情况出现的概率极小，通常可以忽略不计。因此只要计算结果等于0，就可以认为没有传输差错。这就是说，接收端数据链路层接收到的帧都是无传输比特差错的。但是，无传输比特差错并不等于可靠传输，因为可能存在因有差错而被丢弃的帧。可靠传输问题是在运输层用TCP解决的。TCP发现丢失了一帧后，就把这个帧重新传递给以太网进行重传。但是以太网并不知道这是重传的帧，而是当作新的数据帧来发送的。

目前互联网上广泛使用的数据链路层协议都使用上述CRC差错检测方法。

11.1.2　点对点协议

互联网用户通常都要将其计算机连接到某个互联网服务提供商（Internet Service Provider，ISP）的主机，才能接入互联网。数据链路层协议就是用户计算机和ISP主机进行通信时所使用的协议。目前在数据链路层应用最广泛的协议是点对点协议（Point-to-Point Protocol，PPP）。下面仅以PPP为例，讨论数据链路层协议的帧格式。

图 11.1.2 示出 PPP 的帧格式。PPP 的帧由其上层（网络层）来的 IP 数据报加上首部和尾部构成。PPP 帧的首部和尾部分别由 4 个字段和 2 个字段构成。

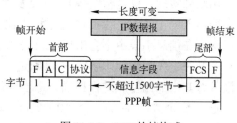

图 11.1.2　PPP 的帧格式

1．各字段的意义

首部的第 1 个字段和尾部的第 2 个字段都是**标志字段 F**，其长度为 1 个字节，规定为 01111110。标志字段表示一个帧的开始或结束。因此，标志字段就是 PPP 帧的定界符。连续两帧之间只需要用一个标志字段。如果出现连续两个标志字段，就表示这是一个空帧，应当丢弃。

首部中的字段 A 是地址字段，规定为 11111111；字段 C 是控制字段，规定为 00000011。最初是考虑以后再对这两个字段的值进行其他定义，但是至今也没有决定，所以实际上这两个字段并没有携带 PPP 帧的信息。

首部中的第 4 个字段是两个字节的协议字段。例如当协议字段为 00000000 00100001 时，PPP 帧的信息字段就是 IP 数据报。

信息字段的长度是可变的，但是不能超过 1500 个字节。

尾部中的第 1 个字段（Frame Check Sequence，FCS）有两个字节，是**帧检验序列**。它使用 CRC 码来检验帧中是否存在差错。

2．字节填充（Byte Stuffing）

当信息字段中出现和标志字段一样的比特组合（01111110）时，为了保证透明传输，就必须采取一些措施使这种形式上和标志字段相同的比特组合不出现在信息字段中。具体做法是：在信息字段中与标志字段一样的比特组合前面加入一个**转义字符**。这种办法称为**字节填充**。

在使用异步传输时，链路上传输的是 ASCII 码（见二维码 11.2）字符，这时 PPP 中转义字符定义为 01111101。IETF RFC 1662（IETF RFC，见二维码 11.3）规定了如下的填充方法：

（1）把信息字段中出现的每一个 01111110 字节（即标志字段）转变为 01111101 01011110。（注：按照 RFC1662 规定，信息字段也有改变。）

（2）若信息字段中出现一个 01111101 字节（即出现了和转义字符一样的比特组合），则在 01111101 的后面插入 01011101。

（3）若信息字段中出现 ASCII 码的控制字符（即数值小于 00100000 的 ASCII 字符），则在该字符前面要插入 01111101，同时将该控制字符的编码加以改变（具体的改变规则另有详细规定）。

二维码 11.2

由于在发送端进行了字节填充，故在链路上传送的信息字节数就超过了原来的信息字节数，但是接收端在收到数据后再进行与发送端字节填充相反的变换，就可以正确地恢复出原来的信息。

3．零比特填充

二维码 11.3

在使用同步传输时，例如在用 SONET/SDH（光同步数字传输网）链路传输时，传送的是一连串的比特流，而不是异步传输时的字符。在这种情况下，PPP 采用零比特填充方法来实现透明传输。

零比特填充的具体做法是：在发送端先扫描整个信息字段（通常用硬件实现，但是也可以用软件实现，只是稍慢些）。只要发现有 5 个连续的"1"，就立即填入一个"0"。因此经过这种零比特填充后的数据，就可以保证在信息字段中不会出现 6 个连续的"1"。接收端在收到一个帧时，先找到标志字段 F 以确定一个帧的边界，接着再用硬件对其中的比特流进行扫描。每当发现 5 个连续的"1"时，就把这 5 个"1"后的一个"0"删除，以还原成原来的信息比特流，如图 11.1.3 所示。这样就保证了透明传输。在所传送的数据比特流中可以传送任意组合的比特流，而不会引起对帧边界的错误判断。

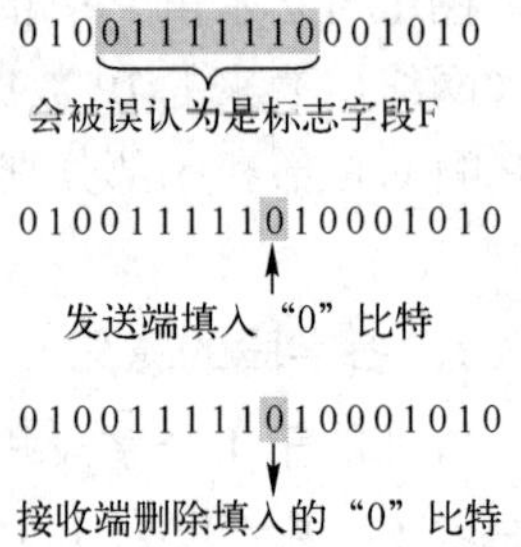

0100**11111**0001010

会被误认为是标志字段F

010011111**0**10001010

发送端填入"0"比特

010011111**0**10001010

接收端删除填入的"0"比特

图 11.1.3　零比特的填充和删除

11.1.3　广播信道的数据链路层

在 8.1 节开头部分就提到计算机网是在小范围内把同种计算机连接起来的网络，即**局域网**。局域网的优点之一是具有广播功能，能够从一台计算机很方便地访问全网，向全网的计算机同时发送一个消息，以及可以共享连接在此局域网上的各种硬件和软件资源。

在本节中，将结合局域网的功能介绍广播信道的数据链路层。局域网有着三四十年的发展历程，其体制和技术内容十分丰富且发展变化很快，为了简明起见，下面以目前普遍采用的星形结构以太网为例进行讨论，并且以在第 6 章中提到过的传输速率为 10Mb/s 的以太网为例，虽然以太网目前速率已经高达 100Gb/s。

由于局域网的工作层次包括数据链路层和物理层，并且 TCP/IP 体系结构的**网络接口层**就包括 OSI 体系结构中的数据链路层和物理层两层（见图 9.1.2），所以讨论中会涉及一些物理层的内容。

1. 以太网的标准

以太网最早是由美国施乐（Xerox）公司于 1975 年研制成功的一种基带总线局域网。1980 年 9 月，美国数字设备公司（DEC）、英特尔（Intel）公司和施乐公司联合提出了 10Mb/s 速率以太网规约的第一个版本 DIX V1（DIX 是这三个公司名字的字头）。1982 年修改为第二版，实际上也是最后的版本，称为 DIX Ethernet V2，它是世界上第一个局域网产品的规约。

在此基础上，IEEE 802 委员会的 802.3 工作组于 1983 年制定了第一个 IEEE 的以太网标准 IEEE 802.3，数据传输速率为 10Mb/s。IEEE 802.3 局域网标准中的帧格式做了一小点更动，但是允许基于这两种标准的硬件实现可以在同一个局域网上互操作。因此，人们常把这两种标准的网都称为以太网。

由于有关厂家在商业上的激烈竞争，IEEE 802 委员会未能制定出一个统一的局域网标准，而是被迫制定了几个不同的局域网标准，如 802.4 令牌总线网、802.5 令牌环网等。为了使数据链路层能更好地适应多种局域网标准，IEEE 802 委员会就把局域网的数据链路层拆成两个子层，即**逻辑链路控制**（Logical Link Control，LLC）子层和**媒体接入控制**（Medium Access Control，MAC）子层。与接入到传输媒体有关的内容都放在 MAC 子层，而 LLC 子层则与传输媒体无关。不管采用何种传输媒体，局域网对 LLC 子层来说都是透明的（见图 11.1.4）。

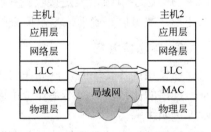

图 11.1.4　局域网对 LLC 子层是透明的

但是到了 1990 年代后，激烈竞争的局域网市场逐渐明朗。以太网在局域网市场中已经取得了垄断地位，并且几乎成为局域网的代名词。另外，由于互联网发展很快而且 TCP/IP 体系经常使用的局域网只剩下了 DIX Ethernet V2，而不是 IEEE 802.3 标准中的局域网，因此现在 IEEE 802 委员会制定的逻辑链路控制（LLC）子层的作用已经消失了，很多厂商生产的适配器上就只装有 MAC 协议而没有 LLC 协议，所以本章后面的介绍就不再考虑 LLC 子层了。

2．以太网的 MAC 层

（1）MAC 帧的格式

以太网 MAC 层的帧格式有两种标准，一种是 DIX Ethernet V2 标准，另一种是 IEEE802.3 标准。这里只介绍使用最多的前者的帧格式（见图 11.1.5）。图中假定网络层使用的是 IP 协议，实际上使用其他协议也是可以的。

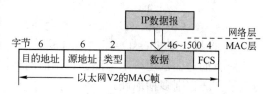

图 11.1.5　以太网 V2 的 MAC 帧格式

以太网 V2 的 MAC 帧格式比较简单，由 5 个字段组成。前两个字段分别为 6 字节长的**目的地址**和**源地址**字段。第 3 个字段是 2 字节的类型字段，用来标志上一层使用的是什么协议，以便把收到的 MAC 帧的数据上交给上一层的这个协议。例如，当类型字段的值是 0000100000000000 时，就表示上层使用的是 IP 数据报。第 4 个字段是**数据字段**，其长度在 46～1500 字节之间（这就表明，以太网的帧长在 64～1518 字节之间，因为以太网的帧长等于数据字段的字节长度加上 14 个字节首部和 4 个字节尾部长度）。最后一个字段是 4 个字节的帧检验序列 FCS（使用 CRC 检验）。当传输媒体的误码率为 1×10^{-8} 时，MAC 子层可能未检测到的误码率小于 1×10^{-14}。

（2）MAC 层的硬件地址

在所有计算机系统中，标识系统（Identification System）都是一个核心问题。在标识系统中，地址就是识别某个计算机的一个非常重要的标识符。在概念上，计算机的名字应当和其所在地无关。这就像每个人的名字一样，不随其所在的地点而改变。于是，802 标准为局域网规定了一种 48 位的全球地址（一般都简称为"地址"），它是指局域网的每一台计算机中**固化在适配器内的 ROM**（Read-Only Memory，**只读存储器**）**中的地址**。这种 48 位地址可以保证全球各地所使用的适配器中的地址都是全球唯一的。这种地址又称为**硬件地址**或**物理地址**，它具有下面两个特点：

① 假设连接在局域网上的一台计算机的适配器坏了而更换了一个新的适配器。于是，这台计算机的局域网的"地址"就改变了，虽然其地理位置没有变化，所接入的局域网也没有任何改变。

② 假设把接于北京某局域网的一台计算机携带到了西安，并连接到西安的某个局域网上。虽然这台计算机的地理位置改变了，但是只要其适配器未变，则其在局域网中的"地址"就不变，和在北京时的"地址"一样。

因此，严格地说，局域网的"地址"只是网中每台计算机的"名字"或标识符。如果连接在局域网上的主机或路由器（只有当局域网接入互联网时，才在网络层连接有路由器；路由器就是一台专用计算机，所以其中也有适配器）安装有多个适配器（即有多个接口），则它就有多个"地址"，所以这种"地址"应当是某个接口的标识符。由于以太网的这种地址使用在 MAC 帧中，所以这种地址常常叫作 MAC 地址。可见"MAC 地址"实际上就是适配器地址或适配器标识符。

当路由器通过适配器连接到局域网时，适配器上的硬件地址就用来标志路由器的某个接口。路由器如果同时连接到两个网络上，则它就需要两个适配器和两个硬件地址。

适配器还有**过滤功能**。当适配器从网络上每收到一个 MAC 帧时，就先用硬件检查 MAC 帧中的目的地址。如果是**发往本机的帧**则收下，然后再进行其他处理，否则就将此帧丢弃，不再进行其他的处理。这样做就不浪费主机的处理器和内存资源。这里"发往本机的帧"包括下列三种帧：

① 单播（Unicast）帧（一对一）：收到的帧的 MAC 地址与本机的硬件地址相同。

② 广播（Broadcast）帧（一对全部）：发送给本局域网上所有站点的帧。

③ 多播（Multicast）帧（一对多）：发送给本局域网上一部分站点的帧。

所有的适配器至少应当能够识别前两种帧，即能够识别单播和广播地址。有的适配器可用编程方法识别多播地址。

3．CSMA/CD 协议

最早的以太网是将许多计算机都连接到一根总线上，当一台计算机发送数据时，总线上的所有计算机都能检测到这个数据。这就是广播通信方式。但是，总线上只要有一台计算机在发送数据，总线的传输资源就被占用。因此，在同一时间只能允许一台计算机发送信息，否则各计算机之间就会互相干扰，结果是大家都无法正常发送数据。在 6.2 节中曾提到，在采用集线器的星形网中，也存在这个问题。为了解决这个问题，需要制定一个通信协议为各计算机遵守。在以太网中采用的协议称为**载波监听多点接入/碰撞检测**（Carrier Sense Multiple Access with Collision Detection，CSMA/CD）协议。

"**载波监听**"就是用电子技术检测在局域网上有没有其他计算机也在发送数据。这里的"载波"只不过是借用一下这个名词而已，实际上在线路上并没有什么载波。"载波监听"实际上就是检测信道，"听听"信道上有没有其他计算机发送的数据正在信道上传输。这是个很重要的措施。不管在发送前，还是在发送中，每个计算机都必须不停地检测信道。**在发送前检测信道**是为了获得发送权。如果检测出已经有其他计算机在发送数据，就暂时不允许自己发送数据。必须等到信道变为空闲时才能发送。**在发送中检测信道**是为了及时发现有没有其他计算机的发送和本机的发送发生碰撞。这称为**碰撞检测**。

碰撞检测就是适配器一边发送数据，一边检测信道上信号电压的变化情况，从而判断自己在发送数据时其他计算机是否也在发送数据。当几个计算机同时在线路上发送数据时，线路上的信号电压互相叠加，而使其变化幅度增大。当适配器检测到信号电压的变化幅度超过一定的门限值时，就认为线路上至少有两台计算机同时在发送数据，即发生了碰撞。所谓"碰撞"就是发生了冲突。因此，碰撞检测也称为"冲突检测"。一旦发现线路上出现了碰撞，其适配器就要立即停止发送，以免继续进行无效的发送，浪费网络资源，然后等待一段随机时间后再次发送。

既然每一台计算机在发送数据之前已经监听到信道为"空闲"，为什么还会出现数据在线路上碰撞呢？这是因为电磁波在线路上是以有限速率传播的。因此，当 A 计算机监听到线路空闲时，也许 B 计算机也正好刚开始发送数据，不过这时 B 计算机所发送的信号还没有从线路上传播到 A 计算机，因此 A 计算机以为线路上是空闲的。等到 B 计算机发送的信号传播到 A 计算机时（这段时间是极短的），A 计算机才检测出碰撞的发生，于是终止发送数据。

当然，B 计算机也会在发送数据后不久检测到发生碰撞，因而也终止发送数据。

总之，以太网中所有计算机都是在平等地**争用**以太网信道——谁先接入到线路，谁就占用这个信道。所有计算机都必须遵守以太网的 CSMA/CD 协议的规定。实际上，协议还规定在检测出碰撞时，应当继续发送几十个比特的强化碰撞信号，以便让以太网上所有计算机更加清楚地知道现在网络上出现了碰撞，使大家都暂时不要发送数据了。

为了减小碰撞之后再次发生碰撞的概率，CSMA/CD 协议还规定，当发生碰撞而停止发送数据时，不是等待信道变为空闲后就立即再发送数据，而是推迟一个随机选择的时间（这称为**退避**）。否则，如果两个计算机同时监听到信道空闲就都立即发送数据，那么肯定要发生碰撞。因此，发现信道空闲后各自推迟一段随机的时间再发送，就可以使再次发生碰撞的概率减小。CSMA/CD 协议，详见二维码 11.4。

二维码 11.4

11.2 物 理 层

11.2.1 物理层协议规定的内容

物理层协议规定传输数据的物理链路的基本性能，包括链路的建立、维持、拆除，以及链路应该具有的机械、电子和功能特性。简单来说，物理层应确保原始的数据可在各种物理媒体上传输，使其上面的数据链路层察觉不到各种传输媒体和通信技术的差别，使数据链路层只需要考虑本层的功能，而不必考虑具体的传输媒体和通信技术是什么。物理层协议详见二维码 11.5。

物理层协议必须规定传输媒体和接口的特性，包括：

机械特性：接口所用的接线器形状和尺寸、固定及锁定装置、引线数目和排列等。

二维码 11.5

电气特性：规定接口的各条线上的电压范围。

功能特性：规定接口的各条线上的电压代表的意义，例如数据线、控制线、定时线和地线等。

规程特性：规定信号线上不同功能比特流的出现顺序。

由于计算机内部多采用并行传输方式，例如用 8 条线并行地传输 8 比特信号，而通信线路通常都采用串行传输方式，因为若用多条电线长距离地传输是很不经济的，所以物理层还要承担并/串和串/并转换的任务。

实际网络中比较广泛使用的物理接口标准有 EIA-232-E、EIA RS-449 和 CCITT 的 X.21 建议。EIA RS-232C 仍是目前最常用的计算机通信接口标准，下面对其做简要介绍。

11.2.2 RS-232-C 标准

RS-232-C 是美国电子工业协会（Electronic Industry Association，EIA）制定的一种串行物理接口标准。RS 是英文"Recommended Standard（推荐标准）"的缩写，232 为标识号，C 表示修改次数。RS-232-C 总线标准设有 25 条信号线，包括 1 个主通道和 1 个辅助通道。在多数情况下主要使用主通道，对于一般双工通信，仅需几条信号线就可实现，如 1 条发送线、1 条接收线及

1 条地线。

RS-232-C 标准规定的数据传输速率为 50、75、100、150、300、600、1200、2400、4800、9600、19200、38400 波特。具体通信距离与通信速率有关，例如，在 9600 波特时，用普通双绞屏蔽线的传输距离可达 30～35 米。

由于 RS-232C 并未定义连接器的物理特性，因此，出现了 DB-25、DB-15 和 DB-9 各种类型的连接器，其引脚的定义也各不相同。例如，DB-9 型连接器外形如图 11.2.1 所示，其各针脚的信号定义见表 11.2.1。

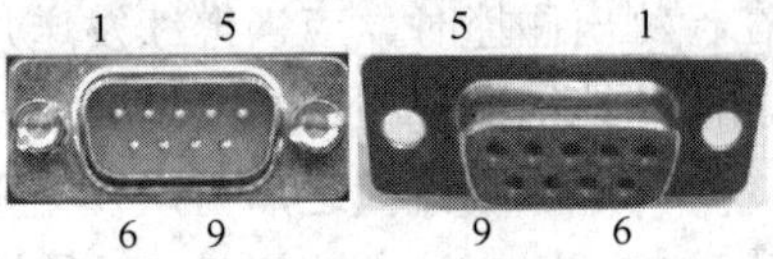

DB-9 型和 DB-25 型连接器之间针脚关系如图 11.2.2 所示。

图 11.2.1　DB-9 型连接器外形

表 11.2.1　DB-9 型连接器各针脚的信号定义

针脚	信号	定义	作用
1	DCD	载波检测	Received Line Signal Detector（Data Carrier Detect）
2	RxD	接收数据	Received Data
3	TxD	发送数据	Transmit Data
4	DTR	数据终端准备好	Data Terminal Ready
5	SGND	信号地	Signal Ground
6	DSR	数据准备好	Data Set Ready
7	RTS	请求发送	Request To Send
8	CTS	清除发送	Clear To Send
9	RI	振铃提示	Ring Indicator

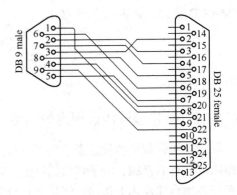

图 11.2.2　DB-9 型和 DB-25 型连接器
之间针脚关系

RS-232C 标准对电气特性、逻辑电平和各种信号线功能都做了规定。

在表 11.2.1 中针脚 2 和 3 上，信号 RxD 和 TxD 的电压为：

逻辑 1 (MARK) =-3V～-15V

逻辑 0 (SPACE) =+3～+15V

在 RTS、CTS、DSR、DTR 和 DCD 等控制线上：

信号有效(接通，ON 状态，正电压) =+3V～+15V

信号无效(断开，OFF 状态，负电压) =-3V～-15V

以上规定说明了 RS-232C 标准对逻辑电平的定义。对于数据（信息码）：逻辑"1"（传号）的电平低于-3V，逻辑"0"（空号）的电平高于+3V；对于控制信号：接通状态（ON）即信号有效的电平高于+3V，断开状态（OFF）即信号无效的电平低于-3V，也就是当传输电平的绝对值大于 3V 时，电路可以有效地检查出来，介于-3V～+3V 之间的电压无意义，低于-15V 或高于+15V 的电压也认为无意义。因此，实际工作时，应保证电平在-3V～-15V 或+3V～+15V 之间。

11.3　小　　结

● 本章讨论互联网 TCP/IP 体系结构协议中的最低 2 层协议，包括数据链路层和物理层。由于局域网工作在数据链路层，故在本章中介绍数据链路层时结合了局域网的性能来讲述；并且是结合目前主流局域网，即以太网进行讲述。

- 数据链路层的任务是把网络层交下来的 IP 数据报构成帧，然后发送到链路上；以及把接收到的帧中的数据取出并交给网络层。数据链路层使用的信道主要有两种：点对点信道和广播信道。数据链路层协议有多种，但是有三个基本功能是共同的，即：封装成帧、透明传输和差错检测。数据链路层点对点信道中应用最广泛的协议是点对点（PPP）协议。
- 局域网的优点之一是具有广播功能。局域网的数据链路层目前只有 MAC 协议。局域网规定了一种 48 位的全球地址，它可以保证全球各地所使用的适配器中的地址都是全球唯一的。这种地址又称 MAC 地址。在计算机接收时，按照帧的 MAC 地址选择。如果是发往本机的帧则收下，否则就将此帧丢弃。
- 在以太网中同一时间只允许一台计算机发送信息，否则各计算机之间就会互相干扰。为了解决这个问题，在以太网中采用载波监听多点接入/碰撞检测（CSMA/CD）协议。
- 物理层协议规定传输数据的物理链路的基本性能，包括：机械特性、电气特性、功能特性和规程特性。

习题

11.1 试问数据链路层使用的信道有哪几种？

11.2 试问数据链路层的任务是什么？

11.3 试问网络适配器有什么功能？

11.4 试问数据链路层和局域网有什么关系？

11.5 试述数据链路层协议的三个基本功能。

11.6 试述 PPP 帧是由哪几个字段组成的？

11.7 试问 PPP 帧是如何保证透明传输的？

11.8 试问 MAC 层的帧包含哪几个字段？

11.9 试问什么是 MAC 地址？它存在什么地方？有什么功能？

11.10 试问在以太网中是用什么协议解决各计算机之间发送信号互相干扰问题的？

11.11 试问物理层协议规定了哪些基本性能？

11.12 试问目前最常用的计算机通信网的物理层接口标准是什么？

第 12 章　个　人　网

12.1　概　述

12.1.1　个人网的种类

个人网（Personal Area Network，PAN），也称个人局域网、个域网，它的覆盖范围一般约在一米或数米内，通常是一个小房间。个人网用于在计算机、电话机、单板机和个人数字助理（PDA）等之间的数据传输，并且把个人设备连接到更高层次的网络，以及互联网。计算机的外部总线 USB（Universal Serial Bus，通用串行总线）和苹果公司推出的高性能串行总线**火线**（FireWire）都是个人网的有线形式，不过目前发展快的还是无线个人网（WPAN），例如红外（IrDA）和**蓝牙**（Bluetooth）等。键盘、鼠标和打印机等，无论是用有线连接还是无线连接，都可以看成一个个人网的组成部分。Wi-Fi 也可以用于 WPAN，因为它也可以用在小范围。个人网是只为个人使用的网络。

12.1.2　无线个人网的特点

WPAN 技术中有一个关键概念，即"插入"。在理想情况下，当任何两个装有 WPAN 的设备互相靠近（几米内）时，它们能够互相通信，如同它们用电缆连接起来了一样。WPAN 的另一个重要特点是一个设备能够有选择地锁定其他设备，以防止不需要的干扰或非法接入的信息。

WPAN 技术尚处于发展初期，并在迅速发展中。目前 WPAN 工作频率在 2.4 GHz 附近，并以数字模式工作。在一个 WPAN 中的每一个设备都能插入本 WPAN 中的任一其他设备，假若它们之间的距离够近的话。此外，WPAN 可以在全球范围内互相连接。例如，一个考古学家在非洲现场可以用其 PDA 直接连接到一个美国大学的数据库，将考古发现传输到该数据库。

12.1.3　蓝牙

蓝牙（Bluetooth）采用大约 10 米内近距离的无线传输。例如，键盘、鼠标、耳麦和打印机等都可以用蓝牙，以无线方式连接到 PDA、手机或计算机。蓝牙个人网也称为微微网（Piconet），它可容纳多达 8 个设备以主-从模式工作（大量的设备可以用"Park mode"连接，见二维码 12.1）。

二维码 12.1

在微微网中的第一个蓝牙设备是主设备，所有其他设备都是从设备，它们和主设备通信。一个典型的微微网的工作范围大约为 10 米，在理想环境下也可能达到 100 米。使用**蓝牙网状网络**（Bluetooth mesh networking，见二维码 12.2），使信息从一个蓝牙网接力传输至另一个蓝牙网，可以扩大设备

二维码 12.2

的数量和工作范围。

12.1.4　红外

红外（Infrared Data Association，IrDA）使用人眼看不到的红外光。红外光应用广泛，例如用在电视遥控器中。典型的使用 IrDA 的 WPAN 设备有打印机、键盘和其他一些串行数据接口。红外原理和协议见二维码 12.3。

二维码 12.3

WPAN 应用的主要技术除了蓝牙和红外，还有 Home RF、ZigBee、WirelessHart 与 UWB（Ultra-Wideband Radio）等。下面我们仅对蓝牙和红外两种技术做进一步的介绍。

12.2　蓝　牙　通　信

12.2.1　起源和名称

蓝牙（Bluetooth）是一种无线技术标准，可实现固定设备、移动设备和个人网之间的短距离数据交换，使用 2.4GHz 波段的 UHF 无线电波。蓝牙技术最初是由爱立信公司于 1994 年研发的，最早的研发目的是研发无线耳麦，用来代替有线 RS232 数据线。

"蓝牙"是十世纪丹麦的一位国王的绰号 Harald Bluetooth，他将纷争不断的丹麦部落统一为一个王国。以蓝牙命名的想法最初是由英特尔公司（Intel）的 Jim Kardach 于 1997 年提出的，他开发了能够使移动电话与计算机通信的系统。他提出这个命名时正在阅读一本描写北欧海盗和 Harald Bluetooth 国王的历史小说，其含义是暗指蓝牙也将把通信协议统一为一个全球标准。蓝牙的标志（图 12.2.1）就是用北欧古文写的这个国王名字字头(H 和 B)的结合(见二维码 12.4)。

图 12.2.1　蓝牙标志　　二维码 12.4

12.2.2　性能

1．蓝牙的工作频段和频道

蓝牙工作在 2402～2480MHz 频段，它在全球范围内无须取得执照的工业、科学和医疗用的短距离无线电通信频段内。蓝牙使用跳频扩谱技术，它将发送数据分成数据包，每个数据包通过 79 个规定的蓝牙频道之一传输。每个频道的带宽为 1MHz。蓝牙 4.0 使用 2MHz 间距，可容纳 40 个频道。

2．蓝牙的传输速率

最初，蓝牙设备的传输速率为 1Mb/s，多次改进调制方法后的传输速率已经达到数十兆比特每秒（表 12.2.1）。

表 12.2.1　蓝牙的传输速率

版本	速率
1.2	1Mb/s
2.0 + EDR	3Mb/s
3.0 + HS	24Mb/s
4.0	24Mb/s

3．蓝牙的工作方式

蓝牙设备以主-从方式工作。在一个微微网（piconet）中，一个主设备至多可和 7 个从设备通信。所有设备共享主设备的时钟。

数据包交换是按照主设备的基本时钟运行的，它以 312.5μs 为基本间隔，两个间隔构成一个 625μs 的时隙，两个时隙构成一个 1250μs 的时隙对。在最简单的单时隙数据包交换情况下，主设备在偶数时隙发送，而在奇数时隙接收；从设备则相反，在偶数时隙接收而在奇数时隙发送。数据包的长度可以是 1、3 或 5 个时隙，但是主设备的发送必须从偶数时隙开始，从设备必须从奇数时隙开始。

在一个微微网中，主-从设备之间可按照协议转换角色，从设备也可转换为主设备（例如，一个头戴式耳麦如果向一个手机发起连接请求，它作为连接的发起者，必然就是主设备，但是随后可以作为从设备运行）。

蓝牙能够提供两个或两个以上的微微网连接，以形成分布式网络 （Scatternet）（见二维码 12.5），让某些设备能在一个微微网中作为主设备工作，同时在另一个微微网中作为从设备工作。

二维码 12.5

数据可随时在主设备和另一个从设备之间进行传输。主设备可选择要访问的从设备，典型的情况是，它可以用轮询方式快速地从一个设备转换到另一个设备。因为是主设备来选择要访问的从设备，理论上从设备就要在每个接收时隙内待命，因此主设备的负担要比从设备轻一些。一个主设备可以有七个从设备，一个从设备可以有一个以上的主设备。

4. 蓝牙的通信距离

蓝牙是一个标准的代替有线通信的设备，主要用于短距离通信，每个设备都采用低功耗、廉价的收发芯片。由于蓝牙设备使用广播式无线电通信系统，所以收发设备之间不必处在视线上，然而必须存在准光学无线路径。通信距离取决于功率等级，见表 12.2.2。不过，有效通信距离因实际情况而异，它和电波传播条件、天线形状和电源供电情况等有关。在室内环境，由于墙壁引起的反射和衰减使通信距离远小于

表 12.2.2　蓝牙的通信距离

类别	最大功率容量		通信距离 (m)
	(mW)	(dBm)	
1	100	20	～100
2	2.5	4	～10
3	1	0	～1
4	0.5	−3	～0.5

视线传播时的距离。第 2 类蓝牙设备大多由电池供电，其通信距离则和此电池的供电有关。

12.2.3　应用

蓝牙作为一种电缆替代技术，具有低成本高速率的特点。它可把内嵌有蓝牙芯片的计算机、手机和多种便携通信终端互连起来，为其提供语音和数字接入服务，实现信息的自动交换和处理。目前一台蓝牙设备同时能与多台（最多 7 台）其他设备互连。蓝牙技术的应用主要有以下 3 类：语音/数据接入；外围设备互连；个人局域网（PAN）。例如：

（1）蓝牙接口可以直接集成到笔记本电脑中，实现将蓝牙蜂窝电话连接到远端网络或将电脑和音箱等设备实现无线连接等。

（2）蓝牙接口可以直接集成（或通过附加设备连接）到蜂窝电话中，实现蓝牙无线耳麦的电话免提功能，或与笔记本电脑实现无电缆连接等。

（3）蓝牙接口可以实现计算机和其键盘、鼠标、打印机等的无线连接。

（4）取代早前在测试设备、GPS 接收器、医疗设备、条形码扫描器、交通管制设备上的有线 RS-232 串行通信。

12.2.4 设备

很多产品中都有蓝牙，如手机、平板电脑、媒体播放器、机器人系统、游戏手柄，以及一些高音质耳机、调制解调器、手表等。有些台式计算机和多数的笔记本电脑都有内置蓝牙，若没有内置蓝牙，则可采用一个蓝牙适配器实现计算机与蓝牙设备之间的通信。蓝牙适配器通常是一个小型USB 软件狗（Dongle），如图 12.2.2 所示。

图 12.2.2 典型的
蓝牙 USB 软件狗

12.3 红 外 通 信

12.3.1 概述

1993 年由许多企业发起建立了一个国际性组织——**红外数据协会**（Infrared Data Association，IrDA），它为无线红外通信制定了一整套协议，从而统一了红外通信的标准。因此，IrDA 也就用来指这套协议，有时也指采用这套协议的红外通信。

使用 IrDA 能以全自动（傻瓜）方式解决"最后一米"的无线数据传输问题，因此，它适用于各种移动设备，例如手机、照相机、打印机、笔记本电脑、医药设备等。这种无线光通信的主要优点是数据传输保密性好、视线传输、误码率低。

12.3.2 性能

通信距离：标准功率时，1m；

　　　　　低功率对低功率时，0.2m；

　　　　　标准功率对低功率时，0.3m；

　　　　　使用最新的物理层协议，10 GigaIR）时，支持链路距离达数米。

发射角度：最小锥角±15°。

传输速率：2.4kb/s～1Gb/s。

调制：基带，无载波。

波长：850～900 nm。

数据帧容量：64B～64kB，它和数据速率有关。此外，大的数据块可以用相继发送多个帧的方法来传输，所以一次可以最大传输 8MB 的数据块。

比特错误率低达<10^{-9}，远优于一般无线电传输。

IrDA 发信机用定向发射红外脉冲方式通信，发射最小锥角为±15°。IrDA 的技术规格规定了其发射的辐照度的下限和上限，使信号在 1 米以外还能看见，而当接收机太靠近时也不会承受不了其亮度。IrDA 通信的典型最佳范围在 5～60 cm 距离的锥角中央。IrDA 数据通信以半双工模式工作，因为当发射时，其接收机被自己发射机的光遮挡住了，不适合进行全双工通信。然而，通信两端的设备用迅速转换链路收发的方法可以模拟全双工通信。

12.3.3 应用

要使电脑能够进行红外通信，当然需要一个能发送和接收红外线信号的装置。许多笔记本电脑上都有一个黑色的红外窗口，这就是笔记本电脑的红外通信口，可以用来与其他红外设备进行红外数据传输。台式电脑基本都没有现成的红外通信口，为了使台式电脑也具有红外通信能力，需要用户为台式电脑配备一个红外适配器。红外适配器有不同的接口，图 12.3.1 所示是一个用于 USB 接口的红外适配器。

图 12.3.1　用于 USB 接口的红外适配器

从 1990 年代至 2000 年代初期，IrDA 广泛应用于个人数字助理（PDA）、便携式电脑，以及某些台式计算机中。然而，目前它已经被其他无线技术所代替，例如 Wi-Fi 和蓝牙，因为后者不需要视线，能够用在像鼠标和键盘一类的硬件。不过，IrDA 仍然使用在某些环境，那里因为有干扰而不能使用无线技术。此外，IrDA 硬件仍然比较便宜，并且不会遇到无线技术（例如蓝牙）的保密问题。

大约在 2005 年，IrSimple 协议企图使 IrDA 得到复兴，因为这个协议使得在手机、打印机和显示器之间能够用不到 1 秒的时间传输图片。IrSimple 协议使数据传输速率提高了 4～10 倍。从一部手机传输一个 500kB 的普通图片只需不到 1 秒时间。有些品牌的单反照相机采用了 IrSimple 传输图像。

12.4　体　域　网

12.4.1　概述

体域网（Body Area Network，BAN）又称**无线体域网**（Wireless Body Area Network，WBAN）或身体传感网络（Body Sensor Network，BSN），是可穿戴的计算设备的无线网络。BAN 设备可以植入体内，或者安装在身体表面的一个固定位置。可穿戴设备可以与人们携带的东西一起，放在衣服口袋中、拿在手中或放在各种袋子里。在设备趋向小型化，特别是由一些小型化的身体传感器（Body Sensor Unit，BSU）和一个身体主站（Body Central Unit，BCU）组成的网络趋向小型化的同时，较大的厘米级的智能设备（标签和衬垫等）作为集线器（见 8.2.3 节）、网关（网关又称网间连接器、协议转换器，用于协议不同的两个网络互连。网关的结构和路由器类似。网关既可以用于广域网互连，也可以用于局域网互连。）和管理 BAN 应用的接口，仍然起着重要作用。

WBAN 技术的发展始于约 1995 年，其理念是使用无线个域网（WPAN）技术实现在人体上、人体附近或人体周围的通信。大约 6 年后，"BAN"一词已经用于完全在人体体内、人体上和身体附近的通信系统。WBAN 系统可以用 WPAN 技术作为网关连接到更远距离。使用网关设备能够把人体上可穿戴设备连接到互联网，这样医生就能在远离病人的地方，使用互联网在线获取病人的资料。

12.4.2　原理

生理传感器、低功耗集成电路和无线通信的迅速发展，使新一代无线传感器网络能够用来监控交通、农作物、基建和健康。BAN 是一个跨学科领域，它能通过互联网，用实时更新的医疗记录来经济地连续监控身体状况。许多智能生理传感器能够集成到可穿戴 WBAN，用于计算机辅助康复或及时检测医疗情况。这个领域依赖能否把很小的生物传感器植入人体，并且舒适和不影响正常活动。植入人体的传感器将收集各种生理变化，以监控病人的健康状态。收集的信息将用无线电发送到一个外面的处理器。这套设备能实时地把所有信息发送给位于世界各地的医生。若检测到紧急情况，医生将通过计算机系统立刻给病人发送适当的消息或警告。目前提供消息的水平和供给传感器能源的能力还是有限的。然而这方面的技术还处于发展初期，一旦得到突破性进展，远程医疗和移动医疗将变成现实。

12.4.3 应用

BAN 的早期应用将主要在医疗领域，特别是用于持续监测和记录患有慢性疾病（例如糖尿病、哮喘病和心脏病）的病人的关键指标。

安装在一个心脏病人身上的 BAN 网络，能够通过测量其重要体征指标的变化，在发生心肌梗塞之前给医院发出警报。

安装在一个糖尿病人身上的 BAN 网络，能够在其胰岛素水平下降时，马上用一个泵浦自动注射胰岛素。

二维码 12.6

BAN 的其他应用领域包括运动、军事和安保。BAN 的应用扩展到一些新领域还能够帮助在个人之间，或个人和机器之间，无缝隙地交换信息。

BAN 的最新国际标准是 IEEE802.15.6（见二维码 12.6）。

12.5 小　　结

- 个人网的覆盖范围一般约在一米或数米内。目前发展快的是无线个人网，例如红外和蓝牙等。
- 蓝牙是一种无线技术标准，可实现固定设备、移动设备和个人网之间的短距离数据交换，用于大约 10 米内近距离的无线传输。蓝牙个人网也称为微微网，它能够提供两个或两个以上的微微网连接，以形成分布式网络。
- 红外使用人眼看不到的红外光，能以全自动方式解决"最后一米"的无线数据传输问题。这种无线光通信的主要优点是数据传输保密性好、视线传输、误码率低。在用标准功率时红外的通信距离可达到 1m，传输速率为 2.4kb/s～1Gb/s。
- 体域网是可穿戴的计算设备的无线网络，其设备可以植入体内，或者安装在身体表面的一个固定位置。体域网可以用 WPAN 作为网关连接到互联网。

习题

12.1 试述个人网的覆盖范围和用途。

12.2 试述蓝牙的覆盖范围和工作波段。

12.3 试问如何扩大蓝牙网的工作范围？

12.4 试述红外通信的主要优点。

12.5 试述红外通信的通信距离、传输速率和工作波段。

12.6 试述体域网的主要用途。

第 13 章　物　联　网

13.1　概　述

物联网（Internet of Things，IoT）一词是首先由英国人凯文·阿什顿（Kevin Ashton）（见二维码 13.1）提出的。他提出用"物联网"一词表示由互联网通过许多传感器连接物质世界的一个系统。因此，他被称为"物联网之父"（图 13.1.1）。

物联网是将植入了电子器件、软件、**传感器**和执行机构的物品、车辆、建筑物等各种各样物体互连的网络，网络的互连使这些物体能够收集和交换数据（图 13.1.2）。物联网利用现有网络基础设施对物体进行遥感和遥控，使各种物体直接集成到基于计算机的系统中，从而提高效率、准确性和经济性，并减少了人为干预。当物联网与传感器和执行机构结合使用时，它就是更具一般性的信息物理系统（Cyber-physical Systems）的一个实例，它还包括智能电网、虚拟发电厂、智能家庭、智能交通和智能城市等技术。每一个物体都能够通过植入其内的计算机系统（或其他识别装置）被唯一地识别，并且能够在此互联网基础设施内互相操作。

二维码 13.1

图 13.1.1　凯文·阿什顿

图 13.1.2　物联网

国际电信联盟（ITU）对物联网做了如下定义：通过二维码识读设备、射频识别（RFID）装置、红外感应器、全球定位系统和激光扫描器等信息传感设备，按约定的协议，把任何物品与互联网相连接，进行信息交换和通信，以实现智能化识别、定位、跟踪、监控和管理的一种网络。物联网顾名思义就是连接物体的网络。

物联网中的"物"可以是各种物体，例如植入体内的心脏检测器、农场动物体内的生物芯片收发信机、内置传感器的汽车、检测环境（食物）病原体的 DNA 分析装置，或者帮助消防员在搜寻时用的现场操作设备。这些物体能够利用各种现有技术收集有用的数据，然后再和其他物体之间自动交换数据。目前市场上的这类物体包括使用 Wi-Fi 遥测遥控的家庭自动化设备（也称为智能家庭设备），例如照明、暖气、通风、空调系统，以及洗衣机（烘干机）、吸尘机器人、空气净化器、烤箱或电冰箱等。

13.2 物联网的发展

最早在 1982 年出现了智能设备网络的概念。那时在美国卡内基梅隆大学（Carnegie Mellon University）安装了一台改进的可乐贩卖机，它是第一台连接到互联网的设备，能够报告其存货情况和新放入的饮料是否凉了。雷扎·拉吉（Reza Raji）在 1994 年 6 月份的电气与电子工程师学会会刊（IEEE Spectrum）上将物联网概念描述为"将小数据包集中到一个大组数据结点处，就能把从家用设备到整个工厂的所有东西集成一体并自动化。"在 1993 至 1996 年间一些公司相继提出一些解决方案，但是直到 1999 年这一领域才出现生机。比尔·乔伊（Bill Joy）在 1999 年的达沃斯世界经济论坛上提出设想将设备-设备（Device to Device，D2D）通信作为其"6 网站"结构的一部分（参考文献见二维码 13.2）。

二维码 13.2

物联网的概念在 1999 年因麻省理工学院（MIT）的"自动识别中心"成立和有关市场分析的文章发表而得到流行。那时自动识别中心创始人之一凯文·阿什顿认为射频识别（RFID）是物联网的必要条件。他认为，若所有物体和人在日常生活中都有识别码，则计算机就能对其进行管理和盘点。除了使用 RFID 外，给物体加标签还可以由其他技术实现，例如近场通信、条码、QR 码等。

对物联网最早的理解是，把世界上所有物体装上很小的识别装置或机器可读的识别码，从而实现物联网，其影响之一是将改变人们的日常生活。例如，即时和不停地盘点控制库存将变得十分普及。后来的一个很大的变化是把物联网的"物"，从物体扩展到物理空间的对象。在 2004 年诸葛海（见二维码 13.3）提出一个将来互连环境的思考模型（见二维码 13.4）。

二维码 13.3

他提出的模型中包括三个世界的概念，即物理世界、虚拟世界和精神世界，以及一个多层参考结构。底层是自然界和器件，中层是互联网、传感器网和移动网络，上层是智能人-机共同体。此共同体支持分处各地的用户，使用网络积极促进物资、能源、技术、信息、知识和服务在此环境中的流动，以合作完成任务和解决问题。这个思考模型展望了物联网的发展趋势。

二维码 13.4

13.3 物联网的应用

据 GSMA（全球移动通信协会）预测，2025 年全球物联网终端连接数量将达到 250 亿。

有了将嵌入了 CPU、存储器和电源的物体连网的能力，意味着物联网能在几乎所有领域找到应用。物联网还能执行操作，而不只是遥感。例如，智能购物系统能够用跟踪其手机的办法，监测某些特定用户在一个商店的购物习惯。这些用户于是对他们喜欢的商品能够得到特殊的报价，甚至被告知他们所需物品的位置，这是由他们的电冰箱自动用电话告诉他们的。再例如，在处理供热、水、电和能源管理方面的应用。物联网的应用还能提供家庭安保功能和家庭自动化。物联网的概念已经推荐用于生化传感器网络，它基于云分析使用户能研究DNA 或其他分子。

然而，物联网的应用不仅限于这些领域。还有物联网的其他应用案例。按照应用领域划分，物联网大体上能划分为 5 大类：智能服装、智能家庭、智能城市、智能环境和智能企业。

13.4 物联网的关键技术

13.4.1 条形码

物联网是由互联网通过传感器连接物质世界的一个系统。传感器将收集该物体的信息并传输到物联网上，而物体的信息大都是存储在条形码上的。

1. 一维条码

条形码简称条码（barcode），早期的条码只是将宽度不等的多个黑条和白条，按照一定的编码规则排列成的平行线图案，用以表示一组信息的图形标识符，又称一维条码。

图 13.4.1 中示出的是一种称为 EAN（European Article Number）码的一维条码，它是国际物品编码协会（Globe standard 1，GS1）制定的一种商品条码，在全世界通用。此图中条码表示的就是条码下方的数字。EAN 码有标准版（EAN-13）和缩短

图 13.4.1 EAN 码

版（EAN-8）两种。标准版表示 13 位数字，又称 EAN13 码；缩短版表示 8 位数字，又称 EAN8 码。两种条码的最后一位为校验位，它由前面的 12 位或 7 位数字计算得出。

EAN13 码由前缀码、厂商识别码、商品项目代码和校验码组成。前缀码是国际 EAN 组织各会员的代码，我国可用的国家代码是 690～699。厂商识别码是由中国物品编码中心（Article Numbering Center of China，ANCC）分配给厂商的，共 4 位。商品代码有 5 位，由厂商自定。校验码为 1 位，用于防止扫描阅读错误。

这种条码是一维条码，它可以标出物品的生产国、制造厂家、物品名称、生产日期，或者图书分类号、邮件发送的起止地点、类别、日期等许多信息，因而在商品流通、图书管理、邮政管理、银行系统等许多领域都得到广泛的应用。

这种一维条码在用传感器阅读后，将读取的这组数字传输到计算机上，用计算机上的应用程序对数据进行处理。一维条码的容量有限，仅能识别物品，需要从计算机的数据库中提取到对应物品的更多信息。

一维条码技术已经非常成熟，世界上已经有二百多种一维条码，每种条码都有自己的编码规则。一维条码按照应用分类有产品条码和物流条码。产品条码包括 EAN 码和 UPC 码，物流条码包括 128 码、ITF 码、39 码、库德巴（Codabar）码等。

在一维条码基础上发展出来的二维条码能够存储更多的信息。下面将介绍几种二维条码。

2. QR 二维码

QR（Quick Response）二维码，简称 QR 码，是一种二维条码，它是日本丰田汽车公司下属一家子公司于 1994 年设计出的，原来是为制造时跟踪汽车设计的。QR 码是一个机器可读的光学标签，包含它附着的物体的信息。QR 码使用 4 种标准化的编码模式（数字式、字母数字式、字节/比特式和日文汉字式），以有效地存储数据。

QR 码和一维条码相比，因为读取快、存储量大，所以很快普及到其他许多行业，包括商业跟踪应用和智能手机用户的应用等。QR 码可以用来显示文档，在用户的设备中添加电子名片（vCard），打开统一资源标识符（Uniform Resource Identifier，URI）（见二维码 13.5），或撰写电子邮件（E-mail）和文本消息。QR 码已经成为最广泛使用的二维码之一。从 2010 年起，在中国火车票上已经使用了 QR 码（见图 13.4.2）。

二维码 13.5

图 13.4.2　中国火车票上的 QR 二维码

QR 码是在白色背景上由排列在一个方形网格上的黑色方块构成的图形，在图 13.4.3 中给出一个实例，它能用成像装置（例如照相机或扫描枪）读取，并且在用纠错编码解码后可以从中提取出所需的数据。QR 码图形内不同区域有不同的含义，在图 13.4.4 中给出了国际组织 ISO/IEC 的规定（见二维码 13.6 中的参考文献）。

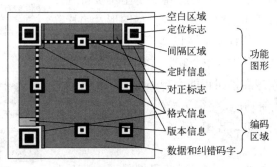

图 13.4.3　QR 二维码图　　　　图 13.4.4　QR 码的结构　　　　二维码 13.6

不同版本的 QR 码可以容纳的数据容量不同，可以根据需要选用。在图 13.4.5 中给出了各种版本 QR 码图形的样本。例如，版本 1 的元素仅有 21×21 个；而版本 40 的元素达 177×177 个，可以容纳 1264 个 ASCII 码的字符。

QR 码的纠错能力分为 4 级。低级（L 级）能纠正 7% 的码字错误，中级（M 级）能纠正 15% 的码字错误，1/4 级（Q 级）能纠正 25% 的码字错误，高级（H 级）能纠正 30% 的码字错误。因为 QR 码有如此强大的纠错能力，所以 QR 码中可以嵌入艺术图案而不会影响读出，如图 13.4.5（h）所示。

3. PDF417 条码

PDF417 二维条码是一种堆叠式二维条码，是由美国 Symbol Technologies 公司的王寅君博士（Ynjiun P. Wang）于 1991 年发明的，目前应用也很广泛。PDF 是 Portable Data File（便携数据文件）的意思。组成条码的每一个条码字符由 4 个条和 4 个空共 17 个单元构成，故称为 PDF417 条码。PDF417 条码需要有对其实现解码功能的条码阅读器才能识别，其最大的优势在于具有庞大的数据容量和极强的纠错能力。

(a) 版本1 (21×21)　　(b) 版本2 (25×25)　　(c) 版本3 (29×29)　　(d) 版本4 (33×33)

(e) 版本10 (57×57)　　(f) 版本25 (117×117)　　(g) 版本40 (177×177)　　(h) 带艺术图案的二维码

图 13.4.5　各种版本 QR 码图形样本

　　PDF417 条码可表示数字、字母或二进制数据，也可表示汉字。PDF417 条码的容量较大，最多可容纳 1850 个字符或 1108 个字节的二进制数据，如果只表示数字则可容纳 2710 个数字。除了可将人的姓名、单位、地址、电话等基本资料进行编码，还可将人体的特征如指纹、视网膜扫描图形及照片等个人纪录存储在条码中，这样不但可以实现证件资料的自动输入，而且可以防止证件的伪造，减少犯罪。PDF417 条码的纠错能力分为 9 级，级别越高，纠正能力越强，最高的纠错率达到 50%。由于这种纠错功能，使得污损的 PDF417 条码（见图 13.4.6）也可以正确读出。我国已制定了 PDF417 条码的国家标准。

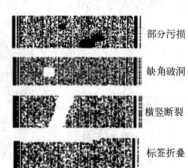

部分污损

缺角破洞

横竖断裂

标签折叠

图 13.4.6　PDF417 码的纠错能力

　　PDF417 条码的结构由 3 至 90 行条码堆叠而成，而为了扫描方便，其四周皆有净空区，净空区分为水平净空区与垂直净空区。图 13.4.7 示出一个由 6 行条码堆叠成的 PDF417 条码实例，其中每一行都包含 5 个部分，即起始图形、左行指示符、数据码字、右行指示符和结束图形，四周都有一定的净空区。

净空区　起始图形　左行指示符　数据码字　右行指示符　结束图形　净空区

净空区
行0
行1
行2
行3
行4
行5
净空区

图 13.4.7　PDF417 条码的结构

PDF417 条码的各区功能如下：**净空区**是规定有最小尺寸的白色空间，用以分隔每个条码；**起始图形**用于识别 PDF417 条码；**左行指示符**包含该行信息，例如行数和纠错能力；**数据码字区**可以有 1 至 30 个码字，在图 13.4.8 中画出的 417 码数据码字区内仅有 3 个字符；**右行指示符**包含该行更多的信息；最右是**结束图形**。

数据码字区中的每个码字由 4 个**黑条**和 4 个**白条**组成，黑条和白条的宽度都可按照数据编码，可宽可窄，但是都不能超过 6 个单位宽度，而且数据码字区的总宽度为 17 个单位宽度（见图 13.4.8）。

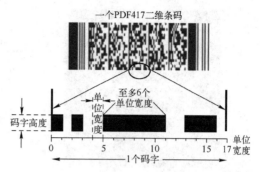

图 13.4.8　PDF417 条码的数据码字结构

13.4.2　射频识别技术

1．概述

射频识别（Radio-frequency identification，RFID）技术俗称电子标签，它使用电磁场来自动识别和跟踪附着在物体上的含有电子信息的标签。无源标签能接收附近 RFID 读取器发出的询问无线电波。有源标签有一个本地电源，例如一个电池，可以和数百米外的 RFID 读取器通信。与条码不同，电子标签不需要读取器在视线内，所以它可以镶嵌在被监测的物体内。RFID 是自动识别和数据采集（Automatic Identification and Data Capture，AIDC）方法之一。

RFID 标签能够使用在许多工业领域中，例如将 RFID 标签附着在生产线上的汽车上就能跟踪该汽车的生产进程，将 RFID 标签附着在药品上就能跟踪其在各仓库间的流动，将 RFID 芯片植入牲畜或宠物体内就能正确识别动物（图 13.4.9）。

因为 RFID 标签能够附着到现金、支票、衣物和财物上，或者植入动物或人体内，所以有可能造成未经许可读取和个人有关的信息，并引起人们严重的对隐私问题的关切。由于有这方面的关切，ISO/IEC 已经制定出了解决这些隐私和保密问题的标准。

美国国防部规定 2005 年 1 月 1 日以后，所有军需物资都要使用 RFID 标签；美国食品与药品管理局（FDA）建议制药商从 2006 年起利用 RFID 跟踪常被造假的药品。欧盟统计办公室的统计数据表明，2010 年，欧盟有 3%的公司应用 RFID 技术，应用分布在身份证件和门禁控制、供应链和库存跟踪、汽车收费、防盗、生产控制、资产管理等领域。据**中国物联网年度发展报告（2016－2017）**称，我国 RFID 自主标准产品已达到国际先进水平，RFID 产业链趋于完整、成熟，竞争优势进一步增强（见图 13.4.10）。2016 年我国 RFID 市场规模达 608.8 亿元，年增长 24.5%。

2．工作原理

（1）标签

RFID 是一个射频识别系统，它用一个标签附着在被识别的物体上。用一个称为**问答机**的双向无线电收发信机发射一个信号到标签并读取其响应。RFID 标签分为有源、无源和半有源 3 种。

有源 RFID 标签本身带有电池，并周期性地发射某一频率的识别（ID）信号。当读取器靠近时接收此信号，然后对信号中的数据进行处理。有源 RFID 产品是最近几年慢慢发展起来的，其远距离自动识别的特性，决定了其巨大的应用空间和市场潜质。在远距离自动识别领域，如智能监狱、智能医院、智能停车场、智能交通、智慧城市、智慧地球及物联网等领域有重大应用。其主要工作频率有超高频 433MHz、微波 2.45GHz 和 5.8GHz。

图 13.4.9　为了识别而植入宠物体内的 RFID 芯片，
图中示出它和一粒大米的比较

图 13.4.10　中国物联网年度发展
报告（2016—2017）

半有源 RFID 标签带有一个小电池，当其靠近一个 RFID 读取器时就被激活，发射其识别信号。半有源 RFID 技术也可以叫作低频激活触发技术，利用低频（125kHz）近距离精确定位，而用微波（2.45GHz）远距离识别和上传数据，解决了单纯的有源 RFID 和无源 RFID 没有办法实现的功能。它在门禁进出管理、人员精确定位、区域定位管理、周界管理、电子围栏及安防报警等领域有着很大的优势。

无源标签则更便宜和更小，因为它没有电池，而靠读取器发射的无线电波的能量供电，因此这时读取器的发射功率需要比传输信号所需的功率大 1000 倍左右。无源 RFID 标签的基本工作原理很简单。当 RFID 读取器和标签互相靠近时，标签利用接收到的读取器发射电磁波的能量作为能源（电源），发送出标签芯片中存储的信息。无源 RFID 产品发展最早，也是发展最成熟，市场应用最广的产品。比如，公交卡、食堂餐卡、银行卡、宾馆门禁卡、二代身份证等。其主要工作频率有低频 125kHz、高频 13.56MHz、超高频 433MHz、超高频 915MHz。

标签有不同的外形，如图 13.4.11～图 13.4.13 所示。

图 13.4.11　无源标签

图 13.4.12　有源标签

图 13.4.13　半有源标签

RFID 标签分为只读型和读/写型两种。只读型标签由工厂设定其序号，用以作为进入一个数据库的密钥。读/写型标签则由系统用户写入特定的数据。现场可编程标签可以一次写入、多次读出。"空白"标签可以由用户写入一个电子产品代码。

RFID 标签至少包含 3 部分：一个集成电路，用于存储和处理信息（调制和解调视频信号）；从读取器发射信号获取直流功率的电路；接收和发射信号的天线。

RFID 读取器发射一个编码信号去询问标签。RFID 标签收到询问后回复其识别信息及其他信息，它可以只是一个唯一的标签序号，或者可以是和产品有关的信息，例如库存编号、批号、生产日期或其他信息。

（2）读取器

RFID 系统可以按照标签和读取器的类型分类。**无源读取器有源标签（PRAT）系统**具有一个无源读取器，它只接收有源标签（电池供电，只能发射）发出的无线电信号。一个 PRAT 系统读取器的接收范围可以在 0～600 米间调整。**有源读取器无源标签（APRT）系统**具有一个有源读取器，它发射询问信号并接收来自无源标签的认证回复。**有源读取器有源标签（ARAT）系统**使用有源标签，它能够被有源读取器发出的询问信号激活。这种系统也可以使用半有源标签，它像无源标签那样工作，但是有一个小电池用于为标签发射回答信号供电。

固定读取器可以设定一个严格控制的特定询问区域。这样能够明确规定标签进出询问区域的读取范围。移动读取器可以是手持式的，或安装在购物车或汽车上。

读取器有各种不同形式，如图 13.4.14～图 13.4.16 所示。

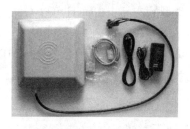
图 13.4.14　无源读取器

图 13.4.15　有源读取器

图 13.4.16　手持式读取器

3. 通信

读取器和标签之间通信有不同的方式，取决于标签使用的频段。工作在低频（LF）和高频（HF）的标签，按照无线电波长衡量，距离读取器的天线很近，因其距离只有波长的百分之几。在此近场范围，标签和读取器的发射机之间有电磁场紧密耦合关系，标签成为读取器发射机的部分负载，因此，标签能够直接调制读取器产生的电磁场。若标签改变其作为负载的大小，读取器就能够检测得到。在 UHF 和更高的频段，标签和读取器的距离大于一个波长，这就需要用不同的方法发送信息（参考文献见二维码 13.7）。这时标签能够反向散射信号。有源标签具有功能分开的发射机和接收机，故标签不需要在读取器询问信号的频率上给予回答。

二维码 13.7

在标签中存储的一种常用的数据为电子产品代码（EPC）。当用一个 RFID 打印机把此码写入标签后，此标签将含有 96 比特的数据。前 8 比特是信头，它用于识别协议的版本；其次的 28 比特用于识别管理此数据的组织，组织的编号是由 EPC 全球联盟分配的；再后面的 24 比特是物体类别，用于识别产品的种类；最后 36 比特是每个特定标签的唯一序号。最后这两组数据是由发行此标签的组织设定的。**像统一资源定位器（URL，Uniform Resource Locator）**那样，总电子产品代码号能够作为进入全球数据库的密钥，用于唯一地识别一个特定的产品。

4. 优点

RFID 是一项易于操控、简单实用的技术，特别适合自动化控制应用，可以工作在各种恶劣环境下，不怕油渍、灰尘污染等恶劣的环境，可以替代条码；例如，用在工厂的流水线上跟踪物体。长距离 RFID 产品多用于交通上，识别距离可达几十米，如自动收费或识别车辆身份等。RFID 系统主要有以下几方面优点：

（1）读取方便快捷：数据的读取无须光源，甚至可以透过外包装来读取。其有效识别距离大，采用主动标签时，有效识别距离可达到 30 米以上。

（2）识别速度快：标签一进入电磁场，读取器就可以即时读取其中的信息，而且能够同时处理多个标签，实现批量识别。

（3）数据容量大：数据容量最大的二维条形码（PDF417），最多也只能存储 2725 个数字；RFID 标签则可以根据用户的需要扩充到数万个数字。

（4）使用寿命长，应用范围广：可以应用于粉尘、油污等高污染环境和放射性环境，而且其封闭式包装使得其寿命大大超过印刷的条形码。

（5）标签数据可动态更改：利用编程器可以向标签写入数据，从而赋予 RFID 标签具有交互式便携数据文件的功能，而且写入时间相比打印条形码更少。

（6）更好的安全性：不仅可以嵌入或附着在不同形状、类型的产品上，而且可以为标签数据的读写设置密码保护，从而具有更高的安全性。

（7）动态实时通信：标签以每秒 50～100 次的频率与读取器进行通信，所以只要 RFID 标签所附着的物体出现在读取器的有效识别范围内，就可以对其位置进行动态追踪和监控。

5. RFID 和蓝牙的比较

RFID 和蓝牙在使用频段、传输速率和标准化方面都存在较大差异。

（1）使用频段不同，标准化进程不一样

① RFID 技术所使用的频段为 50kHz～5.8GHz，没有全球范围内的通用标准。各系列标准的应用范围也有较大差异。

② 蓝牙设备的工作频段选在全球都可以自由使用的 2.4GHz 的 ISM 频段（2.400～2.4835GHz）。1999 年 7 月，蓝牙正式公布了蓝牙技术规范《Bluetooth Version1.0》。2004 年 11 月 8 日批准最新规范"BluetoothCoreSpecificationVersion2.0+Enhanced DataRate（EDR）"。数据传输速率提高到以往的 3 倍，并减少了耗电量。

（2）传输速率和通信距离不同

RFID 技术的传输速率一般较低，且通信距离短，一般小于 5 米。蓝牙 1.2 版本有效距离达 10 米，传输速率每秒达 1Mb/s。新标准出来后，使传输范围达到 100 米，最高速率达到数十兆比特每秒。

（3）设备兼容性

RFID 可以实现电子设备之间简单而便利的互动，只要把它们彼此靠近就可以，不需要其他步骤，可以和其他的网络比如蓝牙和无线局域网建立起安全连接，并且可以用来访问内容和服务。

蓝牙技术兼容性不好，造成销售形势不容乐观。比如不少蓝牙耳机与部分电话之间无法实现正常通信。另外连接两台蓝牙设备的操作过程比较复杂。

6. 应用

RFID 和蓝牙的技术特点不同，使得其市场和应用范围也有较大区别。RFID 易于操控，简单且特别适合用于自动化控制。它支持只读工作模式也支持读写工作模式，且无须接触或瞄准，可自由工作在各种恶劣环境下。另外，由于该技术很难被仿冒、侵入，使 RFID 具备了极高的安全防护能力。

RFID 有多种应用，例如：门禁管理、货物跟踪、人员和动物跟踪、身份鉴别、防伪监管、道路收费系统、机器读取旅行文件、抄表系统、航空行李跟踪、体育赛事定时等。

13.4.3　近场通信

1．概述

近场通信（Near-Field Communication，NFC）是一种新兴的短距离通信技术，它是由 RFID 技术演变而来的。NFC 能使两个电子设备，例如一个智能手机和一个打印机，在相距几厘米的近距离内建立通信。它能用于非接触式支付系统，代替或补充如信用卡和智能卡所用的系统，实现移动支付。NFC 可用于社交网络，来共享通讯录、照片、视频或文件。具有 NFC 功能的设备能够当作电子身份证件和门卡使用，以及读取电子标签和进行支付等。

NFC 标签（图 13.4.17）是一个无源数据存储器，它能被读取，并且有的能用一个 NFC 设备写入。典型的 NFC 标签存储数据量在 96 至 8192 字节之间（2015 年时），并且通常是只读的，但是有些是可以重复写入的。NFC 标签能够加密存储个人资料，例如，借记卡或信用卡信息、诚信资料、个人密码、通讯录等。

近场通信技术通常作为芯片内置在设备中，或者整合在手机的 SIM 卡或 microSD 卡中，当设备进行应用时，通过简单的碰一碰即可以建立连接。例如在用于门禁管制或检票之类的应用时，用户只需将储存有票证或门禁代码的设备靠近阅读器即可；在移动付费之类的应用中，用户将设备靠近后，输入密码确认交易，或者接受交易即可；在数据传输时，用户将两台支持近场通信的设备靠近，即可建立连接，进行下载音乐、交换图像或同步处理通讯录等操作（图 13.4.18）。

图 13.4.17　NFC 标签

图 13.4.18　近场通信的功能

NFC 技术应用在世界范围内受到了广泛关注，国内外的电信运营商、手机厂商等纷纷开展应用试点，一些国际性组织也积极进行标准化工作。据业内相关机构预测，基于 NFC 技术的手机应用将会成为移动增值业务的下一个重要应用，自 2006 年起不同品牌的智能手机逐渐都增设了内置 NFC 系统。

2．工作原理

与其他"感应卡"技术一样，NFC 使用两个环形天线之间的近场电磁感应，好像一个空（气）心变压器（一般的变压器都有铁芯或磁芯）那样进行通信。NFC 设备使用全球可用的无须执照的 13.56MHz 无线电频段工作。数据传输速率为 106kb/s、212kb/s 和 424kb/s，采用 ASK 调制，其射频能量主要集中在 ±7kHz 带宽内。NFC 设备使用小型标准天线时的理论最大工作距离是 20cm，实际工作距离大约为 10cm。

NFC 设备有两种工作模式:

(1)被动模式。发起(通信)设备产生一个载波电磁场,目标设备用调制现有电磁场的方法(负载调制技术,Load Modulation)应答。在采用这种模式时,目标设备从发起设备产生的电磁场吸取其工作(电源)功率,因此目标设备就是一个应答器。

(2)主动模式。发起设备和目标设备交替产生自己的电磁场进行通信。一个设备当等待接收数据时即停止发射其电磁波。用这种模式工作时,两个设备都需要有电源供应。

虽然 NFC 的通信距离只有几厘米,但是明文 NFC 并不能保证通信的保密性。NFC 不能防止窃听,也可能受到攻击而使数据被篡改。加用高层密码协议可以建立一个保密信道。

NFC 设备有 3 种使用模式:

① 仿智能卡模式。使具有 NFC 功能的设备,例如智能手机,能够当作借记卡、信用卡、标示卡或门票使用,允许用户完成支付或购票等交易。

② 读/写器模式。使具有 NFC 功能的设备能读取嵌入在签条或智能广告中的廉价 NFC 标签存储的信息。

③ 点对点通信模式。使具有 NFC 功能的设备互相以特定方式交换信息。

3. NFC 和蓝牙的比较

NFC 和蓝牙都是可以应用于手机上的近距离通信技术。NFC 的数据传输速率比蓝牙低,通信距离也比蓝牙短,而且消耗的功率也低得多,并且不需要配对。NFC 的通信建立时间比标准蓝牙的通信建立时间短,两个 NFC 设备是自动连接的,连接建立时间小于 0.1 秒,而不需要用人工配置去识别对方设备。NFC 的最大工作距离小于 20 cm,从而降低了非法截留的可能性,使其特别适合用于信号拥挤的地方。然而,当 NFC 和一个无源设备(例如,一部没有开机的手机、一个非接触式智能卡、一个智能广告)通信时,它消耗的功率大于低功耗的蓝牙 V4.0,因为它照射无源标签需要额外的功率。表 13.4.1 示出了 NFC 和蓝牙的性能比较。

表 13.4.1 NFC 和蓝牙的性能比较

	NFC	蓝牙	低功率蓝牙
标签电源	不需要	需要	需要
标签价格	便宜	贵	贵
与 RFID 兼容性	按 ISO 18000-3 标准空中接口	激活	激活
标准化主体	ISO/IEC	Bluetooth SIG	Bluetooth SIG
网络标准	ISO 13157 等	IEEE 802.15.1 (该标准已不再维持)	IEEE 802.15.1 (该标准已不再维持)
网络类型	点对点	WPAN	WPAN
距离	< 20 cm	≈100 m(1 类)	≈50 m
频率	13.56 MHz	2.4~2.5 GHz	2.4~2.5 GHz
比特率	424 kb/s	2.1 Mb/s	1 Mb/s
建立时间	< 0.1 s	< 6 s	< 0.006 s
电流	< 15mA(读取时)	随类别而变	< 15 mA(读取和发射)

4. NFC 和 RFID 的比较

NFC 是在 RFID 的基础上发展而来的,NFC 本质上与 RFID 没有太大区别,都是基于地理位置相近的两个物体之间的信号传输。两者的区别是,NFC 技术增加了**点对点通信**功能,可以快速寻找对方并建立通信连接；而 RFID 通信的双方设备是主从关系。

在技术上，NFC 与 RFID 比较，NFC 具有通信距离短、带宽宽、能耗低等特点。

（1）NFC 只限于工作在 13.56MHz 频段，而 RFID 的工作频段有低频（125kHz 到 135kHz）、高频（13.56MHz）和超高频（860MHz 到 960MHz）。

（2）有效通信距离：NFC 实际通信距离小于 10cm（所以具有很高的安全性），RFID 从几米到几十米。

（3）因为同样工作于 13.56MHz，NFC 与现有非接触智能卡技术兼容，所以很多的厂商和相关团体都支持 NFC；而 RFID 标准较多，统一较为复杂，只能在特殊行业有特殊需求下，采用相应的技术标准。

（4）应用：RFID 更多地应用在生产、物流、跟踪、资产管理上，而 NFC 则应用在门禁、公交、手机支付等领域。

NFC 和 RFID 的区别，见二维码 13.8。

二维码 13.8

13.4.4 传感器

从原理上看，传感器是一个将能量从一种形式转换成另一种形式的器件，通常是把一种形式能量的信号转换成另一种能量形式的信号。

我国国家标准（GB/T 7665－2005）对**传感器**的定义是：“能感受被测量并按照一定的规律转换成可用输出信号的器件或装置，通常由**敏感元件**和**转换元件**组成。”其中**敏感元件**指传感器中能直接感受或响应被测量的部分；**转换元件**指传感器中能将敏感元件感受或响应的被测“量”转换成适于传输或测量的电信号部分。

上面引用的国家标准可能不易读通，若将其写为“能感受被测‘量’（并按照一定的规律转换成可用输出信号）的器件或装置，通常由**敏感元件**和**转换元件**组成。”可能稍微好读一点儿。

敏感元件能感受的可以是能量、力、力矩、光、温度、运动、位置等物理量，也可以是基于化学反应原理的化学量，或基于酶、抗体和激素等分子识别功能的生物量。

在中文中常把英文的 Transducer 和 Sensor 都译为传感器，但是这两个英文单词的含义有些细微的区别。Sensor 有时特指上述的敏感元件，即只能感受外界信息或刺激并做出反应。传感器则能按一定规律将反应变换成为电信号或其他所需形式的信息输出，以满足信息的传输、处理、存储、显示、记录和控制等要求。

人们为了从外界获取信息，必须借助于感觉器官。然而，在科学研究和生产实践中，单靠人自身感觉器官的功能已逐渐满足不了实际需要。为适应这种情况，就需要传感器。因此可以说，传感器是人类五官的延伸。

在现代工业生产尤其是自动化生产过程中，要用各种传感器来监视和控制生产过程中的各个参数，使设备工作在正常状态。在基础科学研究中，要获取大量人类感官无法直接获取的信息，例如超高温、超低温、超高压、超高真空、超强磁场、超弱磁场等，这时传感器更是必不可少的工具。

图 13.4.19 示出几种传感器的外形。

由于本专业是通信工程专业，在传感器领域一般不设置其他课程，所以对于传感器在此仅做简短介绍。

(a)水温传感器　　(b)称重传感器　　(c)光敏传感器　　(d)接近传感器　　氧传感器

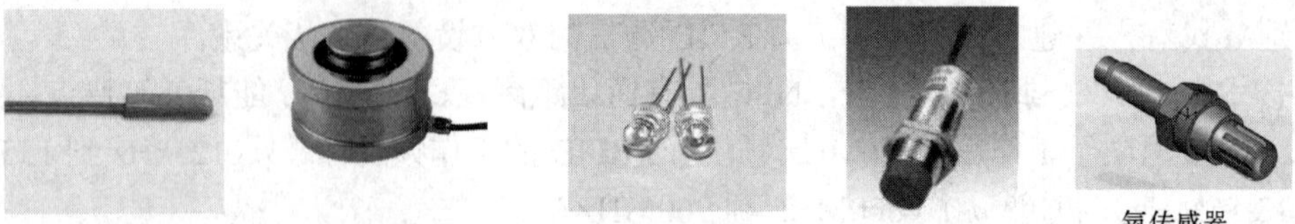

图 13.4.19　几种传感器的外形

13.5　小　　结

● 物联网是将植入了电子器件、软件、传感器和执行机构的各种各样物体互连的网络。射频识别是物联网的必要条件，给物体加标签还可以采用近场通信、条码、QR 码等技术。

● 传感器将收集的物体信息传输到物联网上，而物体的信息大都是存储在条形码上的。一维条码是将宽度不等的多个黑条和白条，按照一定的编码规则排列成的平行线图案。一维条码在用传感器阅读后，将读取的数字传输到计算机上，用计算机上的应用程序对数据进行处理。

● QR 码是一种二维条码，和一维条码相比，它读取快、存储量大。不同版本的 QR 码可以容纳的数据容量不同。QR 码的纠错能力分为 4 级。

● PDF417 条码是一种堆叠式二维条码，其最大的优势在于具有庞大的数据容量和极强的纠错能力。PDF417 条码的最高纠错率达到 50%。

● 射频识别系统用一个双向无线电收发信机发射一个信号到电子标签并读取其响应。电子标签分为有源、无源和半有源 3 种。电子标签射频识别系统主要有以下优点：读取方便快捷；识别速度快；数据容量大；使用寿命长；应用范围广；标签数据可动态更改；安全性更好；动态实时通信。

● RFID 和蓝牙在使用频段、传输速率和通信距离，以及设备兼容性和价格等方面都存在较大差异。RFID 和蓝牙的技术特点不同，使得其市场和应用范围也有较大区别。

● 近场通信（NFC）是一种新兴的短距离通信技术，它能使两个电子设备在相距约 10 厘米内的近距离建立通信，它能用于非接触式支付系统，以及用于社交网络来共享文件。NFC 标签是一个无源数据存储器，它能够加密存储个人资料。近场通信技术通常作为芯片内置在设备中，通过简单的碰一碰即可以建立连接。

● 传感器是一种将能量从一种形式转换成另一种形式的器件，通常是把一种能量形式的信号转换成另一种能量形式的信号，它由敏感元件和转换元件组成。

习题

13.1　试问何谓物联网？

13.2　试问物联网的必要条件有哪些？

13.3　试问物联网的应用有哪几大类？

13.4　试述传感器的功能。

13.5　试问什么是一维条码？它能表示几位数字？

13.6　试述 QR 二维条码的容量和纠错能力。

13.7　试比较 QR 码和 PDF417 码的容量和纠错能力。

13.8　试述射频识别的基本原理，以及它与条码的区别。

13.9　试问射频识别分为哪几种？

13.10　试述射频识别的工作原理。

13.11　试述射频识别的主要优点。

13.12　试比较射频识别和蓝牙的性能。

13.13　试述近场通信的功能。

13.14　试述近场通信的技术性能。

13.15　试问近场通信有哪几种工作模式？有哪几种使用模式？

13.16　试比较近场通信和蓝牙的性能。

13.17　试比较近场通信和视频识别的性能。

13.18　试问什么是传感器？它由哪些元件组成？

第 14 章　全球卫星定位系统

14.1　概述

全球卫星定位是指利用人造地球卫星为地球表面或近地空间的任何地点提供全天候的三维坐标信息。全球卫星定位系统（图 14.1.1），一方面可以看作卫星通信的一种应用；另一方面，按照国际电信联盟对物联网的定义，它也可以是物联网的一个组成部分。

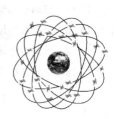

图 14.1.1　全球卫星定位系统

全球卫星定位系统不仅能够精确测定任何地点的三维坐标（经纬度、高度），还能测定移动物体的速度和提供精准的时间。有的系统还能够利用卫星和物体之间的通信链路传递文字信息。因此，**全球卫星定位系统**又称**全球导航卫星系统（GNSS）**。

目前，世界上已有 4 个卫星导航系统，即美国的 GPS（Global Positioning System）、俄罗斯的格洛纳斯（GLONASS）、欧洲研制和建立的伽利略（Galileo）卫星导航系统和中国的北斗卫星导航系统（BDS）。

GPS 由美国国防部于 20 世纪 70 年代初开始研制，于 1993 年全部建成，其空间卫星星座包括 21 颗工作卫星和 3 颗在轨备用卫星，共 24 颗卫星。1994 年美国宣布在 10 年内向全世界免费提供 GPS 使用权，但美国只向外国提供低精度的卫星信号，定位精确度大概在 100 米左右；军用的精度在 10 米以下。2000 年以后，美国政府决定取消对民用信号中人为加入的误差，因此，现在民用 GPS 也可以达到 10 米左右的定位精度。

欧盟"伽利略"系统于 1999 年 2 月首次公布计划，其目的是摆脱欧洲对美国全球定位系统的依赖，打破其垄断。该项目总共由 30 颗卫星组成，可以覆盖全球，亦可与 GPS 系统兼容。与 GPS 相比，"伽利略"系统更先进，也更可靠，其位置测量精度达 1 米。伽利略系统从 2014 年起投入运营。

俄罗斯"格洛纳斯"系统是在 1976 年苏联时期开始启动的项目，后由俄罗斯继承下来。格洛纳斯（GLONASS）是"GLOBAL NAVIGATION SATELLITE SYSTEM"的缩写。该系统的标准配置为 24 颗卫星，包括 21 颗工作卫星和 3 颗备用卫星。它于 2007 年开始运营，当时只开放俄罗斯境内卫星定位及导航服务。到 2009 年，其服务范围已经拓展到全球，定位精度达到 1.5 米之内。

中国的北斗卫星导航系统（BeiDou Navigation Satellite System），简称 BDS（图 14.1.2）。

它是一种全天候、全天时提供卫星导航信息的导航系统。北斗卫星导航系统能够提供与 GPS 同等的服务。不同于 GPS 的是，"北斗"具有短报文通信功能，可以一次传送 120 个汉字，其定位精度为分米、厘米级别，测速精度为 0.2m/s，授时精度 10ns。北斗卫星由 5 颗静止轨道卫星和 30 颗非静止轨道卫星组成（图 14.1.3）。2017 年 11 月 5 日，中国第三代导航卫星——北斗三号的首批组网卫星（2 颗）以"一箭双星"的发射方式顺利升空，它标志着中国正式开始建造"北斗"全球卫星导航系统。2020 年 7 月 31 日上午，北斗三号全球卫星导航系统正式开通。

图 14.1.2　北斗卫星导航系统标志

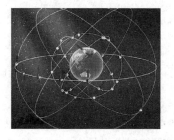

图 14.1.3　北斗卫星导航系统

14.2　基本定位原理

14.2.1　二维空间中的定位

利用卫星定位的基本原理是建立在测量**距离**的基础上的。被测物体位置与一颗卫星的距离，是由测量电磁波在两者之间传播时间决定的。电磁波的传播时间 Δt 乘以电磁波传播速度 v 就是两者的距离 $d = \Delta t \cdot v$。

在二维空间中若利用测距原理定位，当只利用一颗卫星测距时（图 14.1.4（a）），在测得距离为 d 后，只能测定物体位置在一个半径为 d 的圆周上。当用两颗卫星测距时（图 14.1.4（b）），假设卫星 1 和 2 的位置坐标分别为(x_1, y_1)和(x_2, y_2)，以及物体位置的坐标为(x, y)，可以写出如下两个方程式：

$$d_1 = [(x_1 - x)^2 + (y_1 - y)^2]^{1/2}$$
$$d_2 = [(x_2 - x)^2 + (y_2 - y)^2]^{1/2}$$

（14.2.1）

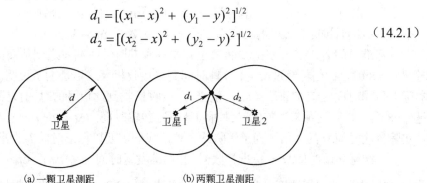

(a)一颗卫星测距　　　　　　(b)两颗卫星测距

图 14.1.4　在二维空间中测距

(x_1, y_1)和(x_2, y_2)是两个卫星的位置坐标，它由卫星导航系统给出，是已知数，故在测得物体与两个卫星的距离为 d_1 和 d_2 后，上两式中只有 x 和 y 是未知数，因此上两式可以看成一个二元二次方程组，由其可以求出物体位置的坐标值(x, y)。因为二次方程有两个根，所以上述方程组有两个解，它在图(b)显示为两个点。物体位置可能在两个点的位置之一上，必须增加其他条件才可以最终决定物体位置。

14.2.2　三维空间中的定位

类似地，在三维空间中，假设物体位置的坐标为(x, y, z)，这时至少需要有 3 个三元二次方程式，才能求解出(x, y, z)值，即至少需要下列 3 个方程式：

$$d_1 = [(x_1 - x)^2 + (y_1 - y)^2 + (z_1 - z)^2]^{1/2}$$
$$d_2 = [(x_2 - x)^2 + (y_2 - y)^2 + (z_2 - z)^2]^{1/2} \qquad (14.2.2)$$
$$d_3 = [(x_3 - x)^2 + (y_3 - y)^2 + (z_3 - z)^2]^{1/2}$$

这就是说，至少必须有已知其位置的 3 颗卫星，并分别测出它们和物体的距离 d_1, d_2, d_3，才能求出此物体位置的三维坐标(x, y, z)。这个三元二次方程组也有两个解。排除不在地球表面的那个解，就可得到物体位置坐标。

用卫星定位的实际过程是这样的：由待定位置的物体中的接收机，接收卫星发来的信息，用此信息计算物体的位置。从第 i 颗卫星发来的信息中包括卫星位置信息(x_i, y_i, z_i)和发出此信息的时间 t_i。设接收机收到此信息的时间为 t_0。则卫星 i 和物体之间的距离 d_i 应为电磁波传播速度 c 乘以传播时间$(t_0 - t_i)$，所以这时 d_i 就可以求出来了。

需要注意的是，时间 t_i 是由卫星上的时钟给出的，而 t_0 是由接收机内的时钟给出的。若两个时钟都非常准确，则计算出的结果是正确的。然而，事实上，哪个时钟都不是绝对准确的，而且其误差是不能容忍的。例如，若卫星的高度为 18000km，则信号从卫星传输到地面仅需要 60ms 的时间；若时钟的误差为 6 秒，则将引入 100 倍距离误差。为了解决这个问题，就需要有一个标准时间 t_d 作为参考。卫星时间和接收机时间都有误差，不能作为依据。

为了容易理解，我们用一个例子做说明。假设：

标准时间= t_d

卫星 i 的时钟时间 t_{si} = 标准时间+误差 = $t_d + \Delta t_{si}$，Δt_{si} = 1 分钟

接收机的时钟时间 t_r = 标准时间+误差 = $t_d + \Delta t_r$，Δt_r = 3 分钟

若标准时间 t_d = 8:00，卫星 i 将其位置坐标和其时钟时间发送到地面，此时卫星 i 的时钟时间 t_{si} = 8:01，此信号经过 Δt = 1 分钟时间到达接收机（这里是为了说明简便假设为 1 分钟，实际上传输时间应该在毫秒（ms）量级），接收机收到此信号的时间按照接收机时钟显示的是 t_r = 8:04。按照这种带误差的时钟时间计算，传输时间为 $\Delta t'$ = $t_r - t_{si}$ = 8:04 - 8:01 = 3 分钟，是实际传输时间 Δt 的 3 倍。为了消除此误差，我们需要以标准时间 t_d 为准计算传输时间，即

实际传输时间 Δt = 标准接收时间-标准发送时间= $(t_r - \Delta t_r) - (t_{si} - \Delta t_{si})$ $\qquad (14.2.3)$

此 Δt 乘以电磁波传播速度（光速）c 就得出式（14.2.2）中给出的接收机与卫星的真实距离 $d_i = c \cdot \Delta t$ $(i = 1, 2, 3)$。然而，现在计算机计算距离是用带误差的传输时间 $\Delta t'$ 计算的，计算得到的距离是 $d_i' = c \cdot \Delta t'$。由式（14.2.3）

$$\Delta t = (t_r - t_{si}) - (\Delta t_r - \Delta t_{si}) = \Delta t' - (\Delta t_r - \Delta t_{si}) \qquad (14.2.4)$$

得到真实距离 $\qquad d_i = c \cdot \Delta t = c \cdot [\Delta t' - (\Delta t_r - \Delta t_{si})] = d_i' - c \cdot (\Delta t_r - \Delta t_{si})$，$i = 1, 2, 3$ $\qquad (14.2.5)$

将式（14.2.5）代入式（14.2.2），得到

$$d_1' - c \cdot (\Delta t_r - \Delta t_{s1}) = [(x_1 - x)^2 + (y_1 - y)^2 + (z_1 - z)^2]^{1/2}$$
$$d_2' - c \cdot (\Delta t_r - \Delta t_{s2}) = [(x_2 - x)^2 + (y_2 - y)^2 + (z_2 - z)^2]^{1/2} \qquad (14.2.6)$$
$$d_3' - c \cdot (\Delta t_r - \Delta t_{s3}) = [(x_3 - x)^2 + (y_3 - y)^2 + (z_3 - z)^2]^{1/2}$$

或写成
$$d'_1 = [(x_1 - x)^2 + (y_1 - y)^2 + (z_1 - z)^2]^{1/2} + c \cdot (\Delta t_r - \Delta t_{s1})$$
$$d'_2 = [(x_2 - x)^2 + (y_2 - y)^2 + (z_2 - z)^2]^{1/2} + c \cdot (\Delta t_r - \Delta t_{s2})$$
$$d'_3 = [(x_3 - x)^2 + (y_3 - y)^2 + (z_3 - z)^2]^{1/2} + c \cdot (\Delta t_r - \Delta t_{s3})$$

（14.2.7）

式中 (x_1, y_1, z_1)，(x_2, y_2, z_2) 和 (x_3, y_3, z_3) 是 3 颗卫星的坐标，它们在标准时间 t_d 的取值从卫星发送到接收机，是已知数；Δt_{si} $(i = 1,2,3)$ 为卫星时钟的误差，由卫星发送到接收机，是已知的；$d'_i = c \cdot \Delta t'$ $(i = 1, 2, 3)$ 可以用接收机测得的传输时间 $\Delta t'$ 计算出来，也是已知的；只有接收机位置坐标 (x, y, z) 和接收机时钟误差 Δt_r 是待求的未知数。现在有 4 个未知数，但是仅有 3 个方程式。因此，为了求解出这 4 个未知数，我们需要增加一颗卫星，从而得到 4 个方程式：

$$d'_1 = [(x_1 - x)^2 + (y_1 - y)^2 + (z_1 - z)^2]^{1/2} + c \cdot (\Delta t_r - \Delta t_{s1})$$
$$d'_2 = [(x_2 - x)^2 + (y_2 - y)^2 + (z_2 - z)^2]^{1/2} + c \cdot (\Delta t_r - \Delta t_{s2})$$
$$d'_3 = [(x_3 - x)^2 + (y_3 - y)^2 + (z_3 - z)^2]^{1/2} + c \cdot (\Delta t_r - \Delta t_{s3})$$
$$d'_4 = [(x_4 - x)^2 + (y_4 - y)^2 + (z_4 - z)^2]^{1/2} + c \cdot (\Delta t_r - \Delta t_{s4})$$

（14.2.8）

结论就是：全球卫星定位系统在轨道上运行的卫星有二三十颗，为了能利用卫星定位，地上的定位接收机必须至少能够同时"看"到 4 颗卫星。测定了接收机的坐标 (x, y, z)，不但知道了其经纬度，还得知了其高度。此外，还可从接收机时钟误差 Δt_r 获得准确时间。

14.3　差分定位原理

上面给出的卫星定位原理，是按照理想情况计算的。实际上，由于存在着卫星轨道误差、时钟误差、SA（Selective Availability）（见二维码 14.1）影响、大气影响、多径效应以及其他误差，解算出的坐标存在误差。因此，实际测出的与卫星的距离有一定的差值，一般称测量出的距离为伪距，需要用差分方法来修正此误差。

差分定位是，首先利用已知其精确三维坐标的基准台，接收卫星信号，从而测出伪距。利用基准台已知的精确坐标和从伪距计算出的带误差的坐标，从而求得伪距修正量或位置修正量，再将这个修正量实时或事后发送给用户（定位或导航仪），对用户的测量数据进行修正，以提高卫星定位精度。

二维码 14.1

根据差分定位基准站发送信息的方式，可将差分定位分为三类，即：位置差分、伪距差分和载波相位差分。这三类差分定位方式的工作原理是相同的，即都是由基准站发送修正值，用户站接收此修正值并对其测量结果进行修正，以获得精确的定位结果。不同的是，发送的修正值的具体内容不一样，其差分定位精度也不同。

14.3.1　位置差分原理

这是一种最简单的差分方法。这种差分方法用基准站上的定位接收机观测 4 颗卫星，进行三维定位，从而计算出基准站的坐标。由于存在着轨道误差、时钟误差、SA 影响、大气影响、多径效应以及其他误差，计算出的坐标与基准站的已知精确坐标是不一样的，所以得到修正值。基准站利用通信链路将此修正值发送给用户站，用户站利用此修正值对坐标进行修正。

最后得到的修正后的用户坐标已消去了基准站和用户站的共同误差，例如卫星轨道误差、SA 影响、大气影响等，因而提高了定位精度。此差分方法的先决条件是基准站和用户站必须观测同一组卫星。位置差分方法适用于用户与基准站间距离在 100km 以内的情况。

14.3.2 伪距差分原理

伪距差分是目前应用最广的一种技术。几乎所有的民用差分定位接收机都采用这种技术。国际海事无线电委员会（见二维码 14.2）也推荐采用这种技术。

二维码 14.2

伪距差分的基本原理是：在基准站上的接收机，利用已知的它至可见的 4 个卫星的距离，与含有误差的测量值比较，经过一些处理后求出其差值，然后将这 4 颗卫星的测距差值传输给用户。用户利用此测距差值来改正测量的伪距。最后，用户利用修正后的伪距求得本身的位置，这样就可消去公共误差，提高定位精度。与上述位置差分相似，伪距差分能将两站公共误差抵消，但随着用户到基准站距离的增加，加大了系统数据的传递延迟，又出现了系统误差，这种误差用任何差分法都是不能消除的。用户和基准站之间的距离对精度有决定性影响。

14.3.3 载波相位差分原理

载波相位差分技术又称为 RTK（Real Time Kinematic）技术，它是建立在实时处理两个测量站的载波相位基础上的。它能实时提供观测点的三维坐标，并达到厘米级的高精度。

与伪距差分原理相似，由基准站通过数据链实时地将其载波测量值及站坐标信息一同传送给用户站。用户站接收卫星的载波相位，将其与来自基准站的载波相位相比，得出相位差分测量值进行实时处理，能实时给出厘米级的定位结果。

实现载波相位差分的方法分为两类：修正法和差分法。前者与伪距差分相同，基准站将载波相位修正量发送给用户站，用户站用以修正其载波相位，然后求解出其三维坐标。后者将基准站采集的载波相位发送给用户，进行求差并计算出坐标。前者为准 RTK 技术，后者为真正的 RTK 技术。

14.4 小　结

- 全球卫星定位系统不仅能够精确测定任何地点的三维坐标，还能测定移动物体的速度和提供精准的时间。
- 目前，世界上已有 4 个卫星导航系统，即美国的 GPS、俄罗斯的格洛纳斯系统、欧洲的伽利略卫星导航系统和中国的北斗卫星导航系统。
- 利用卫星定位的基本原理是建立在测量距离的基础上的。卫星定位系统的卫星是低轨道移动卫星。为了在地面上任何地点的物体处能够同时"看"到 4 颗卫星，在轨道上运行的卫星数目一般多达二三十颗。
- 由于存在着卫星轨道误差、时钟误差、SA 影响、大气影响、多径效应以及其他误差，解算出的坐标存在误差。因此，需要用差分定位方法来修正此误差。差分定位方法分为三类，即：位置差分、伪距差分和载波相位差分。

习题

14.1　试问全球卫星定位系统能够测定哪些参数？

14.2　试问目前世界上有哪几个卫星导航系统？

14.3　试问为什么需要 4 颗卫星才能测定地面物体的 3 维坐标？

14.4　试述差分定位原理。

14.5　试问什么是伪距？

14.6　试述位置差分原理。

14.7　试述伪距差分原理。

14.8　试述载波相位差分原理。

第15章 通信工程专业

15.1 概　述

通信工程专业是我国高等学校工科电子信息类的专业之一。

我国设有通信工程专业的高等学校共计有 264 所（校名见二维码 15.1），其中华北地区 48 所、东北地区 32 所、华南地区 25 所、华中地区 45、华东地区 69 所、西南地区 22 所、西北地区 23 所。

二维码 15.1

本专业关注的是通信过程中的信息传输和信号处理的原理及其应用，学习通信技术、通信系统和通信网等方面的基础理论和专业知识，培养从事通信理论、通信设备、通信工程及通信网的研究、设计、制造、运营和管理的高级人才。

通信工程专业的课程设置，除了一般公共课程，例如政治类、外语、体育等，大体可以分为基础课程、专业基础课程和专业课程三类。

基础课程主要是数理方面的，有高等数学、大学物理、图学基础与计算机绘图、线性代数、离散数学、复变函数、概率论与数理统计等。

专业基础课程主要为电学、电磁学和计算机方面的课程，包括电路、电磁场与电磁波、电子线路、高（射）频电子电路、数字电路与逻辑设计、信号与系统、随机信号分析、数字系统设计、MATLAB 语言、Java 语言程序设计、微处理器系统、数字信号处理等。

专业课程包括通信原理、微波技术、天线与电波传播、无线通信、交换原理与技术、光通信技术、信号检测与估值、通信网络、信息论基础、计算机通信网、信道编码理论、信源编码基础、多媒体通信、扩频通信、卫星通信、移动通信、现代调制解调技术、通信与网络测量、信息对抗、网络管理、通信系统仿真、专用集成电路设计等。

上述课程中，相当一部分课程都设置有相应的实验或实习环节。作为通信工程专业的学生，不仅需要抱有严谨、踏实、刻苦的学习态度，需要有较好的数理基础、较强的逻辑思维能力，还需要有很强的动手能力。通过学习通用电子仪器的使用（如示波器、频谱分析仪等），逐步掌握很多通信实验设备的操作，以及制作小电子设备，如实验课上可能亲手设计并制作电子计算器、数字电子时钟、抢答器、遥控玩具车等有趣的电子产品。大家运用所学的知识制作出各种电子用品，这种愉快的学习经历是许多其他专业的同学难以体验到的。此外，通信工程专业就业前景非常好，就业范围也很广。人人在使用的手机和电视机，都离不开通信专业人员在背后为其提供研究、设计、制造、维护、管理的辛勤劳动。

在下面各节将概略介绍公共课程之外的一些重点课程的内容。

15.2 基 础 课 程

通信工程专业必须学的基础课程内容是一般工科大学各专业普遍需要学习的内容，像是工科的公共课程。它主要是数理方面的，有高等数学、大学物理、图学基础与计算机绘图、线性代数、离散数学、复变函数、概率论与数理统计等。最重要的基础课程，也是一年级最先学习的基础课程，是大学物理和高等数学。

15.2.1 大学物理与高等数学

大学物理（College Physics）与高等数学是一年级新生最重要的两门基础课程。大学物理课程脱胎于普通物理。普通物理的名称来自英文 General Physics，它是一百多年前就采用并一直为国内外高等学校沿用下来的。传统的"普通物理"包括：牛顿力学、热学、电磁学、光学、原子物理学，但不包括"相对论"和"量子力学"以及物理学的前沿内容。随着科学的发展，"相对论"和"量子力学"以及物理学的前沿内容渐渐地加入了"普通物理"。为了区分一下，近年来有了"大学物理"课程。把"普通物理"当作理科物理专业学生的必修课，而把"大学物理"作为非物理专业的理工科学生的必修课。物理专业学生学习的普通物理在难度和广度上都要大于大学物理，它们成为两门不同的课程。

大学物理着重介绍各种物理现象和基本的物理方法，大部分内容属于经典物理学的范围，人们通常把物理现象分为"力、热、声、光、电、磁"几类，故大学物理也相应地分为经典力学（含声学）、热学、电磁学和光学。大学物理学的许多基础概念虽然在中学就已经引入，但是高中的物理仅仅利用初等数学加以分析研究，而大学工科学习的大学物理则引入了高等数学，从而能够更精准地分析研究各种物理现象。下面以一个力学问题为例，做进一步的解释。

在高中物理中讲解物体运动速度时，把一个物体用时间 Δt 从位置 x_1 移动到 x_2（见图 15.2.1）的速度 v 定义为：

$$v = \frac{\Delta x}{\Delta t} = \frac{x_2 - x_1}{t_2 - t_1}$$

（15.2.1）

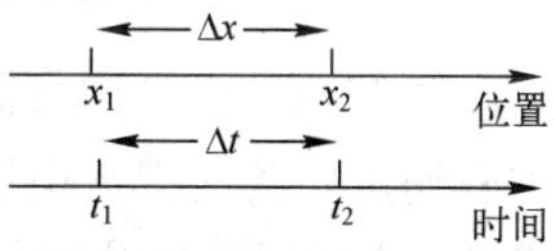

图 15.2.1　物体运动速度

即，物体移动的距离 Δx 被移动的时间 Δt 除。式中 v 是物体运动的平均速度。若此物体做等速运动，则它在每一瞬间的速度就等于 v。若在此段时间 Δt 内，物体的运动速度是变化的，则物体运动的瞬时速度就不好用上式计算了。因为在给定的瞬间，物体移动的距离和所用的时间都是 0，而 0/0 是无意义的。但是，每个运动的物体在它运动的每一瞬间必有速度，这也是无疑的。这时，就需要运用高等数学去解决计算此瞬时速度的问题了。

瞬时速度是物体在某个位置上的速度，若严格地考虑某点上运动物体的速度，则是无法计算的，因为按照式（15.2.1），其分子和分母都等于 0。但是，在高等数学中，我们可以考虑在非常短的时间 Δt 内移动非常小的 Δx。这里"非常小"用通俗的语言说，是"要多小，有多小，但是不等于 0"的意思；用数学语言说，是取其"极限"值的意思，用数学公式表示为：

$$v_0 = \lim_{\Delta t \to 0} \frac{\Delta x}{\Delta t} = \frac{dx}{dt}$$

（15.2.2）

上式中 dx 和 dt 称为微分，利用上式就可以计算出瞬时速度 v_0，如何计算就是高等数学要解决的问题了。高等数学的主要内容是微积分学（Calculus）。微积分学是数学中的基础分支，内容主要包括函数、极限、微分学、积分学及其应用。函数是微积分研究的基本对象，极限是微积分的基本概念，微分和积分是特定过程特定形式的极限。当然，微积分学不仅仅能解决计算瞬时速度问题，这里仅以解决计算瞬时速度问题为例说明其不同于高中代数之处。微积分学是英国人牛顿（I. Newton）（图15.2.2）和德国人莱布尼茨（G. W. Leibniz）（图15.2.3）同一时期分别独立发明的，不过是莱布尼茨用符号 dx 和 dt 表示微分的。

图 15.2.2　牛顿

图 15.2.3　莱布尼茨

不仅今后的专业课程需要微积分的基础，后续数学课程，例如复变函数（Complex Function）和概率论（Probability Theory）等，都需要微积分的知识。因此，它是一门非常重要的数学基础课程。对于通信工程专业而言，以微积分为基础的复变函数课程也是一门非常重要的数学基础课程。微积分讨论的对象主要是实函数，而复变函数讨论的对象主要是复函数，即以复数作为自变量和因变量的函数。

15.2.2　复变函数

复变函数在应用方面，涉及的面很广，有很多复杂的计算都是用它来解决的。例如电学中我们常用到的交流电压可以用实余弦函数表示，但是在一些复杂的计算中，对它计算很不方便。若利用欧拉公式 $e^{i\theta} = \cos\theta + i\sin\theta$ 把它变成复变函数，则在做乘除和微积分等运算时，就方便得多。只要记住在计算的复数结果中，其实部就代表电压。例如，设一个交流电压为 $V(t) = A\cos\omega t$，其波形示于图 15.2.4 中，此电压可以表示为 $V(t) = \text{Re}(Ae^{i\omega t}) = \text{Re}[A(\cos\omega t + i\sin\omega t)]$，其中 "Re" 表示 "实数部分"，即取$[A(\cos\omega t + i\sin\omega t)]$的实数部分 $A\cos\omega t$。在图15.2.5中，用一个矢量表示复变函数 $Ae^{i\omega t}$，矢量的幅度为 A，矢量的相角为 ωt。此相角 ωt 随时间 t 而变，表示此矢量是一个旋转矢量，并且是按照逆时针方向旋转的。

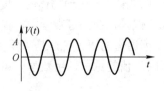

图 15.2.4　$V(t) = A\cos\omega t$

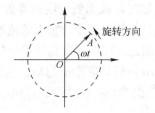

图 15.2.5　$Ae^{i\omega t} = A(\cos\omega t + i\sin\omega t)$

把实数变换成复数来运算，有些类似在高中数学中可以把两个数值的乘除法运算，变成其对数的加减法运算，于是运算就方便多了。一般而言，复变函数可以把在实数域不易分析其特性的函数转化到复数域，在复数域进行分析计算就会容易很多，所以在电子技术和通信理论中定量分析问题时常常离不开复变函数。

15.2.3　线性代数

线性代数（Linear Algebra）是代数学的一个分支，主要处理线性关系问题。线性关系是研究在对象之间用一次形式表达的关系。例如，在解析几何里，平面上的直线方程是二元一次方程；三维空间里的直线方程是三元一次方程。一般而言，含有 n 个未知量的一次方程称为线性方程，其一般形式是 $ax+by+\cdots+cz+d=0$。线性代数研究的就是满足线性关系的方程式都有哪几类，以及它们分别都有什么性质。

线性代数在数学、物理学和技术学科中有各种重要应用，因而它在各种代数分支中占居首要地位。在通信和计算机广泛应用的今天，信源编码和信道编码、数字信号处理、密码学、虚拟现实、计算机图形学、计算机辅助设计等技术无不以线性代数为其理论和算法基础的一部分。学好线性代数，你就掌握了绝大多数可解问题的钥匙。有了这把钥匙，再加上相应的知识补充，你就可以求解相应的问题。可以说，不学线性代数，你就无法进入专业课程的学习。

15.2.4　离散数学

离散数学（Discrete Mathematics）的"离散"是相对于"连续"而言的。在中学学的那些函数的取值通常都是在某个区间，例如(0, 1)；而离散数学研究的是不连续的数，例如：0,1,2；或者 1.1,1.2,1.3 等。离散数学研究离散量的结构及其相互关系，是现代数学的一个重要分支，其研究对象一般是不连续的有限个或可数个元素。离散数学在各学科领域，特别在通信工程和计算机科学技术领域有着广泛的应用，因为在这些领域中目前应用的主要都是数字信号和数字数据，即离散的信号和数据。因此离散数学也是许多专业课程必不可少的先修课程。通过离散数学的学习，不但为后续课程的学习创造条件，而且可以提高抽象思维和严格的逻辑推理能力，为将来参与创新性的研究和开发工作打下坚实的基础。离散数学一般包括六部分，即数理逻辑，集合论，代数结构，组合数学，图论，初等数论。

15.2.5　概率论与数理统计

概率论与数理统计是密切相关的两个领域。**数理统计学**（Mathematical Statistics）研究带有随机性误差的数据、分析数据并据此对所研究的问题做出一定的结论。数理统计所做出的结论带有一定不确定性，需要借助**概率论**（Probability Theory）的概念和方法加以量化，故数理统计学与概率论这两个学科有着密切联系。

概率论是根据大量同类随机现象（随机变量）的统计规律，对此类随机现象出现某一结果的可能性做出客观的科学判断，并做出数量上的描述，以及比较这些可能性的大小。许多服务系统，例如购货排队（人数）、病人候诊（人数）等，都可用一种概率模型来描述。排队人数和候诊人数都可以看作随机变量。当把顾客到达、等待和服务所需时间（这里的时间也是一个随机变量）的统计规律研究清楚后，就可以合理安排服务工作。

在通信系统中，有传输信号与接收信号的问题。信号传输和接收时会受到随机噪声的干扰，为了准确地传输和接收信号，就要把随机干扰的性质分析清楚，然后设法消除干扰，所以概率论是通信理论研究中必不可少的工具。

概率和统计的区别在于，一个是推理，一个是归纳。例如，一个袋子里面有若干白球和黑球。概率论研究的是当你知道袋子里面有多少白球和多少黑球时，计算出摸出来一个白球

（或黑球）的概率；而统计学研究的是当你知道每次摸出来的是白球还是黑球时，去推测袋子里白球和黑球的比例。概率论就好比是给你一个模型，你可以知道这个模型会产生什么样的数据；而统计则是给你一些数据，你来判断是由什么样的模型产生的。简单来说，统计是概率的反问题。

15.3　专业基础课程

专业基础课程是本专业所需要的基础课程，这些课程大体可以分为 4 类，即电路类、电场类、系统类和计算机类。**电路类**课程包括：电路、电子线路、高频电子电路、数字电路与逻辑设计、数字信号处理等。**电场类**课程包括：电磁场与电磁波。**系统类**课程包括：信号与系统、随机信号分析、MATLAB 语言等。**计算机类**课程包括：数字系统设计、Java 语言程序设计、微处理器系统等。下面将对这些课程的内容做简要介绍。

15.3.1　电路类课程

1. 电路

电路是电路类课程中的第一门课程，它既是高等数学、大学物理等基础课程的后续课程，又是各门后续专业基础课程和专业课程的基础，起着承前启后的作用。电路课程讨论的内容仅限于由电源、导线和负载（电阻、电容和电感）组成的电路，其内容可以分为两部分，即直流电路和交流电路。直流电路中的负载只是电阻（图 15.3.1）。交流电路中的负载除了电阻外，还有电容元件（图 15.3.2）和电感元件（图 15.3.3），这两者合称为储能元件。在讨论交流电路时，电路中的电流（和电压）波形基本上假设为正弦波形，因为正弦波具有单一的频率，它是最简单、最基本、最便于分析的情况。

图 15.3.1　电阻　　　　　　图 15.3.2　电容元件　　　　

图 15.3.3　电感元件

电阻、电容和电感都是无源元件。无源元件是在不需要外加电源的条件下，就可以显示其特性的电子元件。由于大规模集成电路的发展和广泛应用，在集成电路上用有源器件（晶体管）制作出性能等效于上述无源元件的电路，比直接制作无源元件更为容易，因此在许多用集成电路制成的电子电路中，这些无源电路大多是用有源器件制作的。

2. 电子线路

电子线路课程是本专业在电路课程基础之上的一门十分重要的专业基础课程，它研究各种包含有源器件电路的组成、性能和应用，有源器件主要包括半导体器件（图 15.3.4）与集成电路（图 15.3.5）。这门课程的内容概念多、线路种类多，并且分析方法也多，其内容首先以讲解半导体器件的原理和性能为基础，然后讲述各种电子线路，主要包括各种放大器、振荡器、稳压电源、脉冲波形的产生和变换电路，以及数字电路和逻辑电路等的组成、性能和应用。高等数学、大学物理，特别是电路等课程是本课程的基础，而本课程又是后续高频电子线路课程的必要基础。

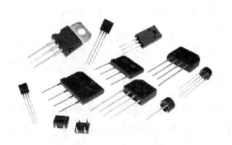

图 15.3.4　半导体器件　　　　　　　图 15.3.5　集成电路

有源器件是电子线路的主体，因此下面将对其做进一步的介绍。

（1）半导体

半导体是介于导体和绝缘体之间的材料。半导体材料很多，按化学成分可分为元素半导体和化合物半导体两大类，锗和硅是最常用的元素半导体。在形成晶体结构的半导体中，人为地掺入特定的杂质元素后，其导电性能具有可控性。根据掺入的杂质不同，掺杂的半导体分为 N 型半导体和 P 型半导体两类。

（2）晶体二极管

绝大部分晶体二极管（图 15.3.6）的基本结构是由一块 P 型半导体和一块 N 型半导体结合在一起形成的一个 PN 结。当 PN 结的 P 端接电源的正极而另一端接负极时，电流很快上升。如果把电源的方向反过来接，则电流很小。因此，PN 结具有单向导电性。

图 15.3.6　晶体二极管

（3）晶体三极管

晶体三极管（Transistor）可以分为双极型晶体三极管和场效应晶体管两类。根据用途的不同，晶体管可分为功率晶体管、微波晶体管和低噪声晶体管等。除了作为放大、振荡、开关用的一般晶体管外，还有一些特殊用途的晶体管，如光电晶体管、磁敏晶体管、场效应传感器等。

① 双极型晶体三极管

双极型晶体三极管（图 15.3.7）是由两个 PN 结构成的，其中一个 PN 结称为发射结，另一个称为集电结。两个结之间的一薄层半导体材料称为基区。接在发射结一端和集电结一端的两个电极分别称为发射极和集电极。接在基区上的电极称为基极。

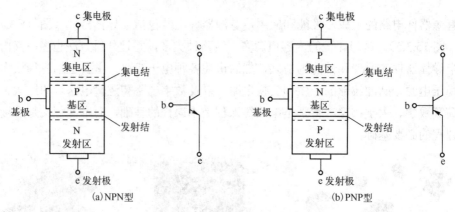

(a) NPN型　　　　　　　　　　　　　　　(b) PNP型

图 15.3.7　双极型晶体三极管

在应用时，发射结处于正向偏置，集电极处于反向偏置。微小的基极电流变化可以控制很大的集电极电流变化，这就是双极型晶体三极管的电流放大效应。双极型晶体三极管可分为 NPN 型和 PNP 型两类。

② 场效应晶体管

场效应晶体管（Field Effect Transistor，FET）依靠一块薄层半导体受横向电场影响而改变其电阻（简称场效应），使其具有放大信号的功能。这薄层半导体的两端接两个电极称为源（Source）极和漏（Drain）极。控制横向电场的电极称为栅（Gate）极。

根据栅的结构，场效应晶体管主要分为二种：①结型场效应管（Junction FET，JFET），它用 PN 结构成栅极；②MOS 场效应管（Metal-oxide Semiconductor FET，MOSFET），它用金属-氧化物半导体构成栅极。这两者中 MOS 场效应管使用最广泛，尤其在大规模集成电路的发展中，MOS 大规模集成电路具有特殊的优越性。图 15.3.8 示出一种绝缘硅（Silicon on insulator，SOI）结构的 CMOS（Complementary metal-oxide-semiconductor）场效应管的示意图。

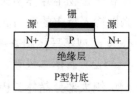

图 15.3.8　绝缘硅（SOI）结构的 CMOS 场效应管

场效应管是电压控制元件，而双极型晶体三极管是电流控制元件。在只允许从信号源取较少电流的情况下，应选用场效应管；而在信号电压较低，又允许从信号源取较多电流的条件下，应选用晶体三极管。有些场效应管的源极和漏极可以互换使用，栅压也可正可负，灵活性比三极管好。场效应管的制造工艺可以很方便地把很多场效应管集成在一块硅片上，因此场效应管在大规模集成电路中得到了广泛应用。

（4）集成电路

集成电路（Integrated Circuit，IC），就是把一定数量的常用电子元器件，如电阻、电容、晶体管等，以及这些元件之间的连线，通过半导体工艺集成在一起的具有特定功能的电路。集成电路具有体积小，质量轻，引出线和焊接点少，寿命长，可靠性高，性能好等优点，同时成本低，便于大规模生产。用集成电路来制造电子设备，其装配密度比晶体管可提高成百上千倍，设备的稳定工作时间也可大大提高。集成电路按其功能、结构的不同，可以分为模拟集成电路、数字集成电路和数/模混合集成电路三大类。

3. 高频电子线路

高频电子线路课程和上面讲的电子线路课程的主要区别在于：电子线路课程讲述包含有源

器件的电路的一般原理，而高频电子线路课程是针对无线电发射机（图 15.3.9）和接收机（图 15.3.10）中包括的高频（射频）电子线路进行讲述的，主要包括：高频小信号放大器、高频功率放大器、正弦波振荡器、调幅、检波与混频、角度调制与解调以及反馈控制电路等。

图 15.3.9 无线电发射机

图 15.3.10 无线电接收机

4．数字电路与逻辑设计

数字电路与逻辑设计课程是本专业的一门重要硬件专业基础课程，其理论性和实践性都很强。数字电路又是现代电子技术、计算机硬件电路、数字通信电路的基础，也是学习集成电路的基础。本课程的主要内容包括：逻辑代数、集成门电路、组合逻辑电路、时序逻辑电路、双稳态触发器、半导体存储器、脉冲波形的产生和整形、模/数转换和数/模转换。

（1）逻辑代数

在本书第 3 章中已经介绍过数字信号和数字通信的概念。在数字通信中应用最多的数字信号是二进制信号，即信号的取值只有 2 个，常用二进制数字 0 和 1 表示。这里的 0 和 1 不是代表信号电压或电流的值，而是两种状态，或称为**逻辑状态**。实现数字信号逻辑运算和操作的电路称为**逻辑电路**，而分析和设计逻辑电路的数学基础就是**逻辑代数**。逻辑代数是由英国人乔治·布尔（George Boole）（图 15.3.11）发明的，故又称**布尔代数**。布尔代数主要是讲 0 和 1 的代数运算。

在逻辑代数中，有 0 和 1 两种**逻辑值**，有"与""或""非"三种基本**逻辑运算**，还有"与或""与非""与或非""异或"几种导出逻辑运算。

以"与""或""非"三种基本逻辑运算为例，其定义为：

"与"运算（或称"逻辑乘"）：$0·0=0$ $0·1=0$ $1·0=0$ $1·1=1$

"或"运算（或称"逻辑加"）：$0+0=0$ $0+1=1$ $1+0=1$ $1+1=1$

"非"运算：$\overline{0}=1$ $\overline{1}=0$

（2）组合逻辑电路

逻辑代数运算可以用**逻辑电路**实现。简单的逻辑电路通常由门电路构成。门电路可以用晶体三极管来制作。例如，一个 NPN 三极管的集电极和另一个 NPN 三极管的发射极连接，就可以看作一个简单

图 15.3.11 乔治·布尔

的"与"门电路，即：当两个三极管的基极都接高电平的时候，电路导通；而只要有一个不接高电平，电路就不导通。

基本逻辑电路的符号表示如图 15.3.12 所示。

除了上述 3 种基本逻辑电路外，还有多种较复杂的逻辑电路，这里不进一步介绍了。

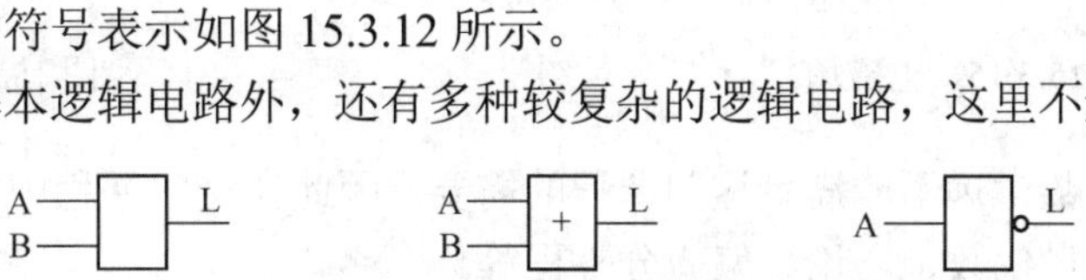

(a)"与"门：$L=A·B$ (b)"或"门：$L=A+B$ (c)"非"门：$\overline{L}=A$

图 15.3.12 基本逻辑电路符号表示

（3）时序逻辑电路

上述这些逻辑电路属于组合逻辑电路，另外一类逻辑电路称为时序逻辑电路。组合逻辑电路在逻辑功能上的特点是任意时刻的输出仅仅取决于该时刻的输入，与电路原来的状态无关。而时序逻辑电路在逻辑功能上的特点是任意时刻的输出不仅取决于当时的输入信号，而且还取决于电路原来的状态，或者说，还与以前的输入有关，相当于在组合逻辑的输入端加上了一个反馈输入，在电路中有一个存储电路，其可以将输出的状态保持住。从图 15.3.13 中可以看出，其输出是输入及输出前一个时刻的状态的函数。

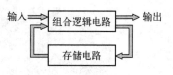
图 15.3.13　时序逻辑电路的框图

组合逻辑电路和时序逻辑电路主要是解决如何用电路实现这些逻辑运算。双稳触发器和存储器则用于存储二进制数字信号。在本书第 3 章中还提到过，语音和图像等信号都是模拟信号，但是为了提高通信质量，把它们转换成数字信号后再进行传输，待信号到达接收端后再将其还原成为模拟信号。这两个过程就称为模/数转换和数/模转换。这些电路这里不再介绍了。

15.3.2　电场类课程

这类课程只有一门，即**电磁场与电磁波**，其内容包括静电场、（交变）电磁场、平面电磁波、导行电磁波、电磁波的辐射等，以及电磁理论必要的数学基础。

静止电荷（相对于观察者静止的电荷）能在其周围激发出静电场（图 15.3.14）。运动的电荷（即电流）能在其周围产生磁场，而变动的磁场又会产生电流。变化的电场和变化的磁场构成了一个不可分离的统一的场，这就是电磁场（图 15.3.15）。而变化的电磁场在空间的传播形成了电磁波。电磁波可以在自由空间传播，也可以被约束在有限横截面内沿确定方向传输，即用导体或介质（如金属波导管、介质线、金属线等）的边界作为约束手段的传输（图 15.3.16）。这种传输称为导行电磁波。

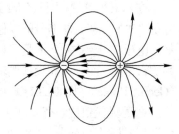
图 15.3.14　静电场

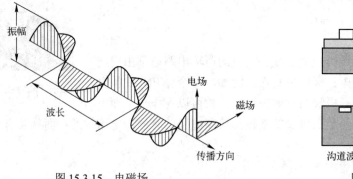
图 15.3.15　电磁场

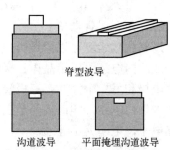
图 15.3.16　几种波导

先修课程高等数学远不能满足这门课程的需要，因此在这门课程中需要补充更多的数学知识，其中包括矢量代数、场论、偏微分方程等。

英国物理学家麦克斯韦（J.Maxwell）（图 15.3.17）把数学分析方法带进了电磁学的研究

领域，于 1865 年提出了描述电磁场的基本定律，此后由其他学者归纳为 4 个微分（积分）方程式，即如下著名的麦克斯韦方程组：

$$
\begin{array}{ll}
\text{麦克斯韦方程} \\
\text{组积分形式}
\end{array}
\left\{
\begin{aligned}
& \oiint_S \boldsymbol{D} \cdot \mathrm{d}\boldsymbol{S} = q_0 \\
& \oint_S \boldsymbol{B} \cdot \mathrm{d}\boldsymbol{S} = 0 \\
& \oint_L \boldsymbol{E} \cdot \mathrm{d}\boldsymbol{l} = -\iint_S \frac{\partial \boldsymbol{B}}{\partial t} \cdot \mathrm{d}\boldsymbol{S} \\
& \oint_L \boldsymbol{H} \cdot \mathrm{d}\boldsymbol{l} = I_0 + \iint_S \frac{\partial \boldsymbol{D}}{\partial t} \cdot \mathrm{d}\boldsymbol{S}
\end{aligned}
\right.
\qquad
\begin{array}{ll}
\text{麦克斯韦方程} \\
\text{组微分形式}
\end{array}
\left\{
\begin{aligned}
& \nabla \cdot \boldsymbol{D} = \rho_0 \\
& \nabla \times \boldsymbol{E} = -\frac{\partial \boldsymbol{B}}{\partial t} \\
& \nabla \cdot \boldsymbol{B} = 0 \\
& \nabla \times \boldsymbol{H} = \boldsymbol{j}_0 + \frac{\partial \boldsymbol{D}}{\partial t}
\end{aligned}
\right.
$$

他对这组方程进行了分析，从而预见到电磁波的存在，而且断定电磁波以光速传播，并且光也是一种电磁波。在麦克斯韦之前，关于电磁现象的学说都以超距作用观念为基础。认为带电体、磁化体或载流导体之间的相互作用，都是超越中间媒质而直接进行，并且是立即完成的（不需要传输时间），即认为电磁波的传播速度是无限大。直至 1887 年赫兹（Heinrich R.Hertz）用实验方法产生和检测到了电磁波，才证实了麦克斯韦的预见。

图 15.3.17　麦克斯韦像

上面的麦克斯韦方程组，对于大学一年级的学生来说，即使已经学完了微积分，可能连公式中的符号也不认识，更不可能弄懂公式的意义和运算。在这里我们不忙解释公式中这些符号的意义和公式的运算。把这些公式写出来的目的，正是要告诉大家为了学懂和学好电磁波理论，首先要学好上面提到的需要补充的包括矢量代数、场论、偏微分方程在内的数学知识。

15.3.3　系统类课程

1. 信号与系统

信号与系统课程是系统类课程中首先需要学习的，它是通信工程专业最重要的专业基础课程之一，它的基本概念和基本分析方法在各门后续课程中都是经常需要用到的。信号与系统的先修课程为高等数学、线性代数、概率论与数理统计、复变函数、大学物理、电子电路等课程。它也是通信原理、数字信号处理等专业课程的重要基础。

（1）信号与系统的关系

信号与系统问题无处不在。**信号**是一个或多个独立变量的函数，一般来说，它含有关于某种现象变化过程的信息，而**系统**则对特定信号产生响应，并产生另外一些信号。例如，一个**电路**中的电压（和电流）作为时间的函数，是信号的一个例子，而此电路本身则是系统的一个例子。在这种情况下，系统（电路）对所施加的电压（和电流）产生响应。在图 15.3.18 中给出一个在通信工程中常见的例子。图中的系统是一个通信系统，它可能包含发射机、接收机、发射天线、接收天线以及电波传播。发射机的输入信号是 S_1，接收机的输出信号是 S_2。

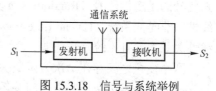

图 15.3.18　信号与系统举例

（2）时域函数和频域函数的关系

信号与系统课程从概念上可以区分为信号和系统分析两部分，但二者又是密切相关的。无论是信号还是系统，都有两种基本的分析方法，即时域分析和频域分析。以信号为例，一个信号在时域中表现为信号（电压或电流）随时间而变，即信号是时间的函数 $S(t)$；而信号在频域中表现为信号随其不同（正弦）频率分量 f 的振幅和相位而变的函数 $F_s(f)$，它是一个

复函数，即 $F_s(f) = |F_s(f)|e^{j\theta(f)}$，即在频率 f 上此信号的振幅等于 $|F_s(f)|$，相位等于 $\theta(f)$。系统的分析方法也是类似的。

① 傅里叶变换

时域函数和频域函数之间存在的变换关系，是首先由法国数学家傅里叶（Baron Jean Baptiste Joseph Fourier）（图 15.3.19）于 1822 年提出的，故称为傅里叶变换（Fourier Transform）。从现代数学的眼光来看，傅里叶变换是一种特殊的积分变换。它能将满足一定条件的某个函数表示成正弦基函数的线性组合或者积分。在具体应用到通信工程领域中的信号时，就常常写为在满足一定条件下某个时间函数（信号）能够表示成正弦基函数的线性组合或者积分。

图 15.3.19　傅里叶

傅里叶变换具有不同的形式，如对于连续时间（模拟）信号的连续时间傅里叶变换（CTFT）和对于离散时间（数字）信号的离散时间傅里叶变换（DTFT）。对于周期性时间信号，则傅里叶变换化为级数形式，称为**傅里叶级数**，它把一个复杂的波形分解成直流、基波（角频率为 ω）和各次谐波（角频率为 $n\omega$）的和。

② 拉普拉斯变换和 Z 变换

把一个时域函数用傅里叶变换变为频域函数，是有严格的条件的，不是任何时域函数都可以进行傅里叶变换的。后来，法国数学家拉普拉斯（Pierre-Simon Laplace）把傅里叶变换的条件放宽，于 1812 年提出了**拉普拉斯变换**（Laplace Transform）。在拉普拉斯变换基础之上，于 1947 年由胡尔维茨（W. Hurewicz）提出了对离散时间序列变换的 **Z 变换**（Z-transform）（Z 变换这一名称是后来于 1952 年由哥伦比亚大学的雷加**基尼**（Ragazzini）和查德（Zadeh）提出的）。Z 变换在离散系统中的地位与作用，类似于连续系统中的拉普拉斯变换。

简言之，CTFT 是将连续时间信号变换到频域，将频率的含义扩充之后，就得到拉普拉斯变换。DTFT 是将离散时间信号变换到频域，将频率的含义扩充之后，就得到 Z 变换。"将频率的含义扩充"是指把傅里叶变换对时间函数（信号）要求的条件放宽后的频域。以上这些变换都是研究信号和系统在频域中特性的基本工具。

（3）本课程中讨论的信号与系统的范围

在信号与系统课程中，讨论的范围是有限的和基本的，即讨论的信号限于确知信号，讨论的系统限于线性、非时变系统。确知信号（Deterministic signal）是指可用一个确定的时间函数表示的信号，即对于指定的某一时刻，相应地具有一个确定的函数值的信号。相对于确知信号的是随机信号（Random signal），即其幅度不可预知但又服从一定统计特性的信号。线性、非时变系统（Linear time-invariant system）是指系统的输入信号和输出信号之间具有线性关系，并且系统是平稳的。

两个变量之间存在一次方函数关系，就称它们之间存在线性关系，即如果可以用一个二元一次方程来表达两个变量之间关系的话，这两个变量之间的关系就称为线性关系，因此，二元一次方程也称为线性方程。

非时变系统，又译为时不变系统，亦称平稳系统，指特性不随时间变化的系统。用数学表示为：若 $T[x(n)]=y(n)$，则 $T[x(n-n_0)]=y(n-n_0)$，这说明序列 $x(n)$ 先移位后变换与先变换后再移位是等效的。

2．随机信号分析

随机信号分析课程是通信工程专业的一门重要专业基础课。该课程的先修课程包括：高等数学、信号与系统和概率论，该课程也是后续课程，例如数字信号处理、信号检测与估值和通信原理等的基础。

随机信号分析课程讲述随机信号（Random Signal）、随机过程（Stochastic Process）的基本概念和统计特性，研究随机信号通过线性系统和非线性系统的特性和分析方法。上面提到过，随机信号是其幅度不可预知但又服从一定统计特性的信号，这里随机信号的幅度在数学上可以看作一个随机变量，而随机过程在数学上（在概率论中）定义为一组随机变量。通常随机过程表示某个事物随时间变化的数值，例如细菌数目的增长、由热噪声引起的电流起伏等。在通信系统中，电话线路中话音电压大小随时间变化，也是一个随机过程。

3．MATLAB 语言

二维码 15.2

MATLAB 语言是一门重要的计算机语言。MATLAB 是 Matrix 和 Laboratory 两个字的组合，意思是矩阵实验室。它把矩阵计算、数值分析、数据可视化以及非线性动态系统的建模（见二维码 15.2）和仿真等多种功能集中在一起，为科学研究、工程设计以及其他领域提供了一个进行数值计算的全面解决方法。

MATLAB 语言在很大程度上摆脱了传统非交互式的程序设计语言（如 C 语言、FORTRAN 语言等）的编辑模式，代表了当今国际科学计算软件的先进水平，在数学类科技应用软件中其数值计算能力居首位。MATLAB 为许多专业领域开发了功能强大的模块集和工具箱，用于概率统计、信号处理、图像处理、通信系统等方面，用户可以直接使用这些工具箱，而不需要自己编写代码。

15.3.4 计算机类课程

1．数字系统设计

数字系统设计在计算机类课程中是首先要学的，它是数字电路与逻辑设计课程的后续课程。这门课程讲授利用电子设计自动化（Electronic Design Automation，EDA）软件和可编程逻辑器件（ProgrammableLogicDevice，PLD）进行数字系统设计，即基于可编程逻辑器件硬件平台，运用硬件描述语言（VHDL 或 Verilog）完成数字系统自顶向下的设计，包括性能级、功能级、逻辑级的设计。

具体地说，就是用硬件描述语言编写数字系统的设计文件，然后由计算机自动地完成逻辑编译、化简、分割、综合、优化、布局、布线和仿真，直至对于特定目标芯片（某种可编程逻辑器件）的适配编译、逻辑映射和编程下载等工作。EDA 技术的出现，极大地提高了电路设计的效率和可操作性，减轻了设计者的劳动强度。设计人员在进行逻辑设计时无须考虑具体的硬件工艺。

2．Java 语言

Java 语言是一门面向对象的计算机编程语言，它不仅吸收了 C++语言[①]的各种优点，还摒弃了 C++里难以理解的多继承、指针等概念，因此 Java 语言具有功能强大和简单易用两个

---

① C++是一种计算机高级程序设计语言，由 C 语言扩展升级而产生的，而 C 语言是一种通用程序设计语言。

特征。Java 语言作为静态面向对象编程语言的代表，极好地实现了面向对象理论，允许程序员以优雅的思维方式进行复杂的编程。Java 语言程序设计课程就是学习利用这种语言进行程序设计的课程。

3. 微处理器系统

微处理器系统课程讲授微处理器（Microprocessor）及由其构成的系统。为了弄清楚什么是微处理器系统，首先要知道什么是微处理器（图 15.3.20）。微处理器是由一片或几片大规模集成电路构成的具有运算器和控制器功能的中央处理器（Central Processing Unit，CPU）器件，它能进行算术运算和逻辑运算，对指令进行分析并产生操作和控制信号。微处理器的基本组成部分有：寄存器堆、运算器、时序控制电路，以及数据和地址总线。这种具有计算机中央处理器功能的大规模集成电路器件，被统称为"微处理器"。

图 15.3.20　一种微处理器外形和有针脚的背面

微处理器是微型计算机的运算控制部分，为了完成取指令、执行指令，以及与外部存储器和逻辑部件交换信息等操作，它还必须有相应的程序，即软件。程序存储在外部存储器或内部寄存器中。微处理器硬件有了程序（软件），就成为一个微处理器系统。因此，本门课程的内容有两方面，即微处理器的硬件结构和微处理器的指令系统和编程。

15.4　专 业 课 程

在我国高等学校有关通信工程的院系中，一般都为本科生设置了若干专业，例如：通信工程、信息工程、网络工程、信息安全、电子信息工程、物联网工程、空间信息与数字技术、电磁场与无线技术、电子信息科学与技术等专业，为每个专业开设的专业课程一般分为必修课和选修课两类。必修课是本专业学生必须学的课程。选修课则是学生可以从中选择若干门学习。

属于专业课程的有很多门，例如：通信原理、微波技术、天线与电波传播、无线通信、交换原理与技术、光通信技术、信号检测与估值、通信网络、信息论基础、计算机通信网、信道编码理论、信源编码基础、多媒体通信、扩频通信、卫星通信、移动通信、现代调制解调技术、通信与网络测量、信息对抗、信息系统安全、网络安全理论与技术、网络管理、通信系统仿真、专用集成电路设计等。上面这些课程中，同一门课程在一个专业为必修课，而在另一个专业可能为选修课。上面这些课程也不是每个学校和每个专业都开设。在这里只对多数专业需要学习的一些专业课程内容做介绍。

15.4.1　通信原理

通信原理是通信工程、电子信息工程、信息安全、空间信息与数字技术等专业的一门重要的专业课程，通常是一门必修课，也是诸多院校相关专业硕士研究生入学考试课程之一。它在本专业课程体系中是后续通信系统类课程的基础。这门课程除了需要高等数学知识外，还对概率论及随机过程知识有较高的运算能力要求。因此，对于缺乏这方面基础的学生，首先需要补充或复习这方面的内容。本书第 3 章中已经提到过，通信技术分为模拟通信和数字通信两大类，在通信原理课程中，对模拟通信只做简短讲述，重点放在数字通信方面。数字通信的内容主要包括各种数字调制和解调技术、数字信号的最佳接收、信源编码原理和纠错编码等。

数字调制有二进制调制和多进制调制之分，二进制调制是多进制调制的基础，需要首先学好。按照调制方法划分，在调幅、调频和调相中，调幅是基本的调制方法，但是在数字通信中调相占有很重要的地位。数字信号的最佳接收是理论性很强的内容，需要用到大量的随机过程理论和运算，但是最重要的是学习者必须对数学分析的结论有清晰的理解，不要让数学分析蒙盖住物理概念。信源编码的主要目的是压缩信号，减小信号的冗余度。按照信号种类划分，信源编码有声音、图像和数据（文字和符号等）三类，其压缩编码的方法各有不同。按照压缩质量划分，有无损压缩和有损压缩两类。声音和图像信号容许有少许失真，可以采用有损压缩方法；而数据信号不容许有丝毫差错，必须采用无损压缩方法。纠错编码的功能包括检错和纠错两种。检错功能可以发现错误码元但是不能纠正错误码元；纠错功能不但能够发现错误码元还能纠正错误码元。最常用的编码是代数码，它是运用现代代数理论设计的编码。

15.4.2　天线与电波传播

在无线电通信系统中，天线担负着发射和接收电磁波的功能，而电磁波传播则是无线信道的主体。因此，天线和电波传播在无线电通信系统中起着非常重要的作用，它直接影响通信质量的优劣。天线与电波传播课程包含天线和电波传播两部分内容。由于电波是从天线发射出去并且由天线接收的，两者关系密切，天线的特性直接影响着电波传播的途径和性能，所以合并在一门课程中讲授。

1. 天线

（1）天线的基本特性

天线的基本特性包括：效率、增益、方向性系数、输入阻抗、工作频带宽度、极化等。**天线效率**是指天线辐射出去的功率（即有效地转换为电磁波的功率）和输入到天线的功率之比，它是恒小于 1 的数值。**增益**是指天线最强辐射方向的天线辐射强度与参考天线的辐射强度之比取对数。如果参考天线是全向天线，则增益的单位为 dBi。例如，偶极子天线的增益为 2.14dBi 。偶极子天线也常用作参考天线（这是由于完美的参考全向天线无法制造），这种情况下天线的增益以 dBd 为单位。**方向性系数**是天线在最大辐射方向上某点的功率密度与辐射功率相同的无方向性天线在同一点的功率密度之比。

天线的**极化**特性是以天线辐射的电磁波在最大辐射方向上电场强度矢量的空间指向来定义的，是描述天线辐射电磁波矢量的空间指向的参数。由于电场与磁场有恒定的关系，故一般都以电场矢量的空间指向作为天线辐射电磁波的极化方向。

天线的极化分为**线极化、圆极化和椭圆极化**。线极化又分为**水平极化**和**垂直极化**；圆极化又分为**左旋圆极化和右旋圆极化**。电场矢量在空间的指向固定不变的电磁波叫线极化。以地面为参数，电场矢量方向与地面平行的叫水平极化，与地面垂直的叫垂直极化。当电场矢量方向随时间变化，电场矢量末端的轨迹在垂直于传播方向的平面上的投影是一个圆时，称为圆极化。若轨迹与电磁波传播方向成右螺旋关系，称右圆极化；反之，若成左螺旋关系，称左圆极化。同理，当投影是一个椭圆时，称为椭圆极化。

由于发射天线和接收天线的对偶性，这些基本特性不必对发射天线和接收天线分别研究，通常只研究发射天线的特性就够了。天线可以分为线天线和面天线两类。

（2）天线的类型

① 线天线

线天线的基本形状是对称阵子，它是线天线的基础，由多个线天线可以组成天线阵。天线阵中各个天线的输入电压可以是相同的，即同频同相的，也可以是同频不同相的，从而改变了天线阵的方向性。不难想象，若天线阵中各个天线的输入电压相位是随时间变化的，则天线阵的方向性也是随时间变化的。这种天线阵称为相控阵天线。相控阵天线的指向（最大发射方向）可以由输入电压相位控制而随时间改变，不需要用机械方法改变天线阵的位置，这是其最大优点。

② 面天线

面天线由馈源和反射面组成，是参照光学原理研发出的天线。它的反射面是抛物面形状，在抛物面的焦点处放置馈源，利用反射面的聚焦作用形成平面波束。这种天线只适合应用在波长很短的微波波段（线天线和面天线的图形见 4.8 节）

2. 电波传播

电波传播是电磁波传播的简称。电磁波是以波动形式传播的电磁场，其电场方向、磁场方向及传播方向三者互相垂直，因此电磁波是横波。电磁波不依靠介质传播，在真空中的传播速度等于光速。电波传播研究电磁波在地球和日地环境下的传播现象和规律，以及研究其应用。

电波传播的特性和其波长及传播环境有密切关系。长波和超长波电波可以利用在电离层和地球表面之间形成的同心球面波导，传播数千千米以上的距离，传播衰减小而且稳定。短波电波可以利用电离层实现远距离传播，但是传播不够稳定，受电离层结构的变化和太阳耀斑爆发等因素影响较大，严重影响通信稳定。超短波电波在地面上主要做视线传播，因此通常传输距离在数十千米内。它还可以受对流层和电离层散射传输达数百千米以上，但是传输衰减很大并且伴随有严重的衰落。微波的频率高，电离层对微波传输的影响可以忽略，所以微波可以穿透电离层传播到外太空。另一方面，微波在地面上只能在视线距离内传播，所以传输距离一般限于数十千米内。

15.4.3　计算机通信网

1. 什么是计算机通信网

计算机通信网是指将若干台具有独立功能的计算机通过通信设备及传输媒体互连起来，在通信软件的支持下，实现计算机间的信息传输与交换的通信网。计算机通信网涉及通信与计算机两个领域，计算机与通信的结合是计算机通信网产生的主要条件。一方面，通信网络为计算机之间的数据传送和交换提供了必要手段；另一方面，计算机技术的发展渗透到通信技术中，又提高了通信网的各种功能。

2. 计算机通信网的任务

计算机通信网的任务归纳起来一般有以下几点：（1）数据传输。（2）提供资源共享，包括计算机资源共享以及通信资源共享。（3）能进行分布式处理。（4）对分散对象提供实时集中控制与管理功能。（5）节省硬件、软件设备开销，使不同类型的设备及软件兼容，以充分发挥这些硬件、软件的作用。

3. 对计算机通信网的基本要求

对计算机通信网的基本要求如下：（1）连通性。所谓连通性是网内任意两个用户可以互通信息。（2）可靠性。可靠性是指通信网的信道和设备不易出现故障。（3）快速通信。（4）高质量。网中所传信息的信噪比大、误码率低。（5）灵活性。计算机通信网应具有对新用户进网、提供新业务、与其他网连网和不断扩容的灵活性。（6）经济合理性。在计算机通信网的设计中要综合考虑可靠性及经济性指标，以求达到一个合理标准。

4. 网络拓扑设计

网络拓扑设计是建设计算机通信网络的第一步，也是实现各种网络协议的基础。网络拓扑设计是指：在给定各个交换节点和终端位置的情况下，通过选择合适的通路，并合理分配线路的容量和流量，以保证一定的可靠性、时延及吞吐量，同时使整个网络的成本最低。网络拓扑设计的好坏对整个网络的性能和经济性都有重大影响。

15.4.4 多媒体通信

1. 多媒体通信的含义

多媒体通信是指在一次呼叫过程中能同时提供多种媒体信息，例如声音、图像、图形、数据、文本等的通信方式。它是通信技术和计算机技术相结合的产物。

2. 多媒体通信技术

在多媒体通信中由于需要同时传输多种媒体信息，所以必须对各种媒体进行压缩，以降低其比特率，减小占用带宽。在大多数应用中，多媒体信息主要由音频信号和视频信号组成，所以需要音频和视频信号压缩编码技术和相应的国际标准。

多媒体是多种数据流类型的集成，这些数据流包括连续媒体流及离散媒体流。在这些媒体流的信息单元之间存在确定时间关系，例如在传输某个人讲话的电视信号时，必须使讲话的声音和此人口形的变化保持同步。当多媒体系统存储、发送和播放数据时必须维持这种时间关系。维持一个或多个媒体流的时间顺序的过程就称为**多媒体同步**。多媒体同步需要系统的许多部分支持，包括操作系统、通信系统、数据库以及应用程序。

3. 流媒体

有一种多媒体称为流媒体或流式媒体。流媒体是一边传输一边播放的多媒体，即在网络上传输媒体的"同时"，用户不断地接收并观看或收听被传输的多媒体。"流"媒体的"流"指的是这种媒体的传输方式（流的方式），并不是指媒体本身。流媒体用一个视频传送服务器把节目压缩成数据包发送到网络上，用户通过解压设备对这些数据进行解压后，节目就会像发送前那样显示出来。流媒体一般应用在多媒体视频会议、视频点播、网络电视、多媒体电视监视与报警系统等。

15.4.5 扩频通信

扩展频谱（Spread Spectrum）通信简称为扩频通信，又简称为扩谱通信。扩频通信的核心技术是扩频调制。扩频调制是指已调信号带宽远大于调制信号带宽的任何调制体制。采用扩频调制的目的不外以下几点：（1）提高抗窄带干扰的能力。（2）将发射信号掩藏在背景噪声中，以防止窃听。（3）提高抗多径传输效应的能力。（4）提供多个用户公用同一频带的可能。（5）提供测距能力。扩频技术有 3 种，即直接序列扩频、跳频和线性调频，最常用的是前两种技术。

1. 直接序列扩频

在直接序列扩频通信系统中，待发送的二进制数字信号码元"0"或"1"被许多个称为"码片"的由二进制数字组成的"扩频码"代替，使得原来功率较高、频带较窄的信号变成具有较宽频带的功率较低信号。因此，在传输中有可能将信号隐藏在噪声和干扰下，很难被他人发现。由于这种信号的功率分布在很宽的频带中，若传输中有小部分的频谱分量受到衰落影响，将不会引起信号产生严重的失真，故具有抗频率选择性衰落的能力。此外，若为不同扩频通信系统适当地选择不同的扩频码，使它们之间的互相关系数很小，就可以使各个系统的用户在同一频段上工作而互不干扰，实现码分复用和码分多址。

2. 跳频扩频

在跳频扩频通信系统中，已调信号的载频在一组载频内以伪随机方式跳动。因此，潜在的窃听者将不知道应在哪个频段去侦听，企图破坏通信的人也不知道应该在何处干扰。这样，对方必须在跳频的全频段去侦听或干扰。跳频扩频通信系统可以分为两类：快跳频和慢跳频。慢跳频在 1 跳内包含若干比特，快跳频则在 1 跳内仅包含 1 比特或不到 1 比特。在接收设备中产生的本地跳频码必须保持和接收信号的跳频样式同步，才能正确解扩。

15.4.6 卫星通信

卫星通信简单地说就是地球上（包括地面和低层大气中）的无线电通信站间利用人造卫星（简称卫星）作为中继站转发信号，而进行的通信。

1. 卫星通信的特点

卫星通信的特点是：通信范围大；只要在卫星发射的电波所覆盖的范围内，任何两点之间都可进行通信；不易受陆地灾害的影响，可靠性高；同时可在多处接收，能经济地实现广播、多址通信；线路设置灵活，可随时分散过于集中的话务量；同一信道可用于不同方向或不同区间。

2. 卫星通信系统的组成

卫星通信系统包括通信和保障通信的全部设备。一般由通信卫星、通信地球站、跟踪遥测及指令分系统和监控管理分系统四部分组成。

跟踪遥测及指令分系统主要负责对卫星进行跟踪测量，控制其准确进入轨道上的指定位置。待卫星正常运行后，要定期对卫星进行轨道位置修正和姿态保持。监控管理分系统主要负责对定点的卫星在业务开通前后，进行通信性能的检测和控制，以保证正常通信。通信卫星主要包括通信系统、遥测指令装置、控制系统和电源装置等几个部分，通信卫星的主要作用就是中继（转发）通信信号。通信系统是通信卫星上的主体，它主要包括一个或多个转发器，每个转发器能同时接收和转发多个地球站的信号，从而起到中继站的作用。通信地球站是微波无线电收、发信站，用户通过它接入卫星线路进行通信。

3. 人造地球卫星的分类

人造地球卫星根据对无线电信号有无放大功能，分为无源人造地球卫星和有源人造地球卫星两类。由于无源人造地球卫星反射下来的信号太弱基本无实用价值，所以目前有实用价值的通信卫星都是有源人造地球卫星。有源人造地球卫星中绕地球赤道运行的周期与地球自转周期相等的称为**同步卫星**，它具有优越的性能，已成为主要的卫星通信方式。不在地球同步轨道上运行的低轨卫星多用在卫星移动通信中。

同步卫星是在地球赤道上空约 35800km 的太空中围绕地球的圆形轨道上运行的通信卫星，其绕地球运行周期为 1 恒星日，与地球自转同步，因而与地球之间处于相对静止状态，故通常称其为静止卫星或同步卫星。目前地球赤道上空有多颗同步卫星为全球和世界各国或地区提供宽带的远程通信和广播服务。

4. 移动通信卫星系统

覆盖全球的移动通信卫星系统目前有三个：第一个是海事卫星通信系统（Inmarsat），目前的 4 颗同步卫星覆盖区为太平洋、印度洋、大西洋东和大西洋西，可提供南北纬 75°以内海、陆、空全方位的移动卫星通信服务；第二个是"铱星"（Iridium），它有 66 颗星，分成 6 个轨道，每个轨道有 11 颗卫星，轨道高度为 765km。第三个是全球星（Globalstar），由 48 颗卫星组成，分布在 8 个圆形倾斜轨道平面内，轨道高度为 1 389km，倾角为 52°。

本课程主要讲述卫星通信的基本概念、基本技术、链路设计、各种卫星通信网的组成和各种移动卫星通信系统的特点与发展。

15.4.7 信息论基础

信息论基础课程讲授信息论的基本理论，主要内容包括：信息的定义和度量；各类离散信源和连续信源的信息熵；有记忆、无记忆、离散和连续信道的信道容量；无失真数据压缩（即无失真信源编码）的实用编码算法与方法，以及信道纠错编码的基本内容和分析方法。

1. 信息论的研究方法和内容

信息论是运用概率论与数理统计的方法研究信息、信息熵、通信系统、数据传输、密码学、数据压缩等问题的应用数学学科。克劳德·香农（Claude Shannon）（图 15.4.1）于 1948 年发表的论文《通信的数学理论》首次为通信过程建立了数学模型，奠定了现代信息论的基础。

图 15.4.1　香农

2. 信息的度量

信息是个很抽象的概念。人们常常说信息很多，或者信息较少，但却很难说清楚信息到底有多少。直到 1948 年，香农提出了"信息熵"的概念，才解决了对信息的量化度量问题。信息熵这个词是香农从热力学中借用过来的。香农用信息熵的概念来描述信源的不确定度，用数学语言阐明了概率与信息量的关系，把信息中排除了冗余后的平均信息量称为"信息熵"，并给出了计算信息熵的数学表达式。有了信息量的定义后，就可以计算出各种信道的传输能力，即信道容量。

3. 信源编码

香农指出，任何消息都存在冗余。因此，为了提高消息传输的效率，降低消息中的冗余度，必须研究信源（压缩）编码。信源编码分为无失真信源编码和有失真信源编码两大类。语音信号和图像信号等容许压缩后有少许失真，它们在有少许失真后不易被人们的耳朵和眼睛察觉，所以可以采用有失真压缩编码方法。数据信号等不能容许有丝毫差错，所以必须采用无失真压缩编码方法。

4. 信道编码

在有噪声的信道中传输数字消息时，可能使数字消息发生错误，信道编码就是要分析错误概率，并研究减少或消除错误的编码和译码的方法。信源编码为了提高传输和存储效率，需要减小信号中的冗余度，而信道编码为了提高信号的抗干扰能力，需要增大信号的冗余度，即需要加入多余的码元。信道编码的能力分为检错（发现错误）和纠错（纠正错误）两大类。不同的信道编码方法有着不同的检错和纠错能力，也有着不同的编码和解码的复杂程度。

5. 信息安全

香农在 1949 年发表的《保密系统的通信理论》一文是现代密码理论的奠基石。信息论基础课程中还涉及信息安全方面的内容。信息安全的理论基础是密码学（cryptology）。密码学是保密通信的泛称，它包括密码编码学（cryptography）和密码分析学（cryptanalysis）两方面。为了达到信息传输安全的目的，首先要防止加密的信息被破译，其次还要防止信息被攻击，包括伪造和篡改。为了防止信息的伪造和被篡改，需要对其进行认证（authenticity）。认证的目的是要验证信息发送者的真伪，以及验证接收信息的完整性（integrity）——是否被有意或无意篡改了？是否被重复接收了？是否被拖延了？认证技术则包括消息认证、身份验证和数字签字 3 方面。

15.4.8　信源编码基础

1. 信源编码的功能

在信源编码基础课程中将详细地讨论信源编码技术。信源编码有两个功能。第一个功能是设法减少表示信息的码元数目和降低传输信息所需的码元速率，提高传输（存储）效率，即通常所说的信源压缩编码的功能；第二个功能是将模拟信源送来的的模拟信号转化成数字信号，以实现模拟信号的数字化传输。

2. 信源压缩编码方法

按照香农信息论的理论，设法提高码元的平均信息量，就可以用更少的码元传输（存储）同样量的信息。这是压缩信源的方法之一，称为**信源无损压缩**（Lossless compression）。另外一种压缩信源的方法是**信源有损压缩**（Lossy compression），它在对信源编码时，允许信源的信息量有所降低，允许信源产生少许失真，只要控制失真在允许范围内，仍然具有非常大的实用价值。

信源无损压缩适用于计算机数据和文件等信源，它们不允许在传输时有丝毫差错。一般来说，减小信源输出符号序列中的冗余度、提高符号平均信息量的基本途径有两个：第一，是使序列中的各个符号尽可能地互相独立；第二，是使序列中各个符号的出现概率尽可能地相等。前者称为解除相关性，后者称为概率均匀化。在通信中常见的无损信源编码方式有：霍夫曼（Huffman）编码、算术编码、L-Z 编码等。

信源有损压缩适用于语音、静止图像、动态图像等音频和视频信号，因为人们的耳朵和眼睛察觉不到接收信号的些许失真。在通信中常用的有损压缩编码方法多是利用矢量量化、预测编码和变换编码原理实现的，并且产生了许多通用的标准压缩算法。例如，用于语音压缩的自适应差分脉冲编码调制（ADPCM）、低时延码激励线性预测（LD-CELP）和代数码书激励线性预测（ACELP）等。在静止图像和动态图像方面有 JPEG 系列和 MPEG 系列建议。

3. 数字化的方法

将模拟输入信号数字化通常是将其变成二进制的码元。这个过程分为三个步骤，即抽样、量化和编码，在第 4 章中对其已经提到过。在信源编码基础课程中将对这三个步骤分别给予详细分析。

15.4.9 信道编码基础

1. 信道编码的目的和方法

信道中存在的各种干扰可能影响数字信号在信道中的正确传输，使接收端收到错误的信息，降低了信号传输的可靠性。信道编码的目的是提高信号传输的可靠性，其方法是在传输的码元序列中，按照某种规则，增加一些差错控制码元，利用这些码元去发现或纠正传输中发生的错误。在信道编码只有发现错码能力而无纠正错码能力时，必须结合其他措施来纠正错码，否则只能将发现为错码的码元删除，以求避免错码带来的负面影响。无论是只能发现错误的编码，还是能够纠正错误的编码，一般统称为纠错编码。

2. 信道的类型

按照干扰造成错码的统计特性不同，可以将信道分为 3 类：

（1）随机信道：这种信道中的错码是随机出现的，并且各个错码的出现是统计独立的。例如，由白噪声引起的错码。

（2）突发信道：这种信道中的错码是相对集中出现的，即在短时间段内有很多错码出现，而在这些短时间段之间有较长的无错码时间段。例如，由脉冲干扰引起的错码。

（3）混合信道：这种信道中的错码既有随机的又有突发的。

3. 消除错码技术的种类

由于上述信道中的错码特性不同，所以需要采用不同的信道编码以及相应的技术措施来减少或消除不同特性的错码。应用信道编码以减少或消除传输错误码元的实用技术分为以下 4 种：

（1）检错重发：在发送码元序列中加入一些差错控制码元，接收端能够利用这些码元发现接收码元序列中有错码，但是不能确定错码的位置。这时，接收端需要利用反向信道通知发送端，要求发送端重发，直到接收到的序列中检测不出错码为止。采用检错重发技术时，通信系统需要有双向信道。

（2）前向纠错（FEC）：接收端利用发送端在发送序列中加入的差错控制码元，不但能够发现错码，还能确定错码的位置。在二进制码元的情况下，能够确定错码的位置，就相当于能够纠正错码。将错码"0"改为"1"或将错码"1"改为"0"就可以了。

（3）反馈校验：这时不需要在发送序列中加入差错控制码元。接收端将接收到的码元转发回发送端。在发送端将它和原发送码元逐一比较。若发现有不同，就认为接收端收到的序列中有错码，发送端立即重发。这种技术的原理和设备都很简单。其主要缺点是需要双向信道，传输效率也较低。

（4）检错删除：它和第1种方法的区别在于，在接收端发现错码后，立即将其删除，不要求重发。这种方法只适用在少数特定系统中，在那里发送码元中有很大冗余度，删除部分接收码元不影响应用。例如，在循环重复发送天气预报时，由于天气变化很慢，重复发送的预报内容大多相同，删除部分接收信息，不会影响用户的使用。

4. 信道编码的种类

常见的信道编码有多种，包括线性分组码、卷积码、级联码、Turbo 码和**低密度奇偶校验码**（Low Density Parity Check Code，LDPC）等，其中有的编码，例如线性分组码属于代数码，是建立在近世代数基础上的，因此学习前需要补充代数学方面的知识。

人们持续研究信道编码，不断有新的编码出现，其目的是为了提高编码效率和编码的纠错能力。香农第二定理（有噪信道编码定理）指出：当信道的信息传输率不超过信道容量时，采用合适的信道编码方法可以实现任意高的传输可靠性。香农的这个定理是指导人们研究信道编码的奋斗目标。

15.4.10　网络安全理论与技术

1. 网络安全的理论基础和目的

为了网络通信安全，信息在传输之前需要进行加密。这无论是对于军事、政治、商务还是个人私事，都是非常重要的。网络安全的理论基础是密码学（cryptology）。密码学包括密码编码学（cryptography）和密码分析学（cryptanalysis）两方面。为了达到信息传输安全的目的，首先要防止加密的信息被破译，其次还要防止信息被攻击，攻击包括伪造和篡改。为了防止信息的伪造和被篡改，需要对其进行认证（authenticity）。认证的目的是要验证信息发送者的真伪，以及验证接收信息的完整性（integrity），即验证信息是否被有意或无意篡改了？是否被重复接收了？是否被拖延了？认证技术则包括消息认证、身份验证和数字签字3方面。上述这些都是网络安全理论涉及的领域。

2. 密码学

密码编码学研究将消息加密（encryption）的方法和将已加密的消息恢复成为原始消息的解密（decryption）方法。待加密的消息一般称为明文（plaintext），加密的结果则称为密文（ciphertext）。用于加密的数据变换集合称为密码（cipher），通常加密变换的参数用一个或几个密钥（key）表示。另一方面，密码分析学研究如何破译密文，或者伪造密文使之能被当作真的密文接收。

3. 密码种类

普通的保密通信系统使用一个密钥，这种密码称为单密钥密码（single-key cryptography）。使用这种密码的前提是发送者和接收者双方都知道此密钥，并且没有其他人知道。这就是假设，消息一旦加密后，不知道密钥的人不可能解密。

另有一种密码称为公钥密码（public-key cryptography），也称为双密钥密码（two-key cryptography）。这种体制和前者的区别在于，收发两个用户不再公用一个密钥。这时，密钥分成两部分：一个公共部分和一个秘密部分。公共部分类似公开电话号码簿中的电话号码，每个发送者可以从中查到不同接收者的密码的公共部分。发送者用它对原始发送消息加密。每个接收者有自己密钥的秘密部分，此秘密部分必须保密，不为人知。到目前为止，最成功的公钥密码系统是 RSA（Rivest-Shamir-Adleman）系统（见二维码 15.3）。它应用了经典数论的概念，被认为是目前最安全的保密系统。

二维码 15.3

4. 密码学的理论基础

香农早在 1949 年就从信息论的观点研究密码编码。在他当时建立的模型中，假定敌方破译人员具有无限的时间和无限的计算能力，但是，假定敌方仅限于对密文攻击。他对密码分析的定义是，给定密文以及各种明文和密钥的先验概率，搜寻密钥的过程。当敌方破译人员获得密文的唯一解时，就成功地解密了。这时系统的安全性就认为被破坏了。

15.4.11 通信系统仿真

1. 系统仿真的功能

系统仿真是一种对系统问题求数值解的计算技术，尤其当系统无法通过建立数学模型求解时，仿真技术能有效地解决问题。它和现实系统实验的差别在于，仿真不是依据实际环境，而是在计算机上建立系统的有效模型，并在模型上进行系统实验。

仿真的过程也是实验的过程，而且还是系统地收集和积累信息的过程。尤其是对一些复杂的随机问题，应用仿真技术是提供所需信息的唯一令人满意的方法。对一些难以建立物理模型和数学模型的系统，可通过仿真模型来顺利地解决预测、分析和评价等系统问题。

2. 系统仿真的方法

系统仿真的基本方法是建立系统的结构模型和量化分析模型，并将其转换为适合在计算机上编程的仿真模型，然后对模型进行仿真实验。由于连续系统和离散（事件）系统的数学模型有很大差别，所以系统仿真方法基本上分为两大类，即连续系统仿真方法和离散系统仿真方法。

通信系统的仿真分为不同层次，分别是通信网络仿真、通信终端仿真和通信信道仿真，针对这 3 种层次，在建立仿真概念和相关理论基础上，了解仿真方法和建模过程，进行通信系统的建模。

3. 系统仿真的工具

根据目前国内外常用的通信系统仿真工具应用情况，重点介绍 MATLAB、SystemView、OPNET、QualNet 和 NS2 等工具的特点、使用范围以及建模过程等内容。

15.5 小 结

● 通信工程专业是我国高等学校工科电子信息类的专业之一。我国设有通信工程专业的高等学校共计有 264 所。通信工程专业关注的是通信过程中的信息传输和信号处理的原理及其应用。

- 通信工程专业的课程设置，除了一般公共课程外，大体可以分为基础课程、专业基础课程和专业课程三类。基础课程内容主要是数理方面的。专业基础课程大体可以分为4 类，即电路类、电场类、系统类和计算机类。专业课程一般分为必修课和选修课两类。
- 作为通信工程专业的学生，不仅需要有较好的数理基础，还需要有很好的动手能力。通信工程专业学生毕业后就业范围很广。

习题

15.1　试问通信工程专业培养什么人才？

15.2　试述通信工程专业课程的分类。

15.3　试问通信工程专业对学生有哪些要求？

附录 A 英文缩略词英汉对照表

1G	Fist Generation	第一代
2G	Second Generation	第二代
3G	Third Generation	第三代
3GPP	3rd Generation Partnership Project	第三代合作伙伴计划
4G	Fourth Generation	第四代
5G	Fifth Generation	第五代

A

ADSL	Asymmetric Digital Subscriber Line	非对称数字用户线路
AIDC	Automatic Identification and Data Capture	自动识别和数据采集
AM	Amplitude Modulation	振幅调制
AMPS	Advanced Mobile Phone System	高级移动电话系统
ANCC	Article Numbering Center of China	中国物品编码中心
AP	Application Process	应用进程
ARP	Address Resolution Protocol	地址解析协议
ARPANET	Advanced Research Project Agency Network	美国高级研究计划署网
ARQ	Automatic Repeat Request	检错重发
ASCII	American Standard Code for Information Interchange	美国标准信息交换码
ASK	Amplitude Shift Keying	振幅键控

B

BAN	Body Area Network	体域网
Bcc	Blind carbon copy	暗送
BCU	Body Central Unit	身体主站
BDS	BeiDou Navigation Satellite System	北斗卫星导航系统
BP	Beeper	寻呼机
BS	Base Station	基站
BSN	Body Sensor Network	身体传感网络
BSU	Body Sensor Unit	身体传感器

C

CAI	Common Air Interface	公共空中接口
CATV	Cable Television	有线电视
Cc	Carbon copy	抄送

CCITT	Consultative Committee International Telegraph and Telephone	国际电报电话咨询委员会
CDM	Code Division Multiplexing	码分复用
CDMA	Code Division Multiple Address	码分多址
CERN	Conseil Européen pour la Recherche Nucléaire	欧洲核子研究中心
CMOS	Complementary metal-oxide-semiconductor	互补 MOS 场效应管
COFDM	Coded Orthogonal Frequency Division Multiplexing	编码正交频分复用
CPU	Central Processing Unit	中央处理器
CRC	Cyclic Redundancy Check	循环冗余校验
CSMA/CD	Carrier Sense Multiple Access with Collision Detection	载波监听多点接入/碰撞检测
CT	Cordless Telephone	无绳电话
CTFT	Continuous Time Fourier Transform	连续时间傅里叶变换
CVD	Chemical Vapor Deposition Method	化学气相沉积法

D

D2D	Device to Device	设备-设备
DARPA	Defense Advanced Research Projects Agency	美国国防部高级研究计划局
DMT	Discrete Multi-Tone	离散多音
DNS	Domain Name System	域名系统
DTFT	Discrete Time Fourier Transform	离散时间傅里叶变换
DTMF	Dual-Tone Multi-Frequency	双音多频

E

EAN	European Article Number	欧洲商品编码
EDA	Electronic Design Automation	电子设计自动化
EDI	Electronic Data Interchange	电子数据交换
EHF	Extremely High Frequency	极高频
EIA	Electronic Industries Association	美国电子工业协会
ELF	Extremely Low Frequency	极低频
EPC	Electronic Product Code	产品电子代码

F

FCS	Frame Check Sequence	帧校验序列
FDM	Frequency Division Multiplexing	频分多路复用
FDMA	Frequency Division Multiple Address	频分多址
FEC	Forward Error Correction	前向纠错
FET	Field Effect Transistor	场效应晶体管
FM	Frequency Modulation	频率调制
FSK	Frequency Shift Keying	频率键控
FTP	File Transfer Protocol	文件传输协议

G

GHz	Gigahertz	吉赫兹
GLONASS	Global Navigation Satellite System	格洛纳斯卫星导航系统
GPS	Global Positioning System	全球定位系统
GSM	Global System for Mobile Communication	全球移动通信系统

H

HF	High Frequency	高频
HFC	Hybrid Fiber-Coaxial	光缆-同轴电缆混合
HTML	HyperText Markup Language	超文本标记语言
HTTP	HyperText Transfer Protocol	超文本传送协议
Hz	Hertz	赫兹

I

IAB	Internet Architecture Board	互联网架构委员会
IANA	Internet Assigned Numbers Authority	互联网编号分配局
IC	Integrated Circuit	集成电路
ICANN	Internet Corporation for Assigned Names and Numbers	互联网名字与编号分配机构
ICMP	Internet Control Message Protocol	网际控制报文协议
IE	Internet Explorer	互联网浏览器
IESG	Internet Engineering Steering Group	互联网工程指导组
IETF	Internet Engineering Task Force	互联网工程任务组
IGF	Internet Governance Forum	互联网管理论坛
IGMP	Internet Group Management Protocol	网际组管理协议
IMAP	Internet Message Access Protocol	网际报文存取协议
Inmarsat	International Maritime Satellite Organization	国际海事卫星组织 国际海事通信卫星系统
IoT	Internet of Things	物联网
IP	Internet Protocol	网际协议
IrDA	Infrared Data Association	红外数据协会、红外通信
IRSG	Internet Research Steering Group	互联网研究指导组
IRTF	Internet Research Task Force	互联网研究工作组
ISDN	Integrated Services Digital Network	综合业务数字网
ISI	Inter Symbol Interference	码间串扰
ISO	International Standard Organization	国际标准化组织
ISOC	Internet Society	互联网协会
ISP	Internet Service Provider	互联网服务供应商
ITU	International Telecommunication Union	国际电信联盟

J

JFET	Junction Field Effect Transistor	结型场效应晶体管

JPEG	Joint Photographic Experts Group	联合图像专家组（压缩标准）

K

km	kilometer	千米
kHz	kilohertz	千赫兹

L

LAN	Local Area Network	局域网
LDPC	Low Density Parity Check Code	低密度奇偶校验码
LED	Light Emitting Diode	发光二极管
LF	Low Frequency	低频
LLC	Logical Link Control	逻辑链路控制
LTE	Long Term Evolution	长期演进技术

M

m	meter	米
MAC	Medium Access Control	媒体接入控制
MAN	Metropolitan Area Network	城域网
MF	Medium Frequency	中频
MHz	Megahertz	兆赫兹
MIME	Multipurpose Internet Mail Extension	通用互联网邮件扩充协议
MIMO	Multiple-Input Multiple-Output	多输入多输出
MIT	Massachusetts Institute of Technology	麻省理工学院
MOSFET	Metal-oxide Semiconductor FET	MOS 场效应晶体管
MPEG	Moving Picture Experts Group	运动图像专家组（压缩标准）
MSM	Metal-semiconductor-metal	金属–半导体–金属
MTU	Maximum Transfer Unit	最大传送单元

N

NFC	Near-Field Communication	近场通信
NSF	National Science Foundation	美国国家科学基金会
NSFNet	National Science Foundation Network	美国国家科学基金会网络

O

OFDM	Orthogonal Frequency Division Multiplexing	正交频分复用
OSI	Open System Interconnection Reference Model	开放系统互连参考模型

P

PAN	Personal Area Network	个人网
PCM	Pulse Code Modulation	脉冲编码调制
PCMCIA	Personal Computer Memory Card International Association	PC 内存卡国际联合会
PDA	Personal Digital Assistant	个人数字助理，掌上电脑
PDF	Portable Data File	便携数据文件

PDM	Polarization Division Multiplexing	极化复用
PDMA	Polarization Division Multiple Address	极化多址
PHz	Petahertz	拍赫兹
PLD	Programmable Logic Device	可编程逻辑器件
PM	Phase Modulation	相位调制
PoC	PTT over Cellular	网上一按即通业务
POP3	Post Office Protocol v3	邮局协议 POP3
PPP	Point-to-Point Protocol	点对点协议
PSK	Phase Shift Keying	相位键控
PSTN	Public Switch Telephone Network	公共交换电话网
PTT	Push To Talk	一按即通方式

Q

QAM	Quadrature Amplitude Modulation	正交振幅调制
QPSK	Quadrature Phase Shift Keying	正交相位键控
QR	Quick Response	QR 二维码

R

RAN	Radio Access Network	无线接入网
RFC	Request for Comments	征求意见文档
RFID	Radio Frequency Identification	射频识别
RIR	Regional Internet Registry	互联网地址注册机构
ROM	Read-Only Memory	**只读存储器**
RR	Radio Regulation	无线电规则
RTK	Real Time Kinematic	载波相位差分技术

S

SA	Selective Availability	选择可用性技术
SDM	Space Division Multiplexing	空分复用
SDMA	Space Division Multiple Address	空分多址
SEM	Search Engine Marketing	搜索引擎营销
SHF	Super High Frequency	超高频
SIM	Subscriber Identity Module	用户识别卡
SLF	Super Low Frequency	超低频
SMTP	Simple Mail Transfer Protocol	简单邮件传输协议
SOI	Silicon on Insulator	绝缘硅
SONET/SDH	Synchronous Optical Network/synchronous digital hierarchy	光同步数字传输网

T

| TACS | Total Access Communication System | 全接入通信系统 |
| TCP | Transmission Control Protocol | 传输控制协议 |

TDM	Time Division Multiplexing	时分多路复用
TDMA	Time Division Multiple Address	时分多址
THF	Tremendously High Frequency	超极高频
THz	Terahertz	太赫兹
TIA	Telecommunications Industry Association	美国电信工业协会
TTL	Time To Live	生存时间

U

UA	User Agent	用户代理
UCLA	University of California, Los Angeles	洛杉矶加州大学
UHF	Ultra High Frequency	特高频
ULF	Ultra Low Frequency	特低频
URI	Uniform Resource Identifiers	统一资源标识
USB	Universal Serial Bus	通用串行总线
UWB	Ultra-Wideband Radio	超宽带无线电

V

VAN	Value-added Network	增值网
VCSEL	Vertical Cavity Surface Emitting Laser	垂直腔表面发射激光器
VHF	Very High Frequency	甚高频
VLF	Very Low Frequency	甚低频
VoIP	Voice-over-Internet Protocol	互联网电话协议
VPN	Virtual Private Network	虚拟专用网
VSB	Vestigial Side Band	残留边带调制

W

WAN	Wide Area Network	广域网
WBAN	Wireless Body Area Network	无线体域网
WDM	Wave Division Multiplexing	波分复用
WLAN	Wireless Local Area Network	无线局域网
WMAN	Wireless Metropolitan Area Network	无线城域网
WPAN	Wireless Personal Area Network	无线个人网
WWW	World Wide Web	万维网